Node-RED
物联网应用开发
技术详解

何铮 朱迪 ◎ 著

Developing
IoT Applications with
Node-RED
Technical Details

机械工业出版社
CHINA MACHINE PRESS

图书在版编目（CIP）数据

Node-RED 物联网应用开发技术详解 / 何铮，朱迪著 . —北京：
机械工业出版社，2024.5
ISBN 978-7-111-75090-1

I. ① N… II. ①何… ②朱… III. ①物联网 – 应用
IV. ① TP393.4 ② TP18

中国国家版本馆 CIP 数据核字（2024）第 030884 号

机械工业出版社（北京市百万庄大街 22 号　邮政编码 100037）
策划编辑：杨福川　　　　　　责任编辑：杨福川　董惠芝
责任校对：潘　蕊　刘雅娜　　责任印制：李　昂
河北宝昌佳彩印刷有限公司印刷
2024 年 5 月第 1 版第 1 次印刷
186mm×240mm・25.25 印张・547 千字
标准书号：ISBN 978-7-111-75090-1
定价：109.00 元

电话服务　　　　　　　　　　网络服务
客服电话：010-88361066　　机　工　官　网：www.cmpbook.com
　　　　　010-88379833　　机　工　官　博：weibo.com/cmp1952
　　　　　010-68326294　　金　书　网：www.golden-book.com
封底无防伪标均为盗版　机工教育服务网：www.cmpedu.com

为什么要写本书

在这本书即将完稿时（2023 年第二季度），OpenAI 正式推出 GPT-4 文本生成 AI 系统，英伟达推出了全栈 AI 芯片工具和平台，接着苹果发布了 Vision Pro。它们改变了 AI 开发的基础技术栈，带来了全新的交互方式，使得普通人群也能轻松应用 AI 技术。毫不夸张地说，这一年是 AI 的里程碑时刻。它对技术领域的影响尤其巨大，各大巨头公司都在为跟上这个新时代的步伐做出积极的改变，人们也在热烈讨论未来 AI 应用将如何影响生活、职业和教育。

然而，"AI 向左，IoT 向右"，2017 年第一波 AI 技术出现的时候曾推动了 IoT 的发展，当时还有一个技术术语叫 AIoT（Artificial Intelligence of Things，人工智能物联网）。它是将人工智能（AI）与物联网（IoT）相结合的概念，旨在利用人工智能技术来增强物联网系统的智能和自动化能力。通过将 AI 技术应用于物联网中的传感器数据分析、模式识别、自适应控制等方面，AIoT 可以实现更智能、自主和高效的物联网应用。AIoT 的应用范围非常广泛，涵盖了诸多领域，如智能家居、智慧城市、工业自动化、智能交通、健康医疗等。这一切的基础逻辑就是机器学习。无论视觉类 AI 技术、生产式 AI 技术、自然语言大模型 AI 技术还是推理类 AI 技术，都离不开机器学习，而机器学习的基础条件就是要有大量的数据作为学习原料。目前，各种互联网平台和系统产生了大量数据，现实世界的摄像头和传感器也采集了大量数据。因此，数据将是连接 AI 和 IoT 的最基本因素。

AI 已经快速发展，IoT 也不能拖后腿。困扰物联网行业发展的问题其实早就存在优秀的解决方案，全球数以万计的程序员在开源社区创造出很多优秀的物联网项目，并应用到了现实场景中。其中，Node-RED 就是最受欢迎也最令人兴奋的项目之一。由于 Node-RED 具备可视化编程能力，因此很多人可以快速上手，但是应用到实际场景中还是会面临非常多的挑战。这些挑战并不是你需要熟悉一门开发语言，或是对某个技术协议要特别熟悉，而是具体细节的配置方式、物联网流程的设计思路、协议转换过程中的协议选择、嵌入项目中的集成方式等。所以，我们往往在使用 Node-RED 以后会觉得越用问题越多，而中文资料又欠缺和分散，这是促使我们写本书的原因。

希望本书不仅可以带领读者入门 Node-RED，还能通过实际案例的分析帮助读者快速落地物联网应用项目，并且激发读者对物联网场景应用开发的兴趣。

读者对象

严格来说，Node-RED 这项技术本身极大地降低了物联网应用开发的门槛。无论 IT 工程师、OT（运营技术）工程师，还是创客、技术爱好者，都可以通过学习 Node-RED 来创建自己的物联网应用。

- IT 工程师：无论前端工程师还是后端工程师，都适合学习 Node-RED。前端工程师可以独立完成物联网后台的数据采集和控制，自行通过 HTTP、WebSocket、MQTT（消息队列遥测传输）等常用的协议来对接前端界面，实现完整应用。后端工程师可以直接利用 Node-RED 数据采集和控制的能力并配合 dashboard 配置应用界面，实现完整的物联网应用。

- OT 工程师：OT 工程师可以将已经熟练使用的各种 OT 自动化控制器接入 Node-RED 中，然后通过 Node-RED 的流程编排和低代码能力完成后续信息化工作，开发独立的物联网应用或者对接应用系统，实现数字化转型。

- 技术爱好者 / 创客：当需要完成软硬件一体的物联网方案时，采用 Node-RED 和配套的树莓派等硬件，可以方便地开发系统原型，完成验证工作。同时，可以利用 Node-RED 的扩展能力，寻找所需的传感器和控制器方案，以逐步实现自己的设想。

- 科技企业：虽然这是一本面向个人学习的技术书籍，但是初创企业、集成商、大企业的 IT 部门也可以通过这本书来改变目前正在开发或者使用的物联网系统的技术选型，降低开发成本，提高对未来不断变化的场景需求的适应能力，甚至可以弥补自身开发团队的短板，突破更多的应用瓶颈。

本书特色

- 全面且系统：本书涵盖了 Node-RED 的理论、使用和开发等内容，解决了网络上 Node-RED 中文信息分散的问题，以及物联网扩展知识点的连通问题，为读者提供了全面而系统的知识框架。

- 实践导向和解决方案：第 6 章通过大量流程示例帮助读者理解基础概念，并且涉及实际项目中的大部分应用场景；第 7 章整理出 Node-RED 使用中解决常见需求的 40 多个流程，可以指导读者快速使用 Node-RED 完成实际任务；第 8 章介绍重要节点 dashboard 的使用，同时引入了第三方节点进行数据采集，完整地演示了利用 Node-RED 实现物联网应用实时数据采集、界面展现的全部过程。

● 清晰而深入的讲解方式：以简洁清晰的语言解释复杂的概念，并提供大量系统截图、表格和源代码，使读者可以轻松理解书中的内容。
● 最新技术和学习资源：为了与最新的 Node-RED 技术趋势保持同步，我们特别建立了 Node-RED 中文站点 www.nodered.org.cn，读者可以通过此站点了解最新的 Node-RED 标准和技术发展趋势。此外，该站点还为读者提供了丰富的学习资源，包括共享的流程、配置文件等。

如何阅读本书

本书共 8 章，从 Node-RED 背景、环境准备、安装开始，详细讲解了 Node-RED 编辑器使用以及 Node-RED 配置细节、Node-RED 的核心节点，最后通过完整的物联网实战案例介绍了物联网应用的开发流程。各章内容简介如下。

第 1 章对 Node-RED 进行简单介绍，包括 Node-RED 的发展历史、特性等。

第 2 章介绍如何建立 Node-RED 的运行环境，包括在不同的操作系统和 Docker 中安装 Node-RED 的方法。读者可以根据自己的实际环境进行选择性阅读。

第 3 章通过创建两个简单的流程，让读者快速体验 Node-RED 的使用方法，最后介绍了流程备份或导出的方法。

第 4 章介绍 Node-RED 流程编辑器的使用方式，包括如何在图形编辑器上建立流程、节点、连线、子流程，以及如何使用环境变量等。

第 5 章介绍 Node-RED 的配置项，Node-RED 可以根据实际使用需求，通过配置文件进行配置项调整。

第 6 章详解 Node-RED 内置的 40 多个节点。

第 7 章通过案例讲解实际开发过程中的常见问题。

第 8 章通过气象台应用开发的讲解，演示如何真正实现一个物联网应用，让读者对 Node-RED 在物联网系统中的真正价值有一个直观的了解。

资源和勘误

在为本书建立的 Node-RED 中文站点 http://www.nodered.org.cn 中，可以访问在线的 Node-RED（www.nodered.org.cn:1880）。其中部署了本书的所有实例流程，支持直接体验和测试。读者也可以通过以下地址下载实例代码：http://www.nodered.org.cn/flows.json。

同时，伴随着技术的更新，该网站会提供最新的 Node-RED 相关技术的中文文档。

由于作者水平有限，书中难免会出现一些错误或者不准确的地方，恳请读者批评指正。联系邮箱为 6067953@qq.com，微信号为 CubeTech。

致谢

感谢成都纵横智控科技公司的胡涛、Easy、Enjoyment 提供 Modbus 的案例和技术协助。
感谢成都极企科技有限公司的徐开、蒲江提供传感器的案例和技术协助。
感谢我们最亲爱的儿子 Jeff 给予我动力，使我能在纷杂事务中挤出时间完成本书。
谨以此书献给我爱与爱我的人。

何 铮 朱 迪

Contents 目 录

初识 Node-RED

Node-RED 作为一个开源项目在推出后获得了巨大的成功和广泛的支持，它的跨界能力和全新的开发方式成为最大的特点。Node-RED 可以轻松实现工业控制、物联网、网络通信、信息化等多种跨界融合场景的应用，同时使用了低代码平台和流程化引擎的全新方式进行开发。在深入学习 Node-RED 之前，本章先介绍什么是 Node-RED、Node-RED 的发展历史以及 Node-RED 的十大特性，帮助读者初步认识 Node-RED，为后续实战和进阶做好理论基础准备。

1.1　什么是 Node-RED

Node-RED 是一个开源的可视化编程工具，用于连接物联网（IoT）设备、API 和在线服务。随着物联网的快速发展，越来越多的设备需要连接和交互。传统的编程方法需要处理大量的底层细节，如网络协议、数据格式和设备驱动程序，这使物联网应用程序的开发变得非常复杂。Node-RED 通过提供可视化的编程方式和大量的现成节点库，为物联网设备的连接和交互提供了一种简单而灵活的方式。

Node-RED 提供了一个基于流程的编程环境，支持通过拖曳和连接不同的节点，创建物联网应用程序、自动化流程和完成数据处理任务。Node-RED 的核心是一个基于浏览器的图形界面，支持用户创建和编辑流程。每个流程由一个或多个节点组成，节点代表不同的功能或操作。用户可以从大量的内置节点库中选择节点，这些节点包括传感器、数据库操作、数据转换、网络通信等。用户可以根据需求将这些节点拖曳到工作区中，并使用连接线将它们连接起来。Node-RED 的出现使物联网设备的连接和交互变得更加简单和快速，不需要编写大量的底层代码，同时还提供了易于使用的 Web 界面，使非技术人员也可以轻松地创建和编辑流程。因此，Node-RED 成为物联网开发中不可或缺的一部分，受到了广泛关注。在过去的几年中，围绕 Node-RED 已经形成了一个活跃的开源社区，并在不断发展和完善中。

1.2 Node-RED 的发展历史

Node-RED 的发展历史可以追溯到 2013 年，它是由 IBM Emerging Technology 团队的 Nick O'Leary 和 Dave Conway-Jones 开发的。他们的目标是创建一个简单易用的工具，用于连接物联网设备和在线服务。利用传统的编程方法，处理物联网设备之间的数据流和通信过于复杂和烦琐。因此，他们提出了一种基于流程的编程范式，通过图形化界面以节点和连接线的形式来表示数据流和操作。这种可视化编程方法使开发者可以更直观地构建物联网应用程序，并且不需要编写复杂的代码。图 1-1 为 Node-RED 创始人 Nick O'Leary 和 Dave Conway-Jones。

图 1-1　Node-RED 创始人 Nick O'Leary 和 Dave Conway-Jones

2014 年，IBM 将 Node-RED 开源并捐赠给了 OpenJS 基金会。这一举动引起了广泛关注，吸引了全球开发者社区的参与，得到了全球范围内的推广和应用。

Node-RED 的开源发布以及简单易用的特性，使它迅速受到物联网领域的欢迎。开发者可以使用 Node-RED 构建各种物联网应用程序、自动化流程和完成数据处理任务，而不需要花费大量的时间和精力来编写复杂的代码。

随着时间的推移，社区成员不断扩展和改进 Node-RED 的功能，创建了丰富的节点库和插件，增加了与各种第三方服务和设备集成的能力。

至今，Node-RED 已经成为物联网领域广泛应用的工具之一。它的第三方扩展节点库已经超过 4000 个，下载安装量已经超过 2.3 亿次（截至 2022 年年底）。

1.3 Node-RED 的十大特性

1.3.1 可视化编程

Node-RED 提供了一个基于浏览器的流程编辑器，利用该编辑器，不仅可以非常方便地将面板上丰富的节点组装成流程，而且可以通过一键部署功能，将其安装到运行环境中。利用其中的富文本编辑器，用户可以创建 JavaScript 函数。预置的代码库可用于保存有用的函数、模板和可复用的流程。

也就是说，使用 Node-RED 不需要安装任何其他软件，直接通过浏览器就可以使用。由于 Node-RED 编辑器具有 WebSocket 等 HTML5 的特性，因此需要选择 WebKit 内核的浏览器，如 Chrome 浏览器、IE Edge 浏览器、360 浏览器极速模式、Safari 浏览器等。注意，IE 11 之前的版本无法使用。关于可视化编程的编辑器将在第 4 章进行讲解。图 1-2 是基于浏览器的流程编辑器示意图。

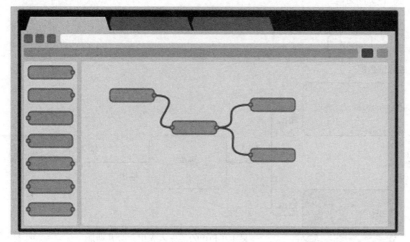

图 1-2　基于浏览器的流程编辑器示意图

1.3.2　基于流程引擎

Node-RED 内置了一个功能强大的规则引擎，支持用户定义条件和触发器，实现自动化和响应式的流程。这使用户可以根据特定的规则来控制和操作流程中的节点。这种方式叫基于流的编程（Flow Based Programming，FBP），它是一种基于组件的软件工程方法，由 J. Paul Morrison 在 IBM 工作时创建。在详细了解 Node-RED 之前，我们先简单介绍一下 FBP。虽然 FBP 创建的时间非常早，但是直到今天才逐渐被广泛采用，主要原因是当前物联网应用的爆发，要求快速开发更多物联网中间件、物联网平台、边缘计算网关等面向各种物理硬件设备的项目，而 FBP 的特性十分适合这些场景，因此 Node-RED 设计的基础就是 FBP 的开发模式。

FBP 不是具体的开发语言，也不是开发工具，只是一种编码方式。常见的编码方式还有面向脚本的方式、面向过程的方式、面向对象的方式。面向对象的编码方式是当前最为流行且应用广泛的编程方式。大家熟悉的 Java 就是基于面向对象的编码方式发明的语言，其他主流语言如 PHP、Python、Go 等都有框架来支持面向对象的编码方式。这种方式主要适用于应用级系统的开发，用在物联网和底层的通信级别的开发中将会显得"笨拙"，也不适用于有大量物联网数据的场景，以及有不同协议交换的场景或设备控制的场景。

FBP 是将程序概念化为由一系列节点和连接线组成的流程图，通过图形化的方式进行组装，利用图形化、流程化、组件、连接点、消息包等主要概念完成整个系统的开发和调试。FBP 使用图形来表示程序的结构。节点是组件的实例，节点之间通过端口连接。一个节点上的输出端口只能连接到另外一个节点的输入端口。图形被构建为程序的静态视图，该视图在运行环境中运行。目前，一些编辑 FBP 流程图的工具如 DrawFBP、NoFlo 等可视化工具，也可以使用文本语言 XML 格式进行构建。基于 FBP 的图形创建工具 DrawFBP 的工作流程如图 1-3 所示。

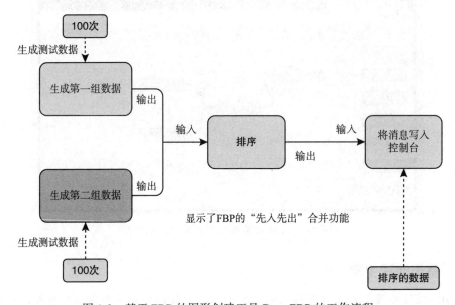

图 1-3　基于 FBP 的图形创建工具 DrawFBP 的工作流程

　　图形化是一种非常适合视觉表达的方式，使用户可以更容易地理解流程。如果能把一个问题分解成离散的步骤，就可以创建一个流程，并知道它在做什么，而不必理解每个节点对应的每行代码。

　　组件是 FBP 的基础模块。下面介绍一些基本组件，这些组件通常是用传统编程语言编写的类、函数或小程序。每个组件包含实现的逻辑（黑盒子）、连接线、输入点、输出点 4 个部分，如图 1-4 所示。

　　1）节点（黑盒子）：每个组件代表一项已经开发好的功能代码，类似一个黑盒子，用户不需要关心里面的运行过程，只需要关注实现的功能。这个"黑盒子"在 FBP 中又名"节点"。一个 FBP 流程可以用到多个同一种组件（比如

图 1-4　FBP 组件示例

function 组件、change 组件等）的节点，每个节点都是一个独立的组件实例。

2）输入点：每个"黑盒子"可以有 0 个、1 个或多个输入点，是外界将信息传递进节点的地方。如果节点的输入点数量是 0，表示这是流程的第一个节点，即开始节点。该节点可以通过自动或者手动的方式启动。

3）输出点：每个"黑盒子"可以有 0 个、1 个或多个输出点，是节点对外输出结果的地方。如果节点的输出点数量为 0，表示该节点为流程分支上的最后一个节点，执行完毕后不需要输出信息。

4）连接线：连接线是连接节点的输出点和输入点的连线，程序会按照连线的顺序执行。连接线具有一对一、一对多、多对一的形式。连接线具有节点合并和节点拆分两个功能。

- 节点合并：当两个或多个输出点需要连接到节点上的单个输入点时，必须进行某种形式的合并。可以添加一个合并节点（具有多个输入点），将消息包按到达顺序发送到单个输入点，或者将接收节点上的单个输入点替换为阵列输入点。也可以提供自动合并功能。

- 节点拆分：当一个输出点需要连接到多个输入点时，数据包需要被拆分，为了实现这一目的，需要一个能够拆分数据包的组件。它可以创建一个数据包的副本并将其发送到每个连接的输出点。运行时可以提供此功能，而不需要显式组件来完成。

消息包是各个节点之间传递的数据包。该数据包可以包括各种通用的数据结构，比如 String 类型、JSON 类型、Num 类型等。当然，JSON 是最为常用的格式，因为可以在每个节点去扩展，修改里面的数据项，方便实现不同的功能要求。

在一个 FBP 图中，每个流程都可以有一个初始消息包作为最开始的数据进行配置。在流程启动之前，它不会生效，只有通过手动或者自动触发的方式启动。流程启动后，初始消息包才开始生效，并按照流程向下传递。

当节点的输入点有数据传入时，该节点被激活。节点被激活后开始执行任务，当任务完成后返回修改过的数据包，然后继续向后传递。消息包传递过程如图 1-5 所示。

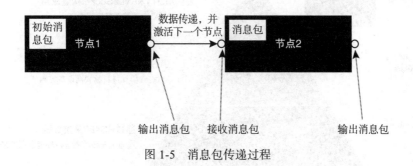

图 1-5　消息包传递过程

1.3.3　基于低代码开发平台

Node-RED 提供了流程可视化配置加部分低代码方式来完成整个工作，只需要用户掌握简单的 JavaScript 编程语言，编写少量代码就可实现各种定制化的智能场景需求。

在使用 Node-RED 之前，我们还需要了解一下低代码开发平台。低代码是现在最为流行的一种开发方式。顾名思义，低代码开发平台（Low-Code Development Platform，LCDP）是不需要编码（零代码）或编写少量代码就可以快速生成应用程序的开发平台。这是通过可视化工具进行应用程序开发的方法，使拥有不同经验、水平的开发人员可以通过图形化的界面，使用拖曳组件和模型驱动的逻辑完成应用程序的创建。

目前，流行的低代码平台非常多，如国内市场中奥哲的云枢、阿里巴巴的宜搭、百度的爱速搭、华为的应用魔方、腾讯的微搭、帆软的简道云、泛微的 E-Builder、金蝶的金蝶云·苍穹、浪潮的 iGIX、用友的 YonBIP 等，以及国外市场中微软的 PowerApps，谷歌的App Maker、Mendix、OutSystems 等。

低代码平台之所以这么受欢迎，一方面是因为提高了开发效率，另一方面是因为可以让一些非全栈技术的开发工程师快速参与到项目中，改变了传统产品开发中从用户提出需求到需求分析师完成整理、前端设计工程师进行原型设计、后台开发工程师开发后台服务和数据库，再到交付客户审核、通过后部署上线的团队分工模式。这种传统方式要求每个工种都需要具备专业能力，并且整个消息传递流程非常长，从用户提出需求到体验再到结果至少需要一个月以上，最糟糕的是客户在实际使用过程中，一些细微的改进也需要经过这样的流程，导致系统优化和个性化随着上线时间越长越难以实现。上面提到的流行的低代码平台一般用于客户的业务系统和内部办公协作系统的开发。

Node-RED 是一款专门为物联网开发提供支持的低代码平台。一个物联网应用基本涉及3 个技术领域：信息技术（IT）、物联网（IoT）技术、运营技术（OT）。图 1-6 描述了一个典型的物联网应用的技术使用和相互配合的示例。

图 1-6　典型的物联网应用的技术使用和相互配合的示例

Node-RED 将这三个领域的技术简单地连接到了一起，支持通过极少的代码或者零代码完成一个常见的物联网应用系统的开发。同时，IT 工程师、OT 工程师、IoT 工程师都可以通过 Node-RED 快速熟悉本领域之外的技术知识，通过可视化和流程化的方式清晰地了解整个物联网系统的运行逻辑和过程，为物联网数字化时代做好技术储备。

1.3.4　强大的节点库

Node-RED 拥有一个庞大的节点库，其中包含具有各种功能、完成各种操作的节点，例如传感器、数据库操作、网络通信、数据转换等。用户可以根据需求选择适当的节点来构建流程。节点库包含核心内部节点、官方扩展节点和第三方扩展节点。目前，第三方扩展节点已经超过 4000 个，覆盖了物联网和信息集成的方方面面。

1.3.5　支持多种数据格式

Node-RED 支持多种常见的数据格式（包括 JSON、XML、CSV 等），方便用户在流程中进行数据的处理和转换。而这些数据格式在大多数其他系统中都是通用的，特别是 JSON 格式。

1.3.6　基于 Node.js 的开放性和可扩展性

Node-RED 采用了基于 Node.js 的轻量化运行环境，充分继承了事件驱动和非阻塞模型的优点，不仅能运行在云平台中，也能非常好地运行在像树莓派这类位于网络边缘的低功耗硬件设备上。借助超 22 万的既有 Node.js 模块资源，可使组件面板类型以及整个工具能力的扩展变得非常容易。

Node-RED 虽然是基于 Node.js 环境开发完成的，但这并不意味着使用 Node-RED 也需要学习 Node.js 技术。大多数情况下，直接使用已经开发好的组件并编写少量 JavaScript 代码即可满足需求。

1.3.7　轻量级和跨平台

Node-RED 以 Node.js 为运行环境，具有轻量级和高效的特点。它可以在多种操作系统上运行，简单来说，只要能够运行 Node.js 环境，就可以轻松部署 Node-RED，同时系统资源要求极低（在 512MB 内存环境中就可以运行）。因此，很多物联网边缘网关产品也开始搭载 Node-RED。第 2 章将详细讲解在各种操作系统下安装和运行 Node-RED 的方法。

1.3.8　集成多种协议和通信方式

Node-RED 支持多种常见的通信协议（包括连接设备的 Modbus、KNX、BACnet、ZigBee、LoRa、UDP、TCP/IP 等，连接服务的 HTTP、WebSocket、MQTT 等），可以方便地与不同类型的设备和服务进行交互。这些协议通信都是由不同的 Node-RED 节点来完成的。这部分内容可以参考第 6 章的核心内部节点介绍。

1.3.9 社区支持和丰富的生态系统

Node-RED 拥有庞大的用户群体，支持用户在社区中获取帮助、交流经验，并共享自己的节点和流程。此外，Node-RED 还有丰富的生态系统，提供了各种插件和扩展，扩展了功能和应用范围。所有的 Node-RED 流程都可以方便地使用 JSON 格式保存，这使其非常易于导入、导出以及与他人分享。同时，Node-RED 3.02 版本目前已经有超过 4065 个第三方开发的节点供自由下载和使用。整个 Node-RED 平台只要按照 Apache License 2.0（Apache 2.0 开源协议）的要求即可无障碍地部署到个人开发环境或者商业开发环境中进行使用。

💡 注意：

Apache 2.0 开源协议的核心内容是，以保护和尊重原作者的著作权为主要目的。对使用、复制、修改、商用不做过多限制，但必须包含原著的 License 信息。公司或项目在使用 Apache License 2.0 授权的开源软件时，不能隐瞒、删除，甚至修改原作者的著作权信息。基于该开源软件发布的衍生作品所产生的任何法律问题与其他的贡献者无关。具体细节可以参考 https://www.apache.org/licenses/LICENSE-2.0。

1.3.10 可部署性和可扩展性

Node-RED 可以轻松部署到各种环境中，包括本地计算机、云服务器和物联网设备等。它具有良好的可扩展性，可以应对不同规模和需求的项目。因此，一个完整的物联网项目中（包括云端物联网平台、本地物联网平台、边缘物联网网关、物联网开发环境等）可以部署多个 Node-RED 来协同工作。在不同的硬件上运行 Node-RED 保持了操作的一致性，以便形成项目化和产品化能力。

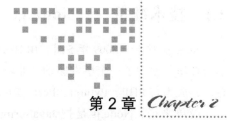

第 2 章 Chapter 2

Node-RED 环境建立、安装和运行

本章介绍 Node-RED 在不同操作系统上的安装和运行。由于 Node-RED 是基于 Node.js 技术构建的，因此本章会介绍 Node.js 的安装和各种常见问题的解决方法。当然，相当一部分 Node-RED 初学者只要学会在 Windows 上安装和运行 Node-RED，就可以满足需求。本章介绍的在其他操作系统上安装和运行 Node-RED 的方式供移植到生产环境时查看，建议初学者在 Windows 上安装好 Node-RED 后直接跳到第 3 章去快速尝试建立第一个 Node-RED 流程。

单纯安装 Node-RED 也许不是一件很困难的事情，但是由于 Node-RED 是基于 Node.js 技术构建而成的，而 Node.js 本身具有强大的模块管理功能，因此在安装过程中会因系统环境不同而面临一些挑战。特别是不同 Node 版本的兼容问题，以及个别 Node-RED 节点需要进行本地编译，以符合 Python 运行环境的要求。所以在开始安装 Node-RED 之前，起码需要对这些技术知识做一些储备，同时为了更为方便地学习 Nodo-RED，需要在运行 Node-RED 的计算机上事先安装好 Node.js（内含 Webpack、NPM）和 Git 环境。本章将针对在不同操作系统中安装这些环境和工具进行详细讲解。Node-RED 运行环境的技术准备如图 2-1 所示。

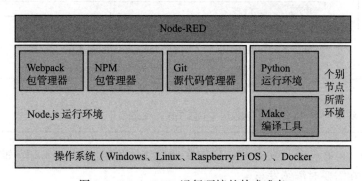

图 2-1　Node-RED 运行环境的技术准备

2.1 技术准备一：Node.js

Node.js 发布于 2009 年 5 月，由 Ryan Dahl 开发，是一个基于 Chrome V8 引擎的 JavaScript 运行环境，使用了一个事件驱动、非阻塞式 I/O 模型，让 JavaScript 运行在服务端的开发平台上，成为与 PHP、Python、Perl、Ruby 等服务端语言平起平坐的脚本语言。

简单来说，Node.js 是把 JavaScript 运行在了服务端，而不是浏览器端。你可以通过 JavaScript 去调用 Nods.js 的各种服务端 API 来完成所有服务端的功能。目前，Node.js 拥有接近 22 万个模块，几乎涵盖了所有服务端的功能和能力。Node-RED 名称中的 Node 也代表使用了 Node.js 环境。

2.1.1 安装

在安装 Node-RED 之前，要确保 Node.js 已经正确安装。Node.js 的安装可以查看 2.4.1 节 Windows 下和 2.5.1 节 Linux 下的安装方法。

2.1.2 版本计划

Node-RED 当前的版本是 3.0.2（截至 2022 年 11 月），目前推荐 Node 16.x。图 2-2 展示了 Node-RED 版本计划和对 Node.js 版本的支持进度。

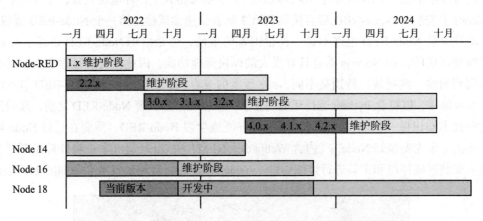

图 2-2 Node-RED 版本计划和对 Node.js 版本的支持进度

💡 注意：
本书后续所有讲解都将基于 Node-RED 3.0.2 版本。

Node-RED 3.x 每三个月发布一次新的次要版本（例如，3.1 → 3.2），维护版本（例如 3.1.0 → 3.1.1）在需要时继续发布。

在 2023 年 4 月末，Node 14 生命周期结束时，官方发布 Node-RED 4.x。它将放弃对 Node 14 的支持。然后，Node-RED 3.x 系列将进入维护模式，只会收到错误修复和安全更新消息。新功能可以从 Node-RED 4.x 向后移植。当下一个主要版本发布时，对 Node-RED 4.x 系列继续积极开发，每三个月左右发布一个次要版本，持续一年。

2.2　技术准备二：NPM

NPM 全称是 Node Package Manager（Node 包管理器），用来对 Node.js 的插件包进行管理（包括安装、卸载、管理依赖等）。

2.2.1　安装

NPM 是随 Node.js 一起安装的包管理工具，所以不需要单独安装。在 Node.js 安装好以后，用户可以通过命令行（Windows CMD 或者 Linux Shell）输入以下命令确认 NPM 是否安装正确：

```
$ npm
```

如果返回 NPM 使用说明，则证明 NPM 安装正确，界面如图 2-3 所示。

```
npm <command>

Usage:

npm install        install all the dependencies in your project
npm install <foo>  add the <foo> dependency to your project
npm test           run this project's tests
npm run <foo>      run the script named <foo>
npm <command> -h   quick help on <command>
npm -l             display usage info for all commands
npm help <term>    search for help on <term> (in a browser)
npm help npm       more involved overview (in a browser)

All commands:

    access, adduser, audit, bin, bugs, cache, ci, completion,
    config, dedupe, deprecate, diff, dist-tag, docs, doctor,
    edit, exec, explain, explore, find-dupes, fund, get, help,
    hook, init, install, install-ci-test, install-test, link,
    ll, login, logout, ls, org, outdated, owner, pack, ping,
    pkg, prefix, profile, prune, publish, rebuild, repo,
    restart, root, run-script, search, set, set-script,
    shrinkwrap, star, stars, start, stop, team, test, token,
    uninstall, unpublish, unstar, update, version, view, whoami

Specify configs in the ini-formatted file:
    C:\Users\He Zheng\.npmrc
or on the command line via: npm <command> --key=value

More configuration info: npm help config
Configuration fields: npm help 7 config

npm@8.15.0 C:\Program Files\nodejs\node_modules\npm
```

图 2-3　NPM 安装正确的界面

2.2.2 常见的 NPM 命令

NPM CLI 是一组命令集合，在后续安装 Node-RED 或者安装 Node-RED 节点都需要使用这些命令。常见的 NPM 命令如下。

1. 查看版本
查看版本的命令：

```
$ npm -v
```

2. 初始化空 NPM 项目
初始化空 NPM 项目是初始化生成一个新的 package.json 文件。这个文件用来记录项目的详细信息，包括我们在项目开发中所要用到的包以及项目的详细信息等。初始化空 NPM 项目的命令如下：

```
$ npm init
```

3. 安装依赖包
根据项目中的 package.json 配置文件自动下载项目所需的全部依赖包。安装依赖包的命令如下：

```
$ npm install <package_name> 安装到当前目录下
$ npm install <package_name> -g 全局安装
```

4. 更新包
自动更新包到最新版本的命令如下：

```
$ npm update <package_name>
```

5. 删除包
删除包的命令如下：

```
$ npm uninstall <package_name>
```

6. 清理缓存
清理 NPM 缓存，防止缓存不足导致不同版本的模块安装失败，命令如下：

```
$ npm cache clean
```

7. 更换软件源
由于大多数包的安装源在国外服务器上，所以 NPM 安装的时候会比较慢，这时可以通过指定软件源地址来加速安装过程。这里以常用的国内淘宝 NPM 源举例：

```
$ npm config set registry https://registry.npm.taobao.org --global
$ npm config set disturl https://npm.taobao.org/dist --global
```

设置好以后可以通过以下命令来查看是否成功：

```
$ npm config get registry
```

2.3　技术准备三：Git

Git 是一个开源的分布式代码版本控制系统，旨在快速、高效地处理从小型到大型项目的所有事务。Git 易于学习，占地面积小，性能高。

前面介绍的 Node-RED 是 GitHub 上热门的开源项目，因此采用了 Git 作为软件版本控制工具。你可以通过 Git 工具克隆整个 Node-RED 项目源代码，进行学习研究和开发，也可以贡献自己开发的内容、修复的 Bug，参与到 Node-RED 社区的工作中。

在《Node-RED 物联网应用开发工程实践》中，将使用 Git 来创建自己的项目，深入对 Node-RED 进行开发和集成，因此在最开始的技术准备过程中有必要提前安装和熟悉 Git 工具。

2.3.1　安装

Git 的安装比较简单，只需要根据自己计算机的操作系统，在 Git 官网下载相对应的安装包，按照要求进行安装即可。图 2-4 所示为官网 Git 安装包下载界面。

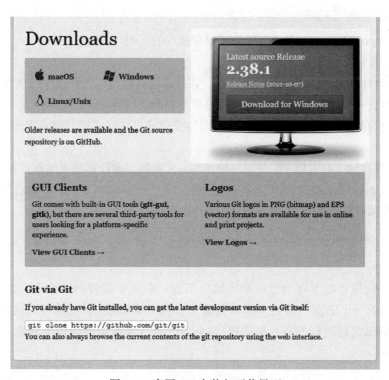

图 2-4　官网 Git 安装包下载界面

2.3.2 Git 常用命令

1. 配置

git config 命令非常有用，尤其是在你第一次使用 Git 或刚安装 Git 时。此命令可设置用户 Name 和 Email 地址。

```
$ git config --global user.name"Your name"
$ git config --global user.email"Your email"
```

2. 初始化

git init 可能是你在 Git 中启动新项目所使用的第一个命令。此命令可用于创建一个空的新存储库，然后将源代码存储在此存储库中，具体如下：

```
$ git init
```

或者，你也可以在 git init 命令中使用存储库名称，具体如下：

```
$ git init <your repository name>
```

3. 克隆

git clone 命令用于复制一个现有的代码存储库到本地计算机上。它的基本语法如下：

```
$ git clone <repository_url>
```

其中，<repository_url> 是要克隆的代码存储库的 URL 或路径。

git clone 命令的运行操作如下。

1）在本地计算机上创建一个新的目录，该目录的名称与远程存储库的名称相同。

2）初始化一个新的 Git 仓库，并将其设置为当前工作目录。

3）从远程存储库中获取所有文件和历史提交记录，并将它们复制到本地计算机上的新目录中。

4）将远程存储库的引用（如分支、标签等）复制到本地计算机上的新目录中。

通过使用 git clone 指令，你可以方便地将一个代码存储库复制到本地计算机上，并在本地进行修改和开发。克隆 Node-RED 源代码如下：

```
$ git clone https://github.com/node-red/node-red.git
```

4. 拉取

更新代码到最新版本可通过拉取完成，不过拉取需要通过两个命令实现，分别是 git fetch 和 git pull。git fetch 命令会下载有关提交、引用等信息，因此你可以在将这些更改应用于本地存储库之前进行检查，然后执行 git pull 命令将最新的内容更新到本地代码存储库，代码如下：

```
$ git fetch
```

```
$git pull <remote url>
```

2.4　在 Windows 中安装和运行 Node-RED

本节介绍在 Windows 环境中安装和运行 Node-RED 的具体说明。这些说明特定于 Windows 10 和 Windows 11，但也适用于 Windows 7 和 Windows Server 2008R2。由于缺乏当前支持，不建议使用 Windows 7 或 Windows Server 2008R2 之前的版本。

💡 注意：

以下一些说明提到了命令提示符。它指的是 Windows 终端 CMD 或管理员终端 PowerShell。建议在所有较新版本的 Windows 上使用 PowerShell，因为这使你可以访问更接近 Linux、mac 的命令和文件夹。

2.4.1　安装 Node.js

Node-RED 官方已提供 Node.js 安装包（截至 2022 年 11 月的长期支持版本为 10.16.0）、编译器和相应的 API 文档。Node.js 下载界面如图 2-5 所示。

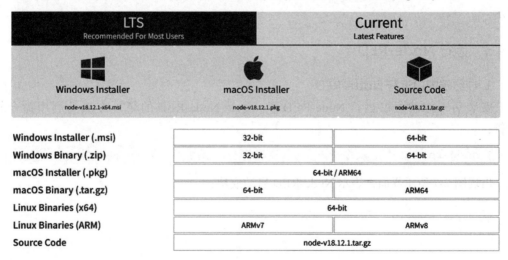

图 2-5　Node.js 下载界面

首先找到对应的 Windows 版本，如 32 位或者 64 位，然后下载 msi 文件并进行安装。安装 Node.js 需要本地管理员权限，如果你不是本地管理员，系统会在安装时提示输入管理员密码。安装完成后，关闭所有打开的命令提示符并重新打开，以确保选择新的环境变量。

安装完成后，打开命令 PowerShell 终端窗口并运行以下命令，以确保正确安装了 Node.js 和 NPM：

```
$ node --version
$ npm --version
```

之后，你应该收到类似于以下内容的返回：

```
$ v16.17.0
$ 8.15.0
```

2.4.2 安装 Node-RED

在命令提示符下执行以下命令，会将 Node-RED 安装为全局模块：

```
$ npm install -g --unsafe-perm node-red
```

安装过程中保证计算机联网，出现下面返回消息，表示安装成功：

```
$ added 292 packages in 10s
```

安装完毕后，Node-RED 会安装到当前用户的目录中，如当前 Windows 用户为 He Zheng，则可以在 C:\Users\He Zheng\.node-red 目录下找到安装好的 Node-RED，如图 2-6 所示。

2.4.3 运行 Node-RED

1. 在终端窗口运行 Node-RED

安装后，你就可以运行 Node-RED 了。运行 Node-RED 的简单方法是利用命令提示符：

```
$ node-red
```

出现图 2-7 所示界面，表示 Node-RED 启动成功：

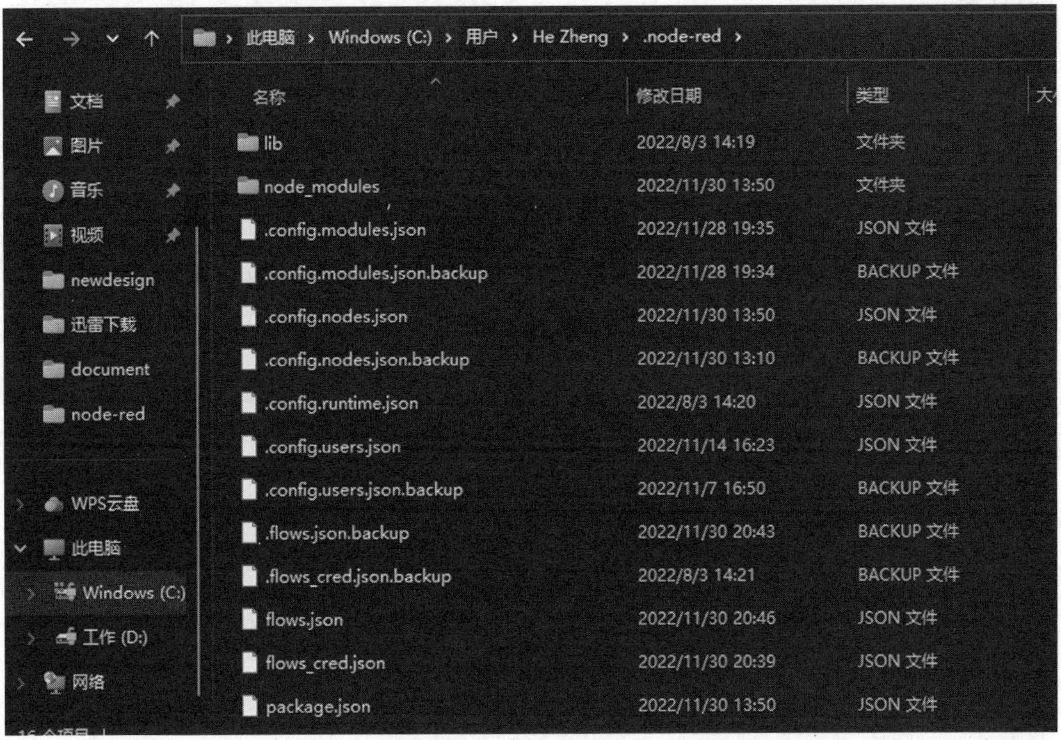

图 2-6　Windows 下 Node-RED 的安装目录位置

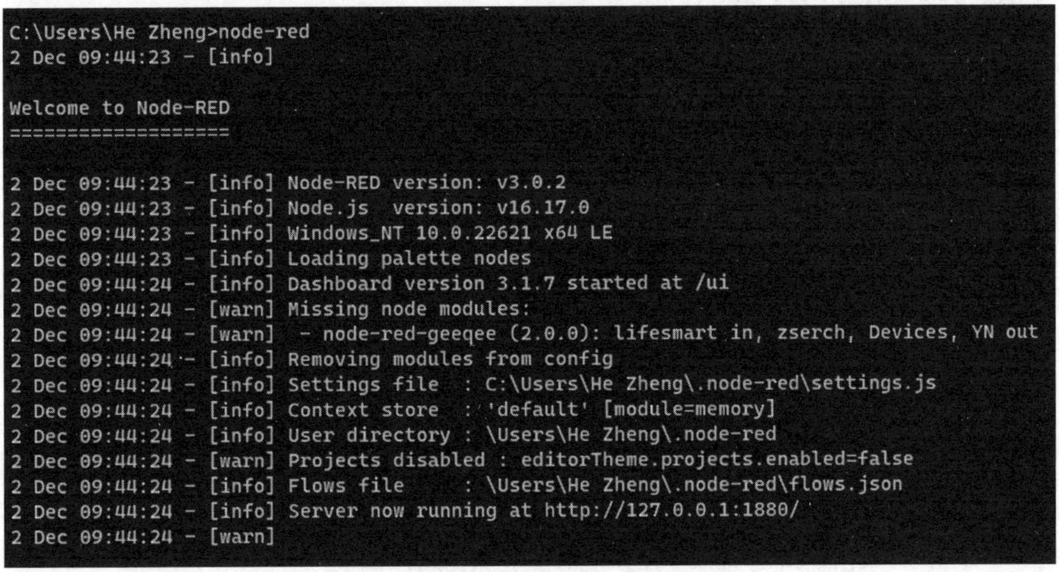

图 2-7　Node-RED 启动成功界面

💡 **注意：**

    Node-RED 日志将输出到终端。只有终端保持打开状态，才能使 Node-RED 保持运行。终端窗口关闭或者用鼠标选中文字，都将导致 Node-RED 停止运行。另一种手动停止 Node-RED 的方式是使用"Ctrl+C"组合键直接关闭此进程。

💡 **约定：**

    安装 Node-RED 将在你的 %HOMEPATH% 文件夹中创建一个名为 .node-red 的文件夹。这是你的 userDir 文件夹，可视为当前用户的 Node-RED 配置的主文件夹。"~"是类 Unix 系统上用户主文件夹的简写。约定 ~/.node-red 在后文均指 userDir 的位置，无论 Windows 还是 Linux 操作系统。

2. 在 Windows 后台运行 Node-RED

按照上文的介绍，在 Windows 环境中运行的 Node-RED 还是依赖终端窗口，但是在实际环境中，需要将 Node-RED 作为 Windows 的后台服务进行启动，并且可以将日志写入文件而不是显示在终端窗口。这里采用 PM2 工具完成此任务。PM2 是一个进程管理工具，可以管理 Node 进程，并查看 Node 进程的状态，也具有性能监控、进程守护、负载均衡等功能。PM2 可以在后台启动、停止、管理 Node.js 的程序。

安装 PM2：

```
$ npm install -g pm2
```

使用 PM2 启动 Node-RED：

```
$ pm2 start node-red
```

使用 PM2 停止 Node-RED：

```
$ pm2 stop node-red
```

使用 PM2 重启 Node-RED：

```
$ pm2 restart node-red
```

使用 PM2 查看 Noed-RED 日志：

```
$ pm2 log node-red
```

3. 在 Windows 启动时运行 Node-RED

如果你想将 Windows 作为 Node-RED 的生产平台，你需要设置 Windows 任务计划程序作业，可以按照以下步骤完成。

- 单击"开始"菜单并键入"任务计划程序"，然后回车。
- 单击右侧菜单中的"创建任务 ..."，出现图 2-8 所示界面后按提示步骤创建新任务。

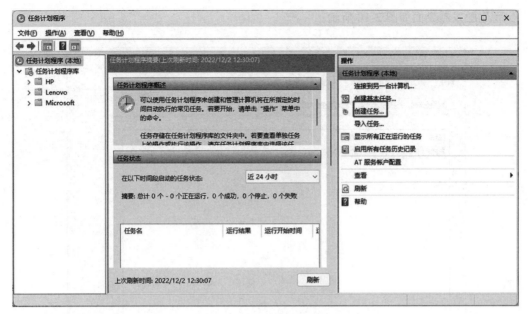

图 2-8　任务计划程序界面

创建任务窗口界面如图 2-9 所示。

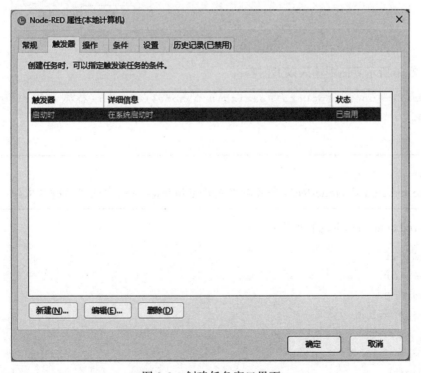

图 2-9　创建任务窗口界面

新建触发器界面如图 2-10 所示。

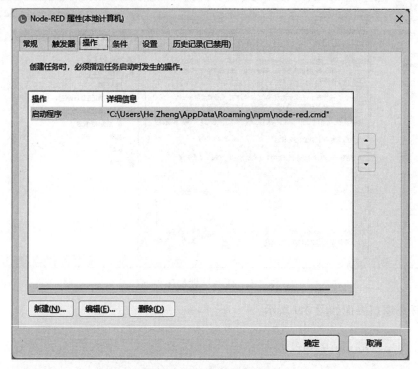

图 2-10　新建触发器界面

在图 2-10 所示界面中输入以下内容：

```
C:\Users\<user>\AppData\Roaming\npm\node-red.cmd（替换 <user> 为实际
用户名）
```

💡 **注意：**

　node-red.cmd 是 Node-RED 安装后生成的 Windows 系统中使用的脚本文件。

node-red.cmd 的脚本内容如下：

```
@ECHO off
GOTO start
:find_dp0
SET dp0=%~dp0
EXIT /b
:start
SETLOCAL
```

```
CALL:find_dp0
IF EXIST"%dp0%\node.exe"(
    SET"_prog=%dp0%\node.exe"
)ELSE(
    SET "_prog=node"
    SET PATHEXT=%PATHEXT:;.JS;=;%
)
endLocal & goto #_undefined_# 2>NUL || title %COMSPEC% & "%_prog%"
"%dp0%\node_modules\node-red\red.js"%*
```

你不需要马上理解上面的内容，不过如果你需要实现以下需求，可以尝试学习 CMD 脚本的规则，然后按照规则编辑 node-red.cmd 文件。

- 希望确保 Node-RED 仅在网络可用时启动。
- 如果启动失败，你可能还希望重新启动，且每分钟重新启动一次，但只重新启动 3 次，如果到那时还没有启动，表示是严重系统级错误，此时记录日志并提醒管理员进行干预。
- 通过查看日志文件来检查故障。如果你想以这种方式在运行时访问日志，你应该修改 node-red.cmd 文件以将 std 和错误输出重定向到一个文件。创建一个替代启动文件会更好，这样它就不会在更新时被覆盖。

2.4.4　安装 Node.js 的 Windows 构建工具

在安装 Node-RED 其他节点库的时候（比如支持串口通信的一些节点），由于这些库很多都使用了 Node.js 模块的二进制组件，需要先编译才能在 Windows 上运行，强烈建议事先安装好 Windows 的 Node.js 的构建工具。要使 NPM 能够在 Windows 平台上编译二进制文件，请以管理员身份使用以下命令提示符安装 windows-build-tools 模块：

```
$ npm install --global --production windows-build-tools
```

如果你希望用内置的 Python v2.7 来使用这个编译工具，请使用以下命令：

```
$ npm install --global --production --add-python-to-path windows-
build-tools
```

💡 注意：
- 并非所有 Node.js 模块都可以在 Windows 下运行，请仔细检查安装输出是否有错误。
- 在安装过程中，node-gyp 命令可能会报告一些错误。这些错误通常不会影响 Node-

RED 的基本功能，但可能导致一些可选依赖项无法正常工作。如果你遇到致命错误，请按照以下步骤操作：关闭并重新打开命令提示符窗口，以确保环境变量正确设置；重新运行安装命令，如 npm install-g--unsafe-perm node-red。如果问题仍然存在，可以尝试使用管理员权限运行命令提示符，然后再次尝试安装。

2.5 在 Linux 中安装 Node-RED

本节介绍在 Linux 和各种衍生版本上安装 Node-RED 的方法，这里主要列举了一些基于常见的 Linux 版本和基于 Linux 内核的各种操作系统的安装。

2.5.1 安装 Node.js

和在 Windows 上安装 Node-RED 一样，首先需要安装 Node.js 的运行环境，可以按 Linux 类型进行安装。

1. 在 CentOS、Red Hat Enterprise Linux 8 和 Fedora 下安装 Node.js

在 CentOS、Red Hat Enterprise Linux 8 和 Fedora 中使用名为 nodejs 的模块来安装 Node.js，具体命令如下：

```
dnf module install nodejs:<stream>
```

其中，<stream> 对应 Node.js 的主要版本。可用的 Node.js 版本可以通过以下命令查询：

```
dnf module list nodejs
```

安装 Node.js 18 命令如下：

```
dnf module install nodejs:18/common
```

2. 在 Debian 和 Ubuntu 下安装 Node.js

在 Debian 和 Ubuntu 下通过 APT 来管理软件包。APT 是一个命令行实用程序，可以安装、更新、删除和管理软件包。

Node.js 二进制发行版软件包可从 NodeSource 获得。首先需要安装 Node.js 源到 apt-get 管理器：

```
curl-fsSL https://deb.nodesource.com/setup_lts.x | sudo-E bash-
```

这是让 APT 可以在 nodesource.com 的软件库中找到 Node.js 软件包，此时通过 apt-get 就可以直接安装 Node.js：

```
sudo apt-get install -y nodejs
```

输入 node -v 查看到版本号，即代表安装成功：

```
$ node-v
$ v16.17.0
```

2.5.2　以 NPM 工具安装 Node-RED

在 Linux 系统中安装 Node.js 后，可以通过 NPM 工具进行 Node-RED 的安装，代码如下：

```
$ sudo npm install -g --unsafe-perm node-red
```

如果输出类似以下内容，可以确认 Node-RED 安装成功：

```
+ node-red@3.0.2
added 332 packages from 341 contributors in 18.494s
found 0 vulnerabilities
```

2.5.3　以 Snap 工具安装 Node-RED

有些 Linux 操作系统（包括 KDE Neon、Manjaro、Solus、Ubuntu 18.04 以及更高版本、Zorin OS 等）支持以 Snap 工具安装 Node-RED，你可以使用以下命令进行 Node.js 和 Node-RED 的安装。

Node.js 的安装：

```
$ sudo snap install node --classic
```

Node-RED 的安装：

```
$ sudo snap install node-red
```

当以 Snap 工具安装时，它将在一个安全容器中运行。该容器无法访问你可能需要使用的一些额外设备，如主存储系统、GCC、Git、GPIO 等。

如果没有以上使用要求，以 Snap 方式安装 Node-RED 是可行的。

2.6　在树莓派系统中安装和管理 Node-RED

树莓派（Raspberry Pi）是当前最为流行的开发板，是一个信用卡大小的单板计算机。我们可以通过它完成很多物联网应用，它是 Node-RED 的硬件最佳搭档之一。

2.6.1　安装 Node-RED

Raspberry Pi OS 使用了 APT 包管理器，内置了 Node.js 环境但是并不包含 NPM 工具，因此只需要安装 NPM 就可以通过 NPM 来安装 Node-RED，具体代码如下：

```
sudo apt install npm
sudo apt install nodered
```

但是，Raspberry Pi OS 的 APT 官方软件库中并不是最新的 Node.js 和 Node-RED 版本，比如当前 Node.js 版本还是 12，Node-RED 版本还是 2.x，如果希望使用最新的 Node-RED 版本，则推荐通过 Node-RED 的官方树莓派专用脚本进行安装，因为可以将环境的各种问题都通过脚本来处理。

如果你使用的是 Raspberry Pi OS，Node-RED 提供了一个脚本来将 Node.js、NPM 和 Node-RED 安装到 Raspberry Pi 上。该脚本还可用于升级到最新版本的 Node.js 和 Node-RED。运行以下命令将下载并运行脚本：

```
$ bash <(curl -sL
https://raw.githubusercontent.com/node-red/linux-installers/
master/deb/update-nodejs-and-nodered)
```

上述链接如果访问速度较慢，可以通过以下链接下载使用此脚本：

```
$ bash <(curl -sL http://www.nodered.cn/update-nodejs-and-nodered)
```

💡 注意：

　　该脚本适用于任何基于 Debian 的操作系统，包括 Ubuntu 和 Diet-Pi。你可能需要先运行 sudo apt install build-essential git curl 命令，以确保 NPM 能够获取和构建需要安装的任何二进制模块。

脚本在 Raspberry Pi 上运行之前会涉及两个问题。第一个问题是，是否真的要继续安装：

```
Are you really sure you want to do this?[y/N]?
```

输入 Y，然后按 Enter 键继续。

第二个问题是，是否要安装 Raspberry Pi 特定的 Node-RED 包：

```
Would you like to install the Pi-specific nodes?[y/N]?
```

此问题是指安装 Node-RED 的同时安装 Node-RED 中关于树莓派的节点。同样，对于这个问题，输入字母 Y，然后按 Enter 键继续。

该脚本将执行以下操作：

● 删除现有版本的 Node-RED（如果存在）。

● 如果检测到 Node.js 已经安装，可确保版本至少是 14。如果低于 14，脚本将停止运行并让用户决定是继续使用 Node-RED 1.0，还是将 Node.js 升级到更新的 LTS 版本，如图 2-11 所示。如果未找到任何内容，脚本将使用 NodeSource 包安装 Node.js 16 LTS 版本。

```
Running Node-RED install for user pi at /home/pi on debian

Node-RED v3.x no longer supports Nodejs 12

You can force an install of node 14, 16  or 18 by using the --node14, --node16 or --node18 parameter.
However doing so may break some nodes that may need re-installing manually.
Generally it is recommended to update all nodes to their latest versions before upgrading.

If you wish to stay on nodejs 12 you can update to the latest Node-RED 1.x or 2.x version by adding
--nodered-version="1.3.7" or --nodered-version="2.2.2" to that install command. If in doubt this is the safer option.
Please backup your installation and flows before upgrading.
```

图 2-11　在较低 Node.js 环境中的报错消息

手动升级 Node.js 的方法如下。

清除老版本，执行以下命令：

```
$ sudo apt remove -y nodejs npm
```

安装新版本，执行以下命令：

```
$ curl-fsSL https://deb.nodesource.com/setup_current.x|sudo-E bash-
$ sudo apt-get install -y nodejs
```

💡 **注意：**

　　该脚本安装过程保持联网状态，如果安装失败和网络有关，可以反复多次安装，直到成功。

安装过程界面如图 2-12 所示。

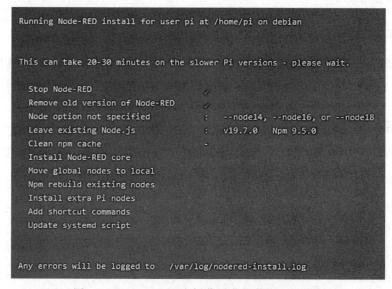

图 2-12　Node-RED 在树莓派中的安装过程界面

2.6.2　在本地运行

与在计算机上本地运行 Node-RED 一样，你可以使用 node-red 命令在树莓派终端中运行 Node-RED。然后，通过组合键 "Ctrl+C" 或关闭终端窗口来停止命令运行。

```
$ node-red
```

由于 Raspberry Pi 的内存有限，你需要使用附加参数启动 Node-RED，以告诉底层 Node.js 进程释放未使用的内存。因此，你可以使用 node-red-pi 命令并传入 max-old-space-size 参数来替代 node-red 指令启动 Node-RED。下面指令表示 Node-RED 使用内存超过 256MB 后会优先快速释放。

```
$ node-red-pi --max-old-space-size=256
```

2.6.3　作为服务运行

2.6.1 节下载的安装脚本已经将 Node-RED 设置为后台服务运行，不需要单独配置。这意味着通过以下命令可以启动或停止 Node-RED。

- node-red-start：启动 Node-RED 服务并显示日志输出。按下组合键 "Ctrl+C" 或关闭窗口不会停止服务，一直在后台运行。
- node-red-stop：停止 Node-RED 服务。
- node-red-restart：停止并重新启动 Node-RED 服务。
- node-red-log：显示服务的日志输出。

你还可以通过选择 Menu → Programming → Node-RED 选项在 Raspberry Pi OS 桌面启动 Node-RED 服务。

2.6.4　开机自动启动

如果希望 Node-RED 在树莓派系统打开或重新启动时运行，可以通过运行以下命令：

```
$ sudo systemctl enable nodered.service
```

2.6.5　改变用户身份运行

可以修改以下文件的配置内容以不同用户身份运行 Node-RED。该文件的位置如下：

```
$ vi /lib/systemd/system/nodered.service
```

可以根据需要更改 User、Group 和 WorkingDirectory，还可以设置要使用的内存空间（以 MB 为单位）。脚本内容如下：

```
[Service]
Type=simple
```

```
# 以普通用户运行，将其更改为你希望的用户身份来运行 Node-RED
User=<your_user>
Group=<your_user>
WorkingDirectory=/home/<your_user>
Environment="NODE_OPTIONS=--max_old_space_size=256"
...
```

上述代码解释如下。

- Type=simple：指定 Systemd 服务的类型为简单类型。
- User=<your_user>：设置运行 Node-RED 的用户。可以将 <your_user> 替换为你希望使用的用户名。
- Group=<your_user>：设置运行 Node-RED 的用户组。可以将 <your_user> 替换为你希望使用的用户组名。
- WorkingDirectory=/home/<your_user>：设置 Node-RED 的工作目录，即 Node-RED 的根目录。可以将 <your_user> 替换为你希望使用的用户目录。
- Environment="NODE_OPTIONS=--max-old-space-size=256"：设置环境变量 NODE_OPTIONS，以调整 Node.js 的内存限制。在上述示例中，将 Node.js 的最大内存限制设置为 256MB。你可以根据需要调整值。

编辑脚本文件后，运行以下命令重新加载 systemd 守护进程，然后重新启动 Node-RED 服务。

```
$ sudo systemctl daemon-reload
$ node-red-stop
$ node-red-start
```

2.6.6　配置代理

如果需要在 Node-RED 中对 HTTP 请求使用代理，可在 nodered.service 脚本文件中设置 HTTP_PROXY 环境变量，编辑 /lib/systemd/system/nodered.service 文件并添加一行：

```
Environment="HTTP_PROXY=my-proxy-server-address"
```

其中，my-proxy-server-address 换为实际的代理服务器 IP 地址，例如：

```
...
Nice=5
Environment="NODE_OPTIONS=--max-old-space-size=256"
Environment="HTTP_PROXY=192.168.0.111"
...
```

上述代码解释如下。

- Nice=5：设置进程的优先级。在这个示例中，将进程优先级设置为 5。
- Environment="NODE_OPTIONS=--max-old-space-size=256"：设置环境变量 NODE_OPTIONS，以调整 Node.js 的内存限制。在这个示例中，将 Node.js 的最大内存限制设置为 256MB。
- Environment="HTTP_PROXY=192.168.0.111"：设置环境变量 HTTP_PROXY，用于指定 HTTP 代理。在这个示例中，设置 HTTP 代理服务器 IP 地址为 192.168.0.111。你可以根据需要修改代理地址。

编辑脚本文件后，运行以下命令重新加载 systemd 进程，然后重新启动 Node-RED 服务。

```
$ sudo systemctl daemon-reload
$ node-red-stop
$ node-red-start
```

2.6.7 与树莓派 GPIO 交互

树莓派的硬件扩展都是通过一组 GPIO 接口对外扩展实现的，包括连接物联网的各种传感器、控制器等。迄今为止，通过 GPIO 接口已经扩展出一个树莓派的生态产业，无数的厂商在机器人、STEAM 教育、微型计算机、物联网、自动化控制等领域提供对应产品。图 2-13 展示了树莓派的 GPIO 接口和定义。

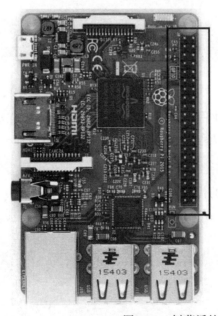

图 2-13 树莓派的 GPIO 接口和定义

一些 Node-RED 节点模块可与树莓派的 GPIO 接口进行交互。下面先介绍几个相关的模块。

注：Node-RED 节点模块如何安装到 Node-RED 中请参考 2.12 节。

1. node-red-node-pi-gpio

使用 Node-RED 的安装脚本时，此节点模块已与 Node-RED 一起预安装。它提供了一种监视和控制 GPIO 接口的简单方法。

Raspberry Pi OS 已预先配置好让该节点正常工作。如果节点运行在不同的操作系统上，例如 Ubuntu，则可能需要一些额外的安装步骤。节点的说明文件中有详细信息。

2. node-red-node-pi-gpiod

该节点模块使用 pigpiod 守护进程，提供了比默认节点更多的功能。例如，节点可以轻松配置为 PWM 输出或驱动服务。

3. node-red-contrib-gpio

该节点模块使用 Johnny-Five 库支持各种设备类型的 GPIO。

2.7　在 OpenWrt 中安装和运行 Node-RED

OpenWrt 是流行的路由器操作系统。如果要开发物联网网关等边缘计算设备，OpenWrt 作为操作系统再合适不过了。

OpenWrt 使用 OPKG（Open/OpenWrt Package）进行软件包管理。OPKG 是一个轻量级软件包管理系统，目前已经成为开源嵌入式系统领域的事实标准。OPKG 常用于路由器、交换机等嵌入式设备、物联网网关中，用来管理软件包的下载、安装、升级、卸载和查询等，并处理软件包的依赖关系。OPKG 功能和 Ubuntu 中的 apt-get、Redhat 中的 Yum 功能类似。

在使用 OPKG 安装软件前先进行软件包源的更新，且应保持联网状态：

```
$ opkg update
```

完成更新后，使用 OPKG 安装 Node.js。由于 OPKG 软件包中 Node.js 的维护版本较新，因此不需要像树莓派系统中那样执行单独的脚本进行安装。安装 Node.js 的命令如下：

```
$ opkg install node
```

最新版本（截至 2022 年年底）OpenWrt 中的 Node.js 版本为 14.21.3-1，符合 Node-RED 最新版本的要求，但是由于 OpenWrt 中的 Node.js 也不包含 NPM 工具，因此需要单独安装 NPM：

```
$ opkg install node-npm
```

安装好以后，可以通过 NPM 来安装 Node-RED。在命令提示符下执行以下命令，会将

Node-RED 安装为全局模块。

```
$ npm install -g --unsafe-perm node-red
```

安装过程中保证计算机联网，出现以下返回消息表示安装成功：

```
$ added 292 packages in 10s
```

安装完成后，直接运行以下指令启动 Node-RED：

```
$ Node-RED
```

2.8　在 Android 中安装和运行 Node-RED

2.8.1　在 Android 中安装 Node-RED

要在 Android 设备上搭建 Node-RED 的开发环境，你可以使用 Termux。Termux 是一个提供 Linux 环境的终端模拟器应用，支持安装 Node.js 和 Node-RED。以下是大致的安装步骤。

1）在 Google Play 商店中安装 Termux 应用，界面如图 2-14 所示。

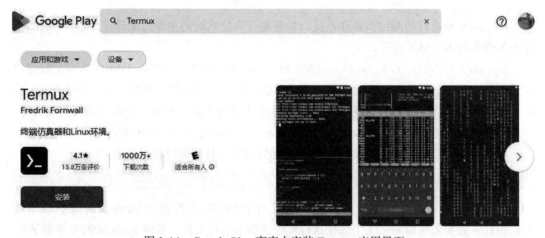

图 2-14　Google Play 商店中安装 Termux 应用界面

2）打开 Termux 应用并运行以下命令来升级软件包：

```
$ apt update
$ apt upgrade
```

3）安装 Node.js。在 Termux 终端运行以下命令：

```
$ apt install coreutils nano nodejs
```

4）安装 Node-RED：

```
$ npm i -g --unsafe-perm node-red
```

5）安装完毕后，运行以下命令来启动 Node-RED：

```
$ node-red
```

注意，使用 Termux 安装的 Node-RED 版本可能与官方版本有所不同，并且可能存在一些限制或兼容问题。在使用之前，请仔细了解所选工具和环境的功能和特性，并确保从可信的来源获取应用和软件包。此外，由于 Node-RED 通常在服务器或台式机上使用，对于 Android 设备的资源需求较高，因此在较低配置的 Android 设备上可能会遇到性能方面的限制。如果在 Android 设备上遇到问题，你可能需要考虑使用更强大的硬件设备来搭建 Node-RED 开发环境。

2.8.2　开机自动运行 Node-RED

要使 Node-RED 在 Android 设备开机时自动运行，可以按照以下步骤完成设置。

1）使用文本编辑器创建一个启动脚本文件（例如：start_node-red.sh）。该脚本中需要包含启动 Node-RED 的命令。例如，脚本内容可以是：

```
$ npm i -g --unsafe-perm node-red
#!/data/data/com.termux/files/usr/bin/bash
node-red
```

2）将启动脚本文件保存在 Android 设备的合适位置，例如：/sdcard/start_node-red.sh。

3）打开 Termux 应用，并在 Termux 终端运行以下命令，以请求 Termux 应用访问设备的存储权限：

```
$ termux-setup-storage
```

4）使用以下命令将启动脚本文件复制到 Termux 的 home 目录下：

```
$ cp /sdcard/start_node-red.sh ~/start_node-red.sh
```

5）接下来，设置一个启动项，以便在 Android 设备启动时自动运行 Node-RED。在 Termux 终端运行以下命令：

```
$ termux-fix-shebang~/start_node-red.sh
```

6）使用以下命令将一个新的启动脚本文件（例如：node-red.sh）复制到 Termux 的可执行路径中：

```
$ cp ~/start_node-red.sh $PREFIX/bin/node-red.sh
$ chmod +x $PREFIX/bin/node-red.s
```

7）在 Termux 终端运行以下命令，以添加启动项到 .bashrc 文件中：

```
$ echo"node-red.sh">>~/.bashrc
```

完成上述步骤后，Node-RED 将在 Android 设备开机时自动启动。你可以重新启动设备，然后打开 Termux 应用，检查 Node-RED 是否自动启动。

2.9　在 Docker 中安装和管理 Node-RED

Docker 是目前流行的一种容器技术，支持开发者打包他们的应用以及依赖包到一个可移植的容器中，然后发布到任何流行的 Linux 或者 Windows 机器上，也可以实现虚拟化。Docker 完全使用沙箱机制，相互之间不会有任何接口，几乎没有性能开销，可以很容易地在机器和数据中心运行。最重要的是，Docker 不依赖于任何语言、框架或操作系统。

在 Docker 中安装 Node-RED，后续可以方便地无缝移植到其他设备（包括云端设备）。这也成为广大 Node-RED 开发者首选的安装方式。截至 2022 年 11 月，Node-RED 被安装在 Docker 中的次数已经超过 2.3 亿（见图 2-15）。这是 Node-RED 创始人 Nick O'Leary 在 2022 年 Node-RED 全球大会上发布的惊人数据。

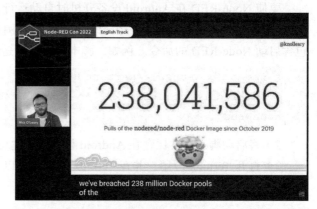

图 2-15　Nick O'Leary 发布在 2022 年 Node-RED 被安装在 Docker 中的次数

本节假定你对 Docker 和 Docker 命令行有一定的了解，介绍了 Node-RED 在 Docker 下运行的多种方式，并且支持多种架构（amd64、arm32v6、arm32v7、arm64v8 和 s390x）。

💡 **注意：**

　　从 Node-RED 1.0 开始，Docker Hub 上的存储库已重命名为 nodered/node-red。

2.9.1　在 Docker 中如何快速地运行 Node-RED

要以最简单的形式在 Docker 中运行，只需执行以下命令：

```
$ docker run -it -p 1880:1880 -v node_red_data:/data --name
mynodered nodered/node-red
```

命令解析如下。

- docker run：运行此容器。
- -it：终端会话，方便查看运行数据。
- -p 1880:1880：Node-RED 访问的本地端口。
- -v node_red_data:/data：挂载一个名为 node_red_data 的容器到 /data 目录。
- --name mynodered：Node-RED 服务的别名。
- nodered/node-red：Node-RED 镜像的版本号为 3.0.2。

运行该命令应该会出现一个终端窗口，其中包含正在运行的 Node-RED 实例，示例如下：

```
Welcome to Node-RED
===================
 10 Oct 12:57:10-[info]Node-RED version: v3.0.2
 10 Oct 12:57:10-[info]Node.js version: v16.22.1
 10 Oct 12:57:10-[info]Linux 4.19.76-linuxkit x64 LE
 10 Oct 12:57:11-[info]Loading palette nodes
 10 Oct 12:57:16-[info]Settings file:/data/settings.js
 10 Oct 12:57:16-[info]Context store:'default'[module=memory]
 10 Oct 12:57:16-[info]User directory:/data
 10 Oct 12:57:16-[warn]Projects disabled: editorTheme.projects.
enabled=false
 10 Oct 12:57:16-[info]Flows file       :/data/flows.json
 10 Oct 12:57:16-[info]Creating new flow file
 10 Oct 12:57:17-[warn]


---------------------------------------------------------
Your flow credentials file is encrypted using a system-
generated key.

If the system-generated key is lost for any reason,your credentials
file will not be recoverable,you will have to delete it and re-enter
your credentials.

You should set your own key using the'credentialSecret'option in
your settings file. Node-RED will then re-encrypt your credentials
file using your chosen key the next time you deploy a change.
---------------------------------------------------------
```

```
10 Oct 12:57:17-[info]Starting flows
10 Oct 12:57:17-[info]Started flows
10 Oct 12:57:17-[info] Server now running at http://127.0.0.1:1880/
[...]
```

这样做的好处是通过给该镜像一个名字（mynodered）可以实现更容易的操作，并且通过指定端口，让我们知道访问的地址。当服务启动以后，我们可以通过组合键"Ctrl+P"来分离终端。终端分离后，容器将继续在后台运行。要重新连接到终端（以查看日志记录），可运行以下命令：

```
$ docker attach mynodered
```

如果你需要重新启动容器（例如，在重新启动 Docker 守护程序之后），可运行以下命令：

```
$ docker start mynodered
```

并在需要时再次停止它：

```
$ docker stop mynodered
```

2.9.2 镜像变化

Node-RED 镜像基于官方 Node. js Alpine Linux 镜像。使用 Alpine Linux 镜像可减小构建 Node-RED 镜像的大小，但会删除本机模块编译所需的标准依赖项。此时，如果要添加其他依赖的模块，请在正在运行的容器上单独安装这些模块或构建新镜像。

例如：假设你的容器是具有 ARM 32 v7as 架构的 Raspberry Pi 3B，只需运行以下命令来拉取镜像（名称为 1.2.0-10-arm32v7），然后运行容器，具体如下：

```
$ docker run –it -p 1880:1880 -v node_red_data:/data --name mynodered
nodered/node-red:latest
```

上述命令用于在 Docker 容器中运行最新版本的 Node-RED。指令和参数说明如下。

- docker run：运行 Docker 容器。
- -it：以交互方式运行容器，绑定标准输入和终端。
- -p 1880:1880：将容器的端口 1880 映射到主机的端口 1880，允许通过主机访问 Node-RED。
- -v node_red_data:/data：将名为 node_red_data 的 Docker 卷挂载到容器的 /data 目录，用于持久化存储 Node-RED 的数据。
- --name mynodered：为容器指定名称为 mynodered。
- nodered/node-red:latest：要运行的 Node-RED Docker 镜像的名称和标签（latest 表示最新版本）。

相同的命令可在 amd 64 系统上运行，因为 Docker 发现它可在 amd 64 主机上运行并拉取相匹配的镜像（1.2.0-10-amd64）。这样做的好处是你不需要知道或指定正在运行的架构，而是使用 docker run 命令和 docker compose 命令完成跨系统的运行。

当然，你也可以指定完整的镜像名称进行启动，例如：

```
$docker run -it -p 1880:1880 -v node_red_data:/data --name mynodered
nodered/node-red:1.2.0-10-arm32v6
```

上述命令说明和参数含义如下。

- docker run：运行 Docker 容器。
- -it：以交互方式运行容器，绑定标准输入和终端。
- -p 1880:1880：将容器的端口 1880 映射到主机的端口 1880，允许通过主机访问 Node-RED。
- -v node_red_data:/data：将名为 node_red_data 的 Docker 卷挂载到容器的 /data 目录，用于持久化存储 Node-RED 的数据。
- --name mynodered：为容器指定名称为 mynodered。
- nodered/node-red:1.2.0-10-arm32v6：要运行的 Node-RED Docker 镜像的名称和版本。

2.9.3　管理用户数据

一旦让 Node-RED 与 Docker 一起运行，我们需要确保在容器被销毁时用户数据（任何添加的节点或流）不会丢失。可以通过将数据目录挂载到容器外部的卷来持久保存用户数据。这可以通过绑定安装或命名数据卷来完成。Node-RED 使用容器的 /data 目录来存储用户配置数据。

1. 使用主机目录进行持久化（绑定挂载）

要将容器内的 Node-RED 用户目录保存到容器外的主机目录，可以使用以下命令。要允许访问此主机目录，容器内的 node-red 用户（默认 uid=1000）必须与主机目录的所有者有相同的 UID。

```
$ docker run -it -p 1880:1880 -v /home/pi/.node-red:/data --name
mynodered nodered/node-red
```

在此示例中，主机 /home/pi/.node-red 目录绑定到容器的 /data 目录。

💡 **注意：**

　　从 Node-RED 0.20 版迁移到 1.0 版的用户需要确保任何现有 /data 目录都有正确的所有权。从 Node-RED 1.0 开始，可以通过命令 sudo chown-R 1000：1000 强制赋予 UID= 1000 的用户读取权限，其中 UID 为 1000 为容器内 Node-RED 用户的 ID。

---

2. 使用命名数据卷

Docker 还支持使用命名数据卷，在容器外存储持久化数据或共享数据。

以下命令用于创建 Docker 卷并在容器中运行 Node-RED。

```
$ docker volume create --name node_red_data
$ docker volume ls
DRIVER                VOLUME NAME
local                 node_red_data
$ docker run -it -p 1880:1880 -v node_red_data:/data --name mynodered
nodered/node-red
```

上述命令说明如下。

- docker volume create --name node_red_data：创建名为 node_red_data 的 Docker 卷，用于持久化存储 Node-RED 的数据。
- docker volume ls：列出所有的 Docker 卷，以确认 node_red_data 卷已经创建成功。
- docker run -it -p 1880:1880 -v node_red_data:/data --name mynodered nodered/node-red：在容器中运行 Node-RED，并将 node_red_data 卷挂载到容器的 /data 目录，以实现数据的持久化存储。同时，将容器的端口 1880 映射到主机的端口 1880，允许通过主机访问 Node-RED。容器的名称被指定为 mynodered。

  如果你需要从已安装的卷中备份数据，你可以在容器运行时访问它，命令如下：

```
$ docker cp  mynodered:/data  /your/backup/directory
```

现在，我们可以销毁容器并启动新实例，而不会丢失用户数据，命令如下：

```
$ docker stop mynodered
$ docker rm mynodered
$ docker run -it -p 1880:1880 -v node_red_data:/data --name mynodered
nodered/node-red
```

2.9.4 更新 Node-RED 镜像

随着新版本发布，Node-RED 镜像需要保持更新。由于 /data 目录现在保存在容器外部，因此更新基础容器镜像非常简单。可以使用以下命令完成 Node-RED 镜像更新。

```
$ docker pull nodered/node-red
$ docker stop mynodered
$ docker rm mynodered
$ docker run -it -p 1880:1880 -v node_red_data:/data --name mynodered
nodered/node-red
```

2.9.5　复制到本地资源的 Dockerfile

有时用本地目录中的文件填充 Node-RED Docker 镜像可能很有用（例如，如果你希望将整个项目保存在 Git 存储库中）。比如，本地目录结构如下所示。

```
Dockerfile
README.md
package.json      # 在此文件中添加流程所需的任何额外节点
flows.json        # 存储 Node-RED 流程的常规位置
flows_cred.json   # 存储流程可能需要的凭证
settings.js       # 你的配置文件
```

💡 注意：

如果你想在外部挂载 /data 卷，此方法不适用。如果你需要使用外部卷进行持久化，可将你的设置和流文件复制到该卷。

以下 Dockerfile 构建在基本 Node-RED Docker 镜像之上，同时将你自己的文件移动到该镜像中：

```
FROM nodered/node-red
# 将 package.json 文件复制到工作目录，这样 NPM 将为 Node-RED 构建添加的所有节点模块
COPY package.json.
RUN npm install --unsafe-perm --no-update-notifier --no-fund
--only=production
# 将 Node-RED 项目文件复制到适当的位置
COPY settings.js /data/settings.js
COPY flows_cred.json /data/flows_cred.json
COPY flows.json /data/flows.json
# 通过 package.json 文件添加额外的节点，
# 但你也可以在此处添加它们
#WORKDIR /usr/src/node-red
#RUN npm install node-red-node-smooth
```

💡 注意：

package.json 文件必须在脚本部分包含启动选项。默认容器设置如下：
"script" :{

```
    "start": "node $NODE_OPTIONS node_modules/node-red/red.js $FLOWS",
...
```

1. Dockerfile 构建速度

为了提高 Docker 构建速度，我们可以选择提前执行类似 COPY package、npm install 的操作，因为尽管 flows.json 文件在 Node-RED 中工作时会被经常更改，但 package.json 文件只有在更改项目中的模块时才会更改。由于 package.json 文件有变化时执行 npm install 命令会很耗时，因此最好在 Dockerfile 中尽早执行耗时且通常不会更改的步骤，以便可以重用这些步骤来构建镜像，从而使后续的整体构建速度更快。

2. 安全凭证、加密和环境变量

当然，你永远不想在任何地方硬编码安全凭证，所以如果需要在 Node-RED 项目中使用安全凭证，可以在 Dockerfile 的 settings.js 文件中进行如下配置：

```
module.exports = {
    credentialSecret:process.env.NODE_RED_CREDENTIAL_SECRET//add
exactly this
}
```

当在 Docker 中运行时，你可以将一个环境变量添加到 run 命令中：

```
docker run-e"NODE_RED_CREDENTIAL_SECRET=your_secret_goes_here"
```

2.9.6 Docker Compose 和 Docker Stack

Docker Compose 用来实现多容器控制，对 Docker 集群快速编排，以轻松、高效地管理容器。Docker Stack 用于解决大规模部署和管理服务。

有了 Docker Compose，你可以把所有繁杂的 Docker 操作全用命令自动化完成。Docker Compose 文件通常位于项目根目录中，并且文件名为 docker-compose.yml。这是默认的命名，用于定义和配置 Docker 容器的组合和运行方式。注意，项目可能有不同的名称或组织结构，因此 docker-compose.yml 文件的位置可能会有所不同。你如果无法在项目根目录中找到 docker-compose.yml 文件，可以尝试搜索项目子目录或与项目相关的其他位置。下面是 Docker Compose 文件的示例。该文件可以由 Docker Stack 或 Docker Compose 来运行。有关 Docker Stack 和 Docker Compose 的更多信息，请参阅 Docker 的官方网址：https://docs.docker.com/compose/、https://docs.docker.com/engine/reference/commandline/stack/。

```
version:"3.7"
services:
  node-red:
    image:nodered/node-red:latest
```

```
  environment:
    -TZ=Europe/Amsterdam
  ports:
    -"1880:1880"
  networks:
    -node-red-net
  volumes:
    -node-red-data:/data
volumes:
  node-red-data:
networks:
  node-red-net:
```

上述文件作用如下。

● 创建一个 Node-RED 服务。

● 拉取最新的 Node-RED 镜像。

● 将时区设置为欧洲 / 阿姆斯特丹。

● 将容器端口 1880 映射到主机端口 1880。

● 创建一个 node-red-net 网络并将容器链接到该网络。

● 将容器内 /data 目录持久化到 Docker 中的 node-red-data 卷。

Dockerfile 的构建命令如下：

```
$ docker build -t your-image-name:your-tag.
```

● -t your-image-name:your-tag：指定构建的镜像名称和标签，你可以根据需要自定义名称和标签。

● .：表示当前目录，这是 Dockerfile 所在的位置。

请确保在包含 Dockerfile 的目录中执行此命令，并将 your-image-name 替换为你想指定的镜像名称，将 your-tag 替换为你想指定的镜像标签。执行该命令后，Docker 将根据 Dockerfile 中的指令构建镜像。

在 Docker 中启动 Node-RED 的命令如下，包括指定凭证、端口、数据目录、镜像名称：

```
$ docker run --rm -e "NODE_RED_CREDENTIAL_SECRET=your_secret_goes_
here" -p 1880:1880 -v 'pwd':/data --name a-container-name your-
image-name
```

2.9.7　启动参数

启动命令包含了一些参数。它们可以直接修改 Node-RED 的运行环境来达到不同的 Node-

RED 启动效果和需求（比如指定流程配置文件）。流程配置文件是使用环境参数（FLOWS）设置的。该参数默认值为 flows.json，可以在运行时使用以下命令进行更改。

```
$ docker run -it -p 1880:1880 -v node_red_data:/data -e FLOWS=my_
flows.json nodered/node-red
```

💡 **注意：**

如果设置 -e FLOWS=""，则可以通过文件中的 flowFile 属性设置 settings.js 流文件。

其他有用的环境变量如下。

- -e NODE_RED_ENABLE_SAFE_MODE=false# 设置为 true，表示以安全模式启动 Node-RED。
- -e NODE_RED_ENABLE_PROJECTS=false # 设置为 true，表示启动 Node-RED 并启用项目功能。
- -e NODE_OPTIONS 将 Node.js 运行时参数传递给容器。要修复 Node.js 垃圾收集器使用的堆大小，你可以使用以下命令：

```
docker run -it -p 1880:1880 -v node_red_data:/data
 -e NODE_OPTIONS="--max_old_space_size=128" nodered/node-red
```

2.9.8　后台运行

可以将 Node-RED 镜像设置为后台运行。后台运行只需将参数 -it 替换为 -d，例如：

```
$ docker run -d -p 1880:1880 -v node_red_data:/data --name
mynodered nodered/node-red
```

2.9.9　容器命令行

一旦 Node-RED 镜像在后台运行，你可以使用以下命令重新访问容器。

```
$ docker exec -it mynodered /bin/bash
bash-4.4$
```

此时，在容器内使用 npm 命令，如果要退出，则使用 exit 命令。

```
bash-4.4$ npm install node-red-dashboard
bash-4.4$ exit
$ docker stop mynodered
$ docker start mynodered
```

刷新浏览器页面，现在应该会在节点面板中显示新添加的节点。

2.9.10　运行多个实例

运行 Node-RED 实例：

```
docker run -d -p 1880 nodered/node-red
```

上述命令将在本地运行一个新的 Node-RED 实例。注意：此时没有指定实例名称。

这个容器将有一个 ID 号并在一个随机端口上运行。要找出是哪个端口，可运行 docker ps 命令：

```
$ docker ps
```

上述命令用于列出正在运行的容器。执行结果如下：

```
CONTAINER  ID  IMAGE  COMMAND  CREATED  STATUS  PORTS  NAMES
860258cab092 nodered/node-red "npm start -- --user…" 10 seconds
ago Up 9 seconds  0.0.0.0:32768->1880/tcp dazzling_euler
```

执行结果显示容器的相关信息，包括容器 ID、镜像、命令、创建时间、状态和端口映射等。在示例中，容器 ID 为 860258cab092，镜像为 nodered/node-red，命令为 "npm start -- --user..."，状态为 Up，端口映射为 0.0.0.0:32768->1880/tcp，容器名称为 dazzling_euler。

注意，只有正在运行的容器才会显示在输出中。如果没有显示任何容器，说明当前没有正在运行的容器，此时访问 http://{host ip}:32768 就可以进入 Node-RED 系统实例，通过这个方式可以进入多个 Node-RED 系统，因为它们使用不同的端口。

2.9.11　链接容器

你可以使用 Docker 用户定义的网桥（https://docs.docker.com/network/bridge/）在 Docker 运行时内部链接容器。

在使用网桥之前，需要创建它。下面的命令将创建一个名为 iot 的网桥：

```
docker network create iot
```

然后，所有需要通信的容器都需要使用 --network 命令行选项添加到同一个网桥，如将一个 MQTT 协议的网络嫁接到容器中名为 iot 的网桥：

```
docker run -itd --network iot --name mybroker eclipse-mosquitto
mosquitto -c /mosquitto-no-auth.conf
```

然后运行 nodered docker，也添加到同一个网桥 iot：

```
docker run -itd -p 1880:1880 --network iot --name mynodered
nodered/node-red
```

同一个用户定义的桥上的容器可以利用桥提供的内置名称解析，并使用容器名称（--name 选项指定）作为目标主机名。在上面的示例中，可以使用主机名 mybroker 从 Node-

RED 应用程序访问代理。

比如，Node-RED 的 MQTT 节点中就可以配置 MQTT Server 地址为 mybroker，不用担心内部代理暴露在 Docker 之外，如图 2-16 所示。

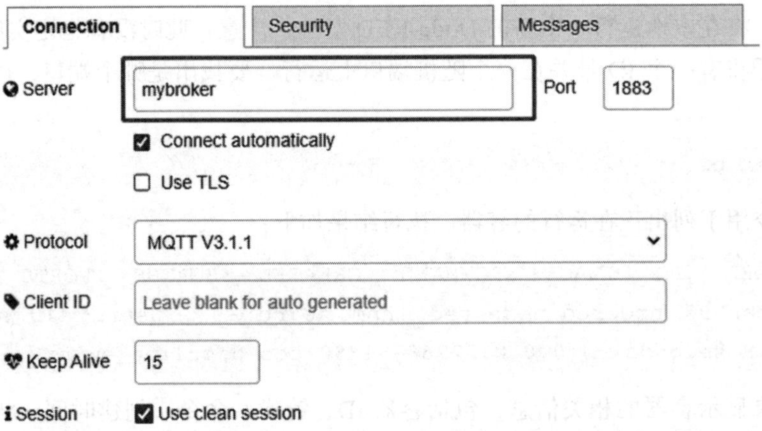

图 2-16 Node-RED 中对 MQTT 节点重新命名 MQTT Server 名称

树莓派的 Node-RED 也可以通过 Docker 来安装。在这种安装环境下，Node-RED 要使用树莓派的 GPIO，就需要安装扩展节点 node-red-node-pi-gpiod。节点安装方法参见 2.10 节。

使用 node-red-node-pi-gpiod 可以从单个 Node-RED 容器与多个 Raspberry Pi 的 GPIO 进行交互，并且多个容器可以访问同一个树莓派上的不同 GPIO。

2.9.12 在 Docker 中如何使用串行端口

要访问主机串行端口，你可能需要将容器添加到 dialout 组中。这可以通过添加 --group-add dialout 到启动命令来完成，例如：

```
docker run -it -p 1880:1880 -v node_red_data:/data --group-add
dialout --name mynodered nodered/node-red
```

如果要从容器内的主机访问设备（例如串行端口），请使用以下命令行来传递访问权限。

```
docker run -it -p 1880:1880 -v node_red_data:/data --name
mynodered --device=/dev/ttyACM0 nodered/node-red
```

2.10 使用源代码启动 Node-RED

前面讲解了在不同的操作系统及环境中安装 Node-RED 的方法。这些安装方法是将 Node-RED 按照产品化的方式进行使用，如果需要对 Node-RED 进行再次开发，可以通过源代码启动 Node-RED，这样你可以通过修改 Node-RED 的源代码来实现更加高级的应用场景。

2.10.1　技术准备

以源代码运行 Node-RED，你需要做以下准备。

1. 创建一个 Git 用户

GitHub 是一个面向开源及私有软件项目的托管平台，因为只支持 Git 作为唯一的版本库进行托管，故名 GitHub。

Node-RED 也是 GitHub 的一个开源项目，因此用户首先得有一个 GitHub 账号，才能获取 Node-RED 的源代码，并且提交自己修改的内容。

访问 www.github.com 进入官网，如图 2-17 所示。

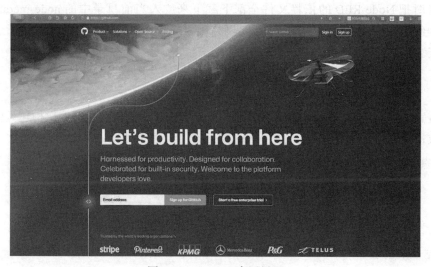

图 2-17　GitHub 官网界面

单击右上角的 Sign up 按钮按照提示进行注册即可。

2. 全局安装的 grunt-cli 模块

grunt-cli 是一套前端自动化构建工具，一个基于 JavaScript 的命令行工具，也可通过 NPM 工具安装：

```
sudo npm install -g grunt-cli
```

做好以上准备后，用户就可以进行代码获取和提交了。

2.10.2　克隆代码并安装依赖项

安装好 Git 后，就可以直接从 GitHub 克隆 Node-RED 源代码，命令如下：

```
git clone https://github.com/node-red/node-red.git
```

这将在当前目录创建一个 Node-RED，目录中包含项目的完整源代码。此时，Git 会默认克隆 Master 分支（Git 源码库中分支是指不同版本的代码内容）。Master 分支是指当前在维护状态的最新内容，其中包含当前稳定版本的代码，以及在下一个维护版本之前的任何错误修复。另外还有一个分支叫 Dev，此分支是开发分支，包含尚未发布的最新代码，如果想使用这个分支可以使用以下命令：

```
git checkout dev
```

无论选择哪个分支，当项目代码通过 Git 克隆到本地目录后，执行以下命令完成项目依赖项的安装工作：

```
$ npm install
```

安装时把 Node-RED 的依赖文件全部下载下来放入当前目录中的 node-module 目录。这个过程经常会出现错误，很多时候都是网络因素导致，可以多执行几次，保证全部的依赖项都安装完成。

2.10.3　构建 Node-RED

安装完依赖项以后，Node-RED 还不能马上运行起来，还需要进行一次构建。构建过程中会生成最后真正可以部署和运行的 Node-RED 项目，可以使用以下命令完成：

```
$ grunt build
```

2.10.4　运行 Node-RED

然后，你可以使用以下命令运行 Node-RED：

```
$ npm start
```

如果要传递命令行参数，需要使用以下命令：

```
$ npm start--<args>
```

2.10.5　开发模式

按照一般情况，修改了源代码，需要重新启动 Node-RED 才能看到修改后的效果，这样不利于开发工作。因此，grunt 模块提供了一个开发模式，通过以下命令启动的 Node-RED 可以实现热部署（代码修改及时生效）：

```
$ grunt dev
```

此命令将构建并运行 Node-RED，然后观察文件系统以查找对源代码的更改。如果命令检测到对编辑器代码所做的更改，它将重建编辑器组件。此时，用户可以刷新浏览器，以查看更改。如果命令检测到对运行环境或节点所做的更改，它将自动重新启动 Node-RED 以加载这些更改。

除了在启动的时候加载已有的流程 json 文件之外，此模式不允许将其他参数传递给 Node-RED：

```
grunt dev --flowFile = my-flow-file.json
```

2.11　Node-RED 命令行工具

和前面介绍的在不同操作系统下启动 Node-RED 的方法一样，运行 Node-RED 都是通过命令行工具来完成，进入 Node-RED 命令行工具的命令如下：

```
$ node-red
```

启动后终端显示内容如下：

```
$ node-red
Welcome to Node-RED
===================
30 Jun 23:43:39-[info]Node-RED version: v1.3.5
30 Jun 23:43:39-[info]Node.js  version: v14.7.2
30 Jun 23:43:39-[info]Darwin 19.6.0 x64 LE
30 Jun 23:43:39-[info]Loading palette nodes
30 Jun 23:43:44-[warn]rpi-gpio: Raspberry Pi specific node set
inactive
30 Jun 23:43:44-[info]Settings file  :/Users/nol/.node-red/
settings.js
30 Jun 23:43:44-[info]HTTP Static  ./Users/nol/node-red/web
30 Jun 23:43:44-[info]Context store  :'default'[module=localfiles
ystem]
30 Jun 23:43:44-[info]User directory : /Users/nol/.node-red
30 Jun 23:43:44-[warn]Projects disabled : set editorTheme.projects.
enabled=true to enable
30 Jun 23:43:44-[info]Creating new flows file : flows_noltop.json
30 Jun 23:43:44-[info]Starting flows
30 Jun 23:43:44-[info]Started flows
30 Jun 23:43:44-[info]Server now running at http://127.0.0.1:1880/
```

然后，你可以通过浏览器访问 http://localhost:1880 来进入 Node-RED 编辑器。

此时，终端窗口会随时显示日志内容。日志输出可提供各种信息，具体如下。

- Node-RED 和 Node.js 的版本。
- 尝试加载节点时遇到的错误。
- 设置文件和用户目录的位置。
- 正在使用的流程文件的名称。

2.11.1 Node-RED 命令行用法

除了启动 Node-RED 以外，Node-RED 命令行还有很多其他功能。用户可以采用不同参数来实现不同功能：

```
node-red [-v][-?][--settings settings.js][--userDir DIR]
         [--port PORT][--title TITLE][--safe][flows.json|projectName]
         [-D X=Y|@file]
```

各个参数描述如表 2-1 所示。

表 2-1　Node-RED 命令行参数描述

参数	描述
-p --port PORT	设置运行时侦听的 TCP 端口，默认为 1880
--safe	在不启动流程的情况下启动 Node-RED，这允许你在编辑器中打开流程并在流程不运行的情况下进行更改。当部署更改时，流程随即启动
-s, --settings FILE	设置要使用的配置文件，默认 settings.js 文件在 userDir 目录中
--title TITLE	设置 Node-RED 在窗口上的标题
-u, --userDir DIR	设置要使用的用户目录，默认为 ~/.node-red
-v	启用详细输出
-D X=Y|@file	可以使用 -D 选项覆盖命令行上的个别设置。 例如，要更改日志记录级别的设置，你可以使用 -D logging.console.level=trace，还可以将自定义设置内容，并写入 txt 文件，如 -D @./custom-settings.txt 该文件应包含要覆盖的设置列表：logging.console.level=trace、logging.console.audit=true
-?, --help	显示命令行用法帮助并退出
flows.json|projectName	如果未启用项目功能，可设置要使用的流程文件；如果启用了项目功能，标识应启动哪个项目

2.11.2　将参数传递给底层 Node.js 进程

有时，我们需要将参数传递给底层 Node.js 进程，比如在 Raspberry Pi 或 BeagleBone

Black 等内存有限的设备上运行时。为此，你必须使用 node-red-pi 启动脚本代替 node-red 中。注意：此脚本在 Windows 系统上不可用。或者，你可以通过 red.js 将参数传递给 Node-RED 进程。

以下两个命令分别实现了这两种方法：

```
$ node-red-pi --max-old-space-size=128 --userDir /home/user/node-red-data/
$ node --max-old-space-size=128 red.js --userDir /home/user/node-red-data/
```

2.11.3　升级 Node-RED

如果你使用树莓派脚本安装了 Node-RED，则可以重新运行它进行升级。如果你已将 Node-RED 安装为全局 NPM 包，则可以使用以下命令升级到最新版本：

```
$ sudo npm install -g --unsafe-perm node-red
```

如果运行环境为 Windows，则使用以下命令来升级到最新版本：

```
$ npm install -g --unsafe-perm node-red
```

💡 **注意：**

　　使用 --unsafe-perm 参数的原因是，当 node-gyp 尝试重新编译任何本机库时，它会尝试以 nobody 用户身份工作，但无法访问某些目录，这会导致相关节点（例如，串行端口）无法安装。使用 --unsafe-perm 参数就可以用 root 访问权限进行安装。

2.12　安装节点到 Node-RED

Node-RED 使用过程中经常需要用到第三方节点库。本节介绍如何在已经成功运行的 Node-RED 上安装节点，扩展应用。

2.12.1　使用编辑器安装

可以在 Node-RED 编辑器中安装节点。

Node-RED 编辑器访问方式：Node-RED 成功运行后，在浏览器中访问 http://<ip-address>:1880，并在 Node-RED 编辑器中单击"菜单"和"节点管理"，如图 2-18 和图 2-19 所示。

 → 菜单

图 2-18 单击"菜单"

图 2-19 选择"节点管理"

节点管理界面如图 2-20 所示。

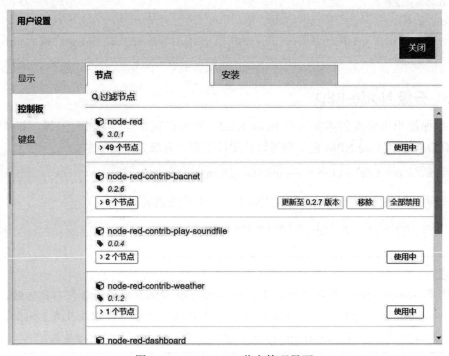

图 2-20 Node-RED 节点管理界面

"节点"选项卡列出了已安装的所有模块，并显示正在使用的节点，还会显示节点版本更新。

"安装"选项卡允许搜索可用节点模块的目录并进行安装。

2.12.2 使用 NPM 安装

要通过命令行安装节点，你可以在用户数据目录（默认情况下是 $HOME/.node-red）中使用以下命令：

```
$ npm install <npm-package-name>
```

然后，重新启动 Node-RED，以使新节点生效。

2.12.3 升级节点

检查节点更新的最简单方法是在编辑器中打开节点面板管理器，然后根据需要应用这

些更新，如图 2-21 所示。

图 2-21　节点管理中升级节点的界面

你还可以使用命令行来更新节点。在用户目录 ~/.node-red 中运行以下命令：

```
$ npm outdated
```

将高亮显示任何有更新的节点。要安装任何节点的最新版本，请运行以下命令：

```
npm install <name-of-module>@latest
```

无论采用哪种方法，你都需要重新启动 Node-RED 以加载更新。

Chapter 3 第 3 章

使用 Node-RED 创建流程

Node-RED 是一个极易上手的编程工具，即使用户没有任何编程基础，也可以立即上手实现编程。本章通过建立两个实际运行的流程来快速展示 Node-RED 的魅力，提升初学者的信心，并帮助初步了解 Node-RED 的基本使用。

3.1 创建第一个流程

本节介绍了 Node-RED 编辑器的基本使用方法并创建了一个流程来演示 inject、debug 和 function 节点，希望抛开枯燥的技术细节快速体会 Node-RED 的使用方式。

3.1.1 访问编辑器

在 Node-RED 成功运行的情况下，通过 Web 浏览器中打开 Node-RED 图形编辑器。此时，如果你在运行 Node-RED 的同一台计算机上使用浏览器，则可以使用 URL（http://localhost:1880）访问。如果你在另一台计算机上使用浏览器，则需要使用运行 Node-RED 的计算机的 IP 地址（http://<ip-address>:1880）。在浏览器打开的 Node-RED 编辑器界面如图 3-1 所示。

3.1.2 添加 inject 节点

将 inject 节点从节点面板拖到工作区。

inject 节点通常是一个流程的起点。它的作用有两个：一是向流程注入消息，二是设置流程运行的时间规律。选择新添加的 inject 节点并在右侧边栏单击 ▣ 按钮查看 inject 节点帮助说明，界面如图 3-2 所示。

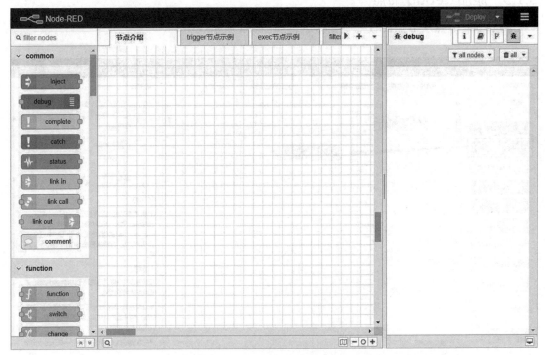

图 3-1　Node-RED 编辑器界面

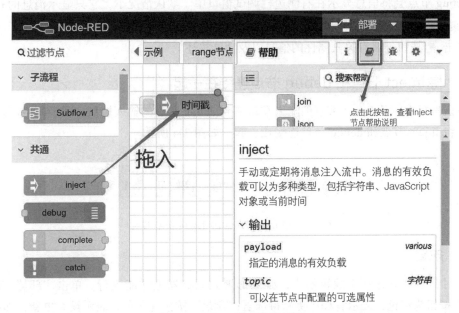

图 3-2　inject 节点操作界面

3.1.3　添加 debug 节点

将 debug 节点从节点面板拖到工作区，如图 3-3 所示。

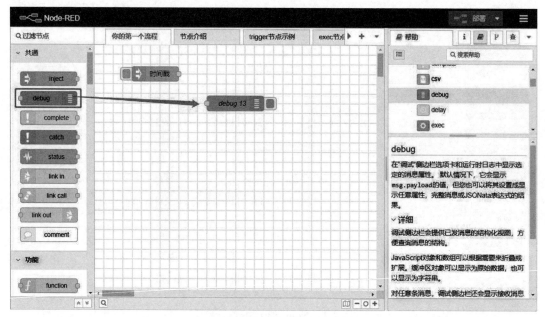

图 3-3　debug 节点操作界面

debug 节点会将信息显示在右侧边栏调试窗口中。默认情况下，它只显示消息的有效负载（msg.payload），但也可以显示整个消息对象（msg）。选择新添加的 debug 节点并在右侧边栏单击 ▤ 按钮查看有关其属性的信息以及功能描述。

3.1.4　将 inject 节点和 debug 节点连接在一起

单击鼠标左键从 inject 节点的输出端口拖到 debug 节点的输入端口，两者间将出现一条实线，将 inject 节点和 debug 节点连接在一起，如图 3-4 所示。

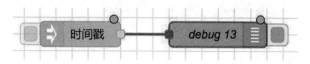

图 3-4　在 inject 节点和 debug 节点连接

3.1.5　部署

此时，节点只存在于编辑器中，必须部署到服务器上才能运行。单击"部署"按钮。"部署"按钮为红色，表示有程序更新待部署；"部署"按钮为灰色，表示没有更新，如图 3-5 所示。

图 3-5　"部署"按钮的不同状态

3.1.6　注入

单击右侧边栏的甲壳虫按键 🪲，切换到调试窗口；然后单击"注入"按键。我们可以在侧边栏看到数字。默认情况下，inject 节点使用自 1970 年 1 月 1 日以来的毫秒数作为有效负载。这就是一个简单的流程执行。inject 节点发送了一个时间戳数据 payload 给 debug 节点，debug 节点把它直接打印在调试窗口，如图 3-6 所示。

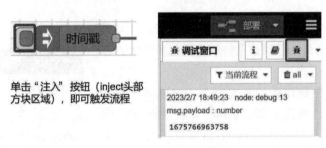

图 3-6　触发流程

3.1.7　添加 function 节点

删除现有连线（鼠标左键选中连线并点击键盘上的删除键）。在 inject 和 debug 节点之间加入一个 function 节点，并连接它们。function 节点允许通过 JavaScript 函数传递消息。图 3-7 为完整的流程示意图。

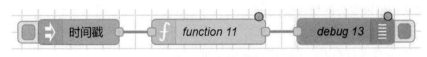

图 3-7　完整的流程示意图

双击 function 节点打开编辑对话框。将以下代码复制到"函数"字段中，界面如图 3-8 所示。

```
// 从 msg.payload 中创建一个对象
var date = new Date(msg.payload);
// 将 mag.payload 更改为格式化的日期字符串
msg.payload = date.toString();
```

```
// 返回消息，以便向后续节点发送
return msg;
```

图 3-8 代码复制到"函数"字段的界面

单击"完成"按钮关闭编辑对话框，然后单击"部署"按钮。现在，当你单击"注入"按钮时，右侧边栏的调试窗口信息将被格式化为可读的时间戳，如图 3-9 所示。

此流程演示了创建流程的基本概念。它展示了如何使用 inject 节点手动触发流程，debug 节点如何在右侧边栏显示消息，以及如何使用 function 节点编写自定义 JavaScript 函数以处理消息。

图 3-9 右侧边栏调试窗口界面

3.2 创建第二个流程

本节以第一个流程为基础，创建第二个流程，开始从外部源（中国地震台网）引入数据，以在本地做一些有用的事情。

3.2.1 功能简述

- 定期从中国地震台网检索信息。
- 将检索信息转换成有用的形式。
- 在 Debug 节点右侧边栏调试窗口显示结果。

3.2.2 添加 inject 节点

将 inject 节点从节点面板拖到工作区，拖入后界面如图 3-10 所示。

在上一节中，inject 节点用于手动触发流程。在本节中，inject 节点将配置为定期自动触发流程。双击节点打开编辑对话框，将"重复"属性设置为周期性执行（每隔 5 分钟）（如图 3-11 所示），设置完成以后单击"完成"按钮关闭对话框。

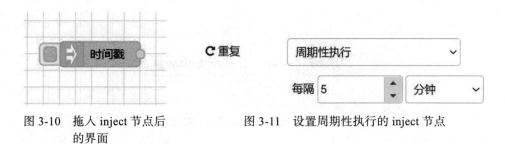

图 3-10　拖入 inject 节点后　　　　图 3-11　设置周期性执行的 inject 节点
　　　　的界面

3.2.3　添加 http request 节点

将 http request 节点从节点面板拖入工作区。如图 3-12 所示，双击该节点，将它的 URL 属性设置为 http://www.ceic.ac.cn/ajax/speedsearch，将节点名称修改为"请求地震台网数据"，然后单击"完成"按钮关闭对话框。

图 3-12　http request 节点的设置界面

添加完 http request 节点后的流程界面如图 3-13 所示。

图 3-13   添加完 http request 节点后的流程界面

3.2.4   添加 debug 节点

将 debug 节点从节点面板拖入工作区，然后连接 inject 节点的输出到"请求地震台网数据"节点的输入，连接"请求地震台网数据"的输出到 debug 节点的输入，如图 3-14 所示。

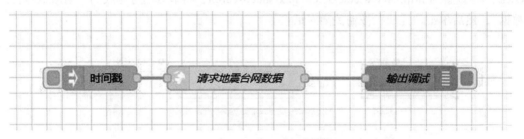

图 3-14   添加 debug 节点后的流程界面

添加 debug 节点的目的是了解网站返回的数据。现在单击 inject 节点头部的注入按钮，流程执行后打印出的结果如图 3-15 所示。

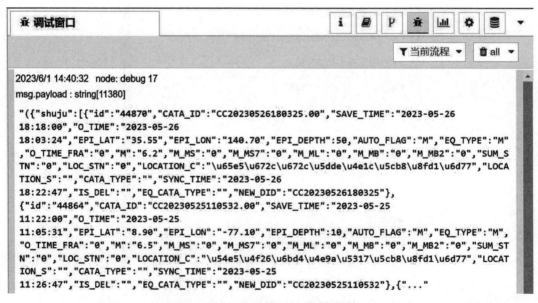

图 3-15   流程执行后打印出的结果

注意，从调试窗口的打印结果可以看出，网站返回的是一个 JSON 字符串。注意，这里仅需要小括号内的内容。

3.2.5　添加 function 节点

添加 function 节点并双击以编辑其属性，在"函数"面板中输入以下代码：

```
msg.payload=msg.payload.substring(1,msg.payload.length-1)
msg.payload=JSON.parse(msg.payload).shuju
return msg;
```

如图 3-16 所示，修改节点名称为"格式化数据"，然后单击"完成"按钮关闭。连接"请求地震台网数据"的输出到"格式化数据"的输入。从 debug 节点输出的数据分析可知，现在"格式化数据"输出的是 payload 中的 shuju 属性。

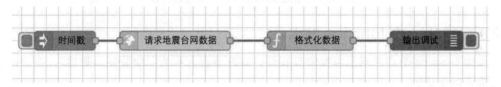

图 3-16　添加 function 节点后的流程界面

3.2.6　添加 split 节点

添加 split 节点并双击以编辑其属性。根据默认配置，split 节点会自动将数组中的每个元素拆分为消息。所以，这里不需要配置 split 节点的动作，只修改 split 节点名称为"拆分数据"，然后将流程连接起来。添加 split 节点后的流程界面如图 3-17 所示。

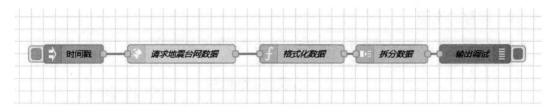

图 3-17　添加 split 节点后的流程界面

3.2.7　添加 switch 节点

添加 switch 节点并双击以编辑其属性，修改节点名称为"过滤大于 7 级的地震"，"属性"设置为 msg.payload.M，这是因为根据网站返回的数据结构，msg.payload.M 里存放的是地震震级数据，条件设置为" >=number 7"，只滤出震级大于等于 7 的地震消息。具体配置界面如图 3-18 所示。

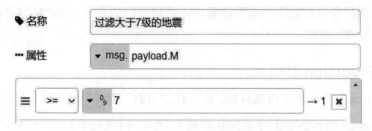

图 3-18　添加 switch 节点配置界面

单击"完成"按钮关闭，添加 switch 节点后的流程界面如图 3-19 所示。

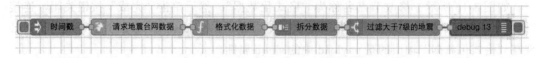

图 3-19　添加 switch 节点后的流程界面

3.2.8　添加另一个 function 节点

添加 function 节点并双击以编辑其属性，修改节点名称为"组装显示数据"，在"函数"面板输入以下代码：

```
msg.payload=msg.payload.M+" 级 "+msg.payload.LOCATION_C+msg.
payload.SYNC_TIME
return msg;
```

这里是只显示每条消息中的震级、发生地点、发生时间，其余消息就不显示了。连接"过滤大于 7 级的地震"的输出到"组装显示数据"的输入。

3.2.9　完整的流程

至此，所有的节点已经建立完成，整个流程全貌如图 3-20 所示。

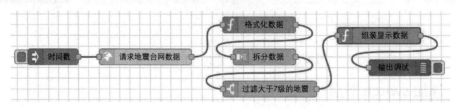

图 3-20　创建的第二个流程全貌示例

3.2.10　部署

单击"部署"按钮将流程部署到服务器。单击 🛢 按钮打开右侧边栏调试窗口，单击

inject 节点头部的"注入"按钮，可以在调试窗口看到图 3-21 所示消息。

此流程每 5 分钟自动触发一次，并从 URL 的返回中解析数据并显示在调试窗口。它还会检查数据中的量级值，并为任何量级大于等于 7 的消息分支流。此类消息的有效负载会被显示在调试窗口中。

3.3　备份流程

Node-RED 提供流程备份或导出功能，可以将流程导出为一个 JSON 文件。这样既方便保存，又方便转移。当然，Node-RED 也提供了流程导入功能，支持把在别处设计的流程 JSON 文件直接导入使用。首先确保编辑区打开的是你想要导出的流程，然后依次单击"菜单"→"导出"，如图 3-22 所示。

图 3-21　部署后调试窗口界面

图 3-22　导出流程

在导出界面，单击"JSON"标签，可以看到整个流程的 JSON 代码（刚刚在示例二中实现的流程），也可以单击"下载"按钮，导出该 JSON 文件。你也可以直接通过以下地址下载 JSON 文件查看，或者导入直接使用：

```
http://www.nodered.org.cn/your2flow.json
```

Node-RED 使用指南

本章系统介绍 Node-RED 的基础概念，包括图形编辑器、流程、节点、连接线、组、子流程、上下文、消息、消息序列等，以及 Node-RED 编辑工具的基本操作方法。对于初学者来说，在没有实例的情况下学习这些概念确实比较抽象和枯燥，因此建议先对本章粗读一遍，以建立正确的 Node-RED 系统概念，待学习了节点的具体应用实例，再回过头来细读本章的相关小节，会感觉大有裨益。

4.1 图形编辑器

Node-RED 的图形编辑器是整个 Node-RED 的用户使用界面，通过浏览器访问 http://\<ipaddress>:1880 地址即可使用。Node-RED 图形编辑器又叫 Flow Editor，划分为 4 个区域，分别为头部、节点面板、工作区和侧边栏，分别位于上、左、中、右 4 个位置，具体分布如图 4-1 所示。

头部区域包含"部署"按钮、主菜单，如果启用了用户身份验证，还包含用户菜单，如图 4-2 所示。

左侧的节点面板区域包含可供使用的节点，如图 4-3 所示。

中间的工作区用于创建流程，如图 4-4 所示。

右侧的侧边栏显示节点信息、帮助、调试、设置等内容，如图 4-5 所示。

接下来详细讲解每个区域的具体功能。

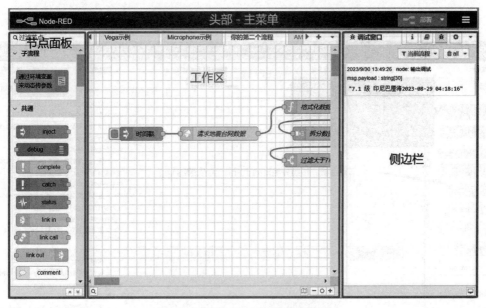

图 4-1　Node-RED 的图形编辑器

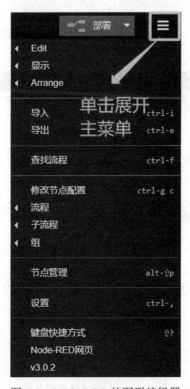

图 4-2　Node-RED 的图形编辑器
的用户主菜单

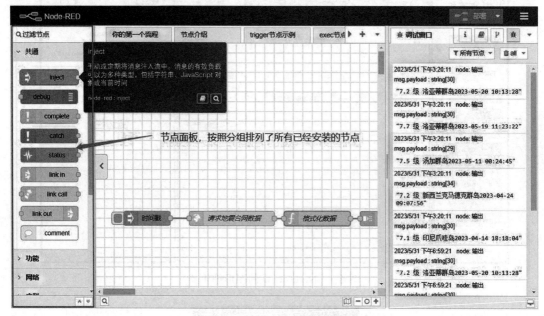

图 4-3　Node-RED 的图形编辑器节点面板

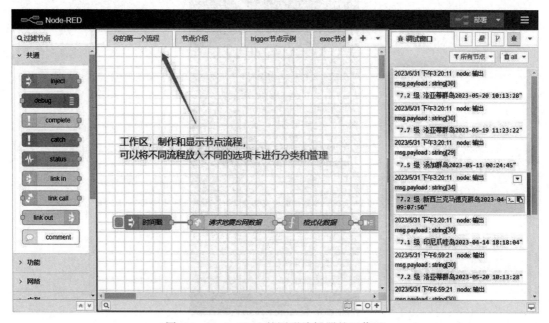

图 4-4　Node-RED 的图形编辑器的工作区

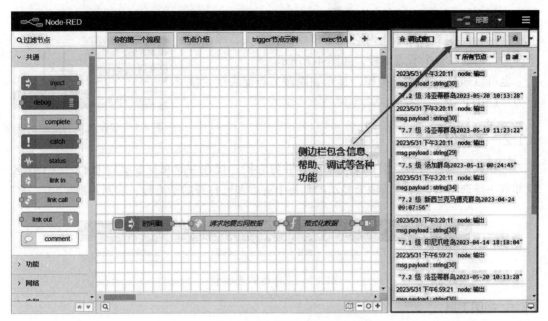

图 4-5　Node-RED 的图形编辑器的侧边栏

4.1.1　节点面板

该面板包含所有已安装并可供使用的节点。节点分为多个类别，包括共通、功能、网络、序列、解析、存储等。如果有子流程，它们会出现在节点面板顶部。单击类别标题可以展开或收起所有类别，如图 4-6 所示。

展开的节点面板　　　　收起的节点面板

图 4-6　节点面板的展开和收起功能展示

节点面板上方的"过滤节点"输入框可用于过滤节点列表中的输入。

鼠标悬停在节点面板上时会显示节点面板开关，单击这个开关可以隐藏整个节点面板，如图 4-7 所示。

也可以通过键盘进行操作，显示和隐藏节点面板的快捷键为"Ctrl+P"。

图 4-7　节点面板的隐藏功能

4.1.2　工作区

工作区是通过从节点面板中拖动节点并将它们连接在一起来开发流程的地方。工作区顶部有一排选项卡，这些选项卡显示的是每个流程和已打开的子流程，如图 4-8 所示。

图 4-8　工作区的选项卡

1. 视图工具

工作区的右下角有 4 个按钮（见图 4-9），对应功能从左到右依次为视图导航、缩小、重置为默认大小、放大。

视图导航提供整个工作区的缩小视图，突出显示当前可见的区域。当流程复杂得远超过一屏的时候，这个功能就很有用，它可以让你迅速浏览整个流程，迅速看到你想看的流程部分。快捷键如下。

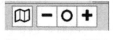

图 4-9　工作区视图
工具按钮

- 放大：Ctrl 和 +。
- 缩小：Ctrl 和 –。
- 重置：Ctrl 和 0。

2. 自定义视图

可以通过依次单击"菜单"→"设置"选项自定义工作区视图，如图 4-10 所示。

4.1.3　侧边栏

侧边栏有很多功能，最主要的是节点信息、帮助文档和调试窗口，如图 4-11 所示。侧边栏包含许多有用的工具，具体如下。

- i：信息边栏，可查看有关节点的信息。
- ：帮助边栏，可查看节点使用帮助文档。
- ：调试边栏，可查看传递给 debug 节点的消息。
- ：配置边栏，可管理配置节点。
- ：上下文边栏，可查看上下文数据内容。

图 4-10　Node-RED 设置工作区视图的界面

a）显示节点信息的侧边栏　　　b）显示帮助文档的侧边栏　　　c）显示调试窗口的侧边栏

图 4-11　侧边栏的节点信息、帮助文档和调试窗口界面

可以通过在工作区拖动侧边栏的边缘来调整其大小。如果将工作区边缘拖动到靠近右侧边缘，则侧边栏将被隐藏。可以通过依次选择"菜单"→"显示"→"显示侧边栏"选项或使用组合键"Ctrl+Space"再次显示侧边栏。下面具体描述每个侧边栏的使用方式。

1. 信息侧边栏

信息侧边栏显示有关流程的信息，包括所有流程和节点的大纲视图，以及当前选择节点的详细信息，如图 4-12 所示。可以使用与主搜索对话框相同的语法搜索大纲视图。将鼠标悬停在大纲条目上会显示一组选项。

图 4-12　显示节点信息的侧边栏

其中，大纲条目选项如图 4-13 所示。

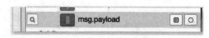

图 4-13　大纲条目选项

图 4-13 中各按钮的具体功能如下。

Ｑ：该按钮将明示节点或流程在主工作区中的位置。

▣：如果节点有按钮，例如 debug 和 inject 节点，该按钮可用于触发（激活）或取消该节点。

○：该按钮可用于启用或禁用节点、流程。

信息侧边栏的底部显示了当前选择内容的详细信息，如图 4-14 所示。

如果未选择任何内容，这里会显示当前流程的描述。该描述可以在流程属性编辑对话框中进行编辑。

2. 帮助侧边栏

在 Node-RED 1.1.0 及以后版本中，帮助侧边栏提供对编辑器中所有节点的帮助内容的访问，而不仅仅是当前选择节点的。帮助侧边栏顶部提供了完整的已经使用的节点列表，如图 4-15 所示。

3. 调试侧边栏

调试侧边栏显示传递给流程中 debug 节点的消息，以及运行时的某些日志消息。

默认情况下，调试侧边栏显示所有 debug 节点打印出的调试消息，如图 4-16 所示。

图 4-14　信息侧边栏底部显示详细内容界面

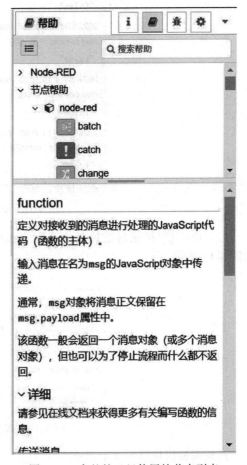

图 4-15　完整的已经使用的节点列表

图 4-16   调试侧边栏界面

可以单击 ▼ 按钮过滤掉其他流程的 debug 节点打印出的消息，以便只关注当前流程，如图 4-17 所示。

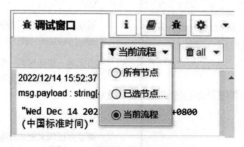

图 4-17   调试过滤面板选项

过滤面板提供以下 3 个选项。

● 所有节点：显示所有节点的消息。

- 已选节点：从所有可用节点的列表中选择特定的调试节点的消息。
- 当前流程：仅显示来自工作区当前流程中节点的消息。

💡 注意：

debug 节点侧边栏只能显示最近的 100 条消息。如果侧边栏当前显示的是经过过滤的消息列表，隐藏消息仍计入 100 条限制内。如果流程中有嘈杂的 debug 节点，与其从侧边栏中过滤它们，不如在工作区中单击对应的禁用按钮。可以随时通过单击 🗑all ▾ 按钮来清空调试消息。

4. 配置侧边栏

在配置侧边栏出现的节点都是配置节点。配置节点是指那些在节点设置界面通过单击 🖉 按钮才显示出来并再做进一步配置的节点。由于它们隐藏在第二层设置界面中，所以要看到和找到它们会比较困难。Node-RED 在配置侧边栏统一展示所有配置节点，每个配置节点都显示其类型和标签，以及当前使用该配置节点的常规流节点数量，如图 4-18 所示。

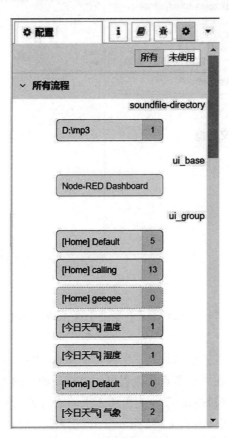

图 4-18　配置侧边栏界面

如果配置节点未使用，则显示为虚线轮廓。还可以通过在顶部选项卡中选择"未使用"过滤器来过滤视图以仅显示未使用的节点。双击节点可以打开配置节点的编辑对话框。

5. 上下文边栏

上下文边栏显示所有的上下文变量及其存储的内容。有关使用上下文变量的更多信息，请阅读 4.8 节。上下文边栏如图 4-19 所示。

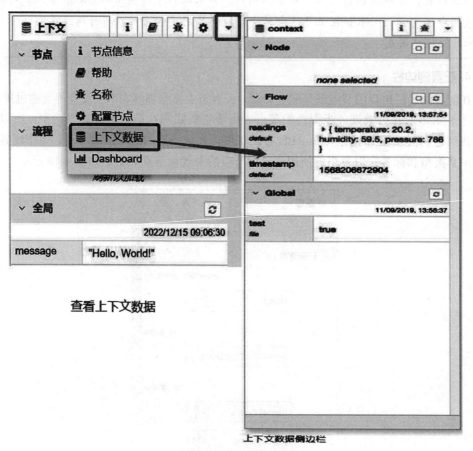

图 4-19　上下文边栏

该面板分为 3 个部分，每个部分对应一个上下文范围：节点（Node）、流程（Flow）和全局（Global）。

刷新按钮：必须单击才能加载上下文内容。Node 和 Flow 部分的刷新按钮旁边都有一个复选框，它可用于在所选节点或流程更改时自动刷新内容。将鼠标悬停在任何上下文属性名称上将显示一个刷新按钮，它可用于手动刷新属性值。

将鼠标悬停在上下文属性的值上将显示一个按钮。该按钮用于将上下文属性内容复制到系统剪贴板。该值将转换为 JSON 格式，因此并非所有属性值都可以复制。

4.1.4　功能菜单

功能菜单包含整个 Node-RED 编辑器的设置功能，包括导入 / 导出流程、查找流程、修改节点配置和节点管理等，如图 4-20 所示。

1. 导入流程

下面介绍 4 种导入流程的方法。

- 直接粘贴流程的 JSON 字符串。
- 上传流程 JSON 字符串。
- 从本地库中导入。
- 从示例流程库中导入。

导入流程时，可以选择是将流程导入当前流程板还是创建新的流程板。图 4-21 为粘贴流程的 JSON 字符串导入流程的操作方式。

2. 导出流程

下面介绍 3 种导出流程的方法。

- 将流程 JSON 代码复制到系统剪贴板。
- 将流程 JSON 代码下载为文件。
- 保存到本地库。

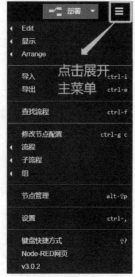

图 4-20　Node-RED 编辑器的功能菜单界面

Node-RED 可以导出已选择的节点、当前流程和所有流程，并且提供导出压缩或格式化 JSON 文本的选项。紧凑选项用于生成一行不带空格的 JSON 格式的字符串。"已格式化"按钮将 JSON 代码格式化为多行，并带有完整的缩进，这样更容易阅读，如图 4-22 所示。

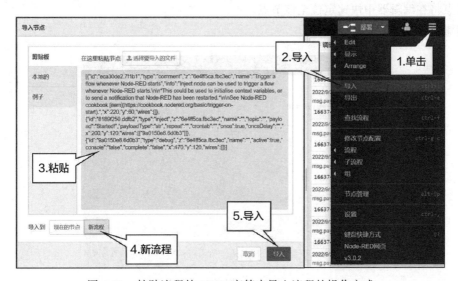

图 4-21　粘贴流程的 JSON 字符串导入流程的操作方式

图 4-22　导出流程对话框

3. 查找流程

查找流程可用于查找工作区内的节点，包括配置节点。它为节点的所有属性编制索引，因此用户可以通过节点的 ID、类型、名称或任何其他属性来搜索节点。在结果列表中选择一个节点将在编辑器中快速定位至该节点。

搜索对话框如图 4-23 所示。

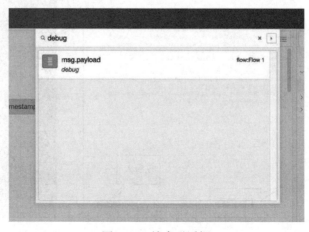

图 4-23　搜索对话框

搜索语法支持添加多个附加过滤器，以缩小结果范围。

- is:config：将结果限制为配置节点。
- is:subflow：将结果限制为子流程。
- is:unused：匹配未使用的配置节点或子流程。
- is:invalid：匹配包含配置错误的节点。
- uses:<config-node-id>：将结果限制为依赖特定配置节点的节点。

4.2　流程面板

本节介绍流程面板的操作方式。流程面板是组织节点的主要方式，每个流程面板可以包含多个流程（即多组连接的节点）。每个流程面板都可以有一个名称，并在信息边栏显示描述，如图 4-24 所示。一个流程面板中的所有节点都可以访问本流程面板中的上下文消息。

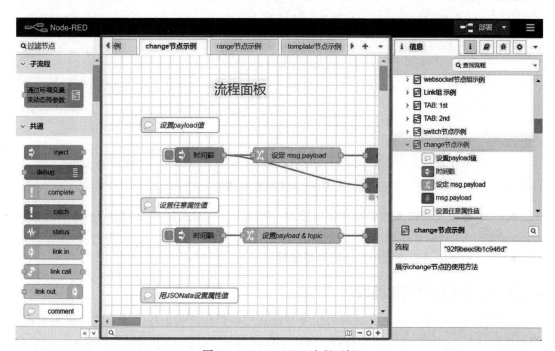

图 4-24　Node-RED 流程面板

4.2.1　添加流程面板

虽然可以在同一个流程面板中编辑所有的流程，但是将流程进行分类并放入不同的流程面板中是更好的流程组织方式。这样可以便于多人协作。要添加新流程面板，可以单击流程面板顶部栏中的 ➕ 按钮，或双击选项卡栏中的可用空间。在选项卡一栏中拖动选项卡左移或右移，可以重新排序工作区中的流程面板，如图 4-25 所示。

图 4-25　流程面板选项卡界面

4.2.2　编辑流程面板属性

要编辑流程面板的属性，双击流程面板顶部栏中的选项卡，打开流程属性对话框，如图 4-26 所示。

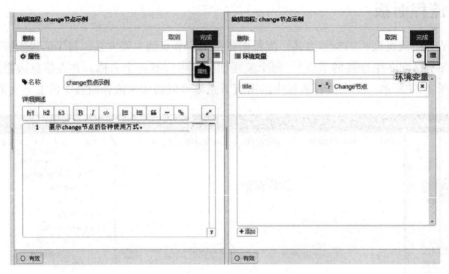

图 4-26　流程属性对话框

- ⚙：设置流程面板的名称和详细描述。详细描述部分可以使用 Markdown 语法进行编写，并将出现在信息边栏中。
- ☰：用于设置该流程中的环境变量属性。

4.2.3　启用或禁用流程面板

可以使用流程编辑对话框底部的切换按钮启用或禁用流程面板。如果禁用流程面板，则在部署时不会创建和使用这个流程面板中的任何节点。信息边栏中的 ◯ 按钮也可用于启用或禁用流程面板，如图 4-27 所示。

4.2.4　隐藏或显示流程面板

可以通过单击选项卡上的 👁 按钮隐藏流程面板。隐藏时，信息边栏将在该流程处显示 👁 图标。单击该图标将显示该流程面板，如图 4-28 所示。

图 4-27　启用或禁用流程面板

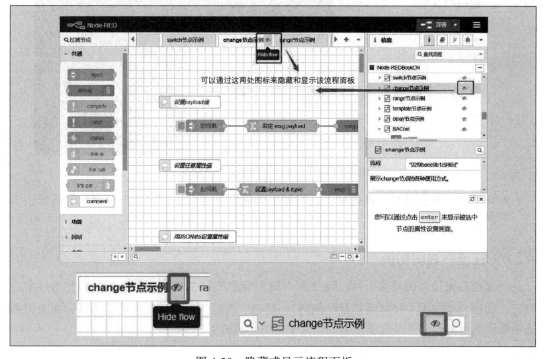

图 4-28　隐藏或显示流程面板

需要注意的是，隐藏或显示流程面板并不影响部署流程时使用该流程面板中的流程和节点，也就是说隐藏与禁用完全不同，隐藏流程面板只是在视觉上关闭该流程面板，并且在隐藏后，可以在侧边栏再次找到该流程面板。

4.2.5 删除流程面板

当确定一个流程面板中的流程都不需要的时候，用户可以直接删除该流程面板。此时有两种删除方式。

- 方式一，在当前流程面板中依次选择"菜单"→"流程"→"删除"选项，如图 4-29 所示。

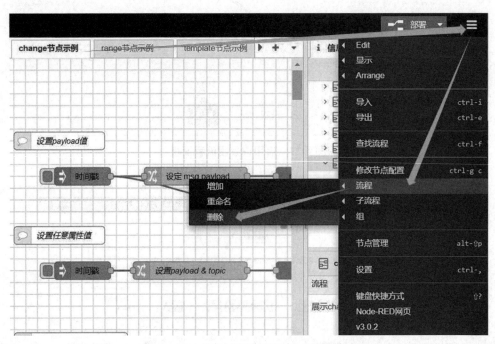

图 4-29 删除流程面板的第一种方式

- 方式二，双击流程面板选项卡，在弹出的编辑流程对话框中单击"删除"按钮，如图 4-30 所示。

4.2.6 在流程之间切换

当流程面板很多的时候，可以通过图 4-31 所示操作快速找到所需流程面板并直接定位展开。具体为单击主工作区顶部最右侧的 ▼ 按钮，然后选择"流程一览"选项，在流程列表中单击某个流程，可以直接在主工作区中定位到该流程。

图 4-30　删除流程面板的第二种方式

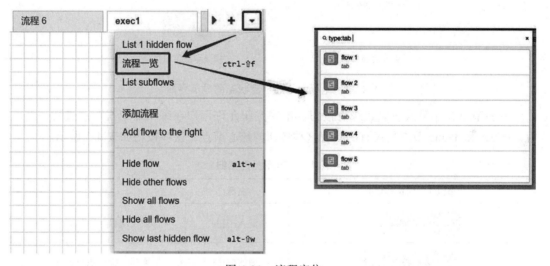

图 4-31　流程定位

4.3　节点

节点是流程的基本构建要素。节点通过从流程中的前一个节点接收消息来触发或通过一些外部事件（例如传入的 HTTP 请求、计时器或 GPIO 硬件更改）来触发。它们处理接收的消息或事件，然后将消息发送到流程中的下一个节点。一个节点最多可以有一个输入端口和任意多个输出端口。用户可以通过以下任一方式将节点添加到工作区。

- 将节点从节点面板中拖入。
- 使用快捷键添加对话框。

● 从库或剪贴板导入。

节点通过它们的端口连线连接在一起。同时，节点可以指定端口标签，例如 switch 节点显示的匹配端口的规则示例，如图 4-32 所示。

标签的文字描述内容可以在节点编辑对话框中自定义。某些节点在下方显示状态消息和图标，以指示运行时状态。例如，MQTT 节点指示当前已连接。如果有任何未部署的更改，节点上方会显示一个蓝色圆圈。如果配置有错误，节点上方会显示一个红色三角形，如图 4-33 所示。

图 4-32　switch 节点输出端口显示标签界面

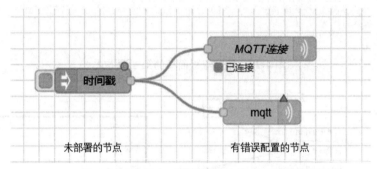

图 4-33　流程中不同节点状态的显示界面

一些节点在左侧或右侧边缘有按钮。这些按钮允许用户在编辑器中与节点进行一些交互。inject 和 debug 节点是仅有的具有这种按钮的核心节点，这些按钮如表 4-1 所示。

表 4-1　节点上的按钮

节点（框内是按钮）	名称	含义
时间戳	注入按钮	触发流程
debug 13	激活按钮	取消、激活 debug 节点

4.3.1　通过拖曳添加节点

Node-RED 最吸引人的特性就是用拖曳的方式进行流程可视化编辑。这个直观的操作成为最为常见的添加节点的方式，用过一次就能让人印象深刻。同时，一旦节点被拖到工作区，该节点就可以通过拖曳变换位置，放置在你喜欢的地方，并且支持其他操作。这种方式不仅是人机交互设计的进步，更是直观理解物联网运行逻辑的最佳表达方式。图 4-34 为拖曳节点的操作方式。

4.3.2　通过对话框快速添加节点

对话框添加节点是以一种快捷键的方法，将节点添加到鼠标所在的工作区，而不需要将

其从节点面板拖入。这种操作看上去没有拖曳节点直观，但是当深入使用 Node-RED 时你会发现，左边节点面板的内容会随着安装的节点数量变得越来越多，那时你要找到自己需要的节点变得很费劲。于是，通过对话框方式添加节点变得更加高效。

对话框添加的操作方式是在工作区空白处按住 Ctrl 或 Command 键并单击鼠标左键。对话框中包含可添加的所有节点的完整列表。它在列表顶部显示了 5 个核心节点，然后是所有最近添加的节点，最后是一个完整的、

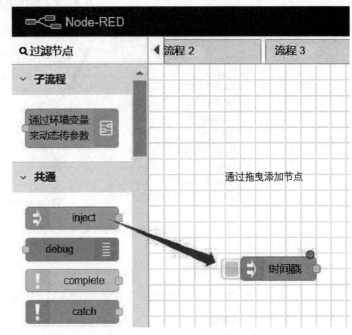

图 4-34　拖曳节点的操作方式

按字母顺序排列的剩余节点列表。与主节点面板一样，对话框顶部有一个输入，用于过滤节点列表并快速找到节点。如果单击列表中的节点时按住 Ctrl 或 Command 键，将添加该节点，同时快速添加对话框处于打开状态，以便添加流程中的下一个节点。如果在触发对话框时单击了一条连线，添加的节点将被拼接到连线上，具体操作如图 4-35 所示。

4.3.3　编辑节点属性

双击节点或选中节点后按 Enter 键可以编辑节点的配置。如果选择了多个节点，将编辑选择中的第一个节点。

编辑对话框包含 3 个选项卡，如图 4-36 所示。

- ⚙：属性，描述该节点的属性内容。每个节点的属性配置方式不同，可以通过帮助文件查看区别。
- ▤：描述，使用 Markdown 语法对节点进行描述。选择节点时，描述将显示在信息边栏中。
- ▣：外观，自定义节点外观的选项。
外观选项卡提供以下选项。
- 是否显示节点的标签。

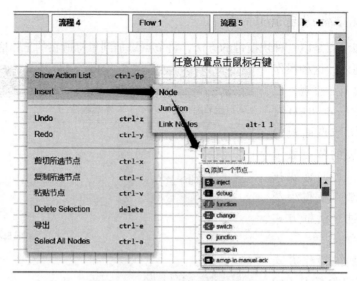

图 4-35　通过对话框快速添加节点

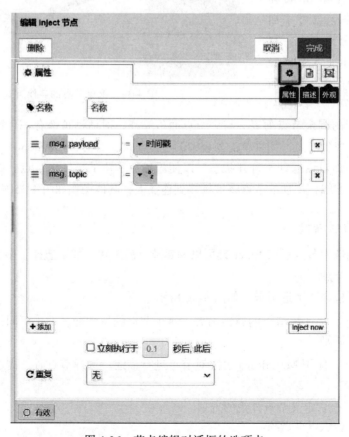

图 4-36　节点编辑对话框的选项卡

- 更改节点的图标。
- 自定义端口标签。

4.3.4 启用或禁用节点

和流程面板的启用或禁用相同,可以通过节点配置界面底部的单选框 ○ 有效 启用或禁用节点。如果禁用节点,在部署流程时不会创建和使用该节点。如果禁用节点位于流程的中间,则没有消息会通过它,如图 4-37 所示。

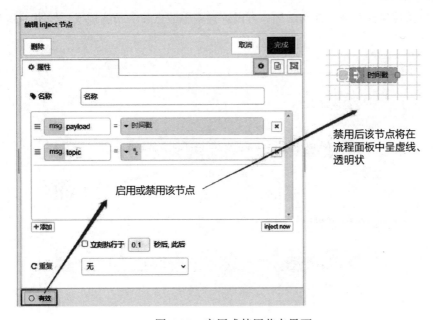

图 4-37　启用或禁用节点界面

4.3.5 节点选择

Node-RED 编辑器中有很多种方式可以完成节点的选择,包括单击选择、鼠标框选、快捷键选择等。

1. 单击选择

单击节点时选择节点,信息边栏随之显示该节点的属性以及帮助文本。

如果在单击节点时按住 Ctrl 或 Command 键,则该节点将添加到当前已选的节点中(如果已被选中,则取消选中)。按住 Shift 键并单击节点中间时,将选择该节点以及和它连接(包括直接连接和间接连接)的所有其他节点。按住 Shift 键并单击节点的左侧,将选择该节点和流程中位于它之前的所有节点(上游节点)。按住 Shift 键并单击节点的右侧,将选择该节点和流程中位于它之后的所有节点(下游节点)。单击连接线时选择连接线(与节点不同,一次只能选择一条线),如图 4-38 所示。

图 4-38　节点选择界面

选中的节点和连线显示为橙色。

2. 鼠标框选

在工作区按住鼠标左键并拖动鼠标，可以选择多个节点和多条连接线，如图 4-39 所示。

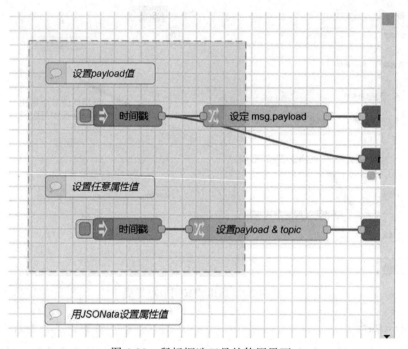

图 4-39　鼠标框选工具的使用界面

3. 快捷键选择

- 选择所有节点。要选择当前流程中的所有节点，请确保工作区具有焦点，然后按 Ctrl/Command+A 组合键。
- 选择连接的节点。要选择连接到特定节点的所有节点，请在按住 Shift 键的同时单击节点的中间。
- 选择上游或下游节点。要选择一个节点及其所有上游或下游节点，请在按住 Shift 键的同时单击节点的左侧或右侧。
- 选择流程面板。单击选项卡时按住 Ctrl/Command 键，可以在编辑器中选择多个流程面板，这也意味着选择了该流程面板内的所有节点。选择后的效果如图 4-40 所示。

图 4-40　选择流程面板界面

4.3.6　排列节点

从 Node-RED 2.1 开始，编辑器提供了许多操作来帮助安排工作区中的节点。它们可用于对齐和分布节点，都可以在"菜单"→"Arrange"下找到。需要注意的是，编辑器对选择的多个节点进行排列，操作方式如图 4-41 所示。

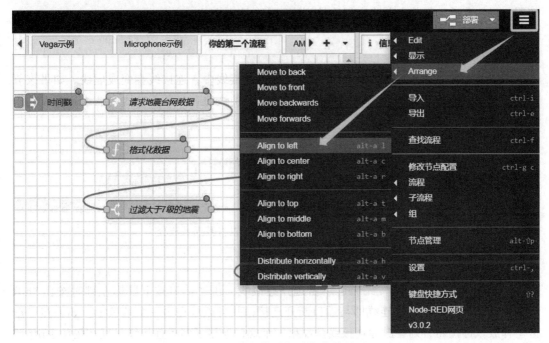

图 4-41　节点排列的功能菜单界面

4.4　连接线

连接线是将节点的输入、输出连接起来的基本方式，也是建立流程的基本方式。具体的操作方式是在节点输出端口按下鼠标左键，拖动到目标节点的输入端口并释放鼠标左键，如图 4-42 所示。

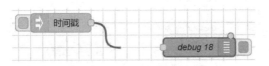

图 4-42　节点连接线示意图

另外，当两个需要连接的节点距离较远，特别是需要拖动滚动条才能看到目标节点的时候，可以使用以下方式进行连线操作。

- 按住 Ctrl 或 Command 键，单击节点的端口。
- 按住 Ctrl 或 Command 键不放，同时鼠标拖动滚动条，直到看见目标节点。
- 单击目标节点端口，再释放 Ctrl 或 Command 键。
- 如果按住 Ctrl 或 Command 键保持不动并且刚刚连线的目标节点有一个输出端口，则从该端口开始新的连线，这样允许一组节点快速连接在一起。

连接线可以与由 Ctrl 或 Command 键和鼠标左键触发的工作区上的快速添加对话框结合使用，以快速插入新节点并将它们连接到流程中的先前节点。

4.4.1 拆分连接线

如果将同时具有输入和输出端口的节点拖进连接线中，连接线会变成虚线。如果该节点随后被放下，它会在该点自动插入流程。这是一种快速在一条连接线中插入新节点的操作，具体操作方式如图 4-43 所示。

图 4-43　将节点放在连接线上以将其插入流程

4.4.2 移动连接线

要从端口断开连接线，先通过单击选择连接线，再在端口按下鼠标左键时按住 Shift 键，然后在拖动鼠标时，连线即与端口断开连接，并可以放在另一个端口上。如果在工作区中释放鼠标按钮，则会删除连接线。如果一个端口连接了多条连接线，且在按住 Shift 键的同时按下鼠标左键时没有选择任何连接线，则所有连接线都会移动。具体操作如图 4-44 所示。

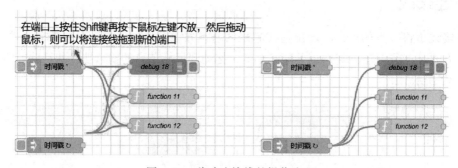

图 4-44　移动连接线的操作流程

4.4.3　选择多条连接线

按住 Ctrl 或 Command 键并单击连接线，可以选择多条连接线。当你选择多个节点时，Node-RED 还会突出显示它们之间的连接线，如图 4-45 所示。这使跟踪一个流程显得很容易。

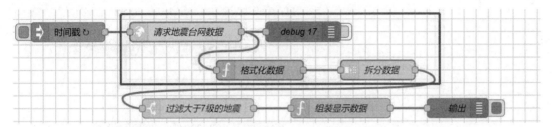

图 4-45　Node-RED 会突出显示选中的节点及它们之间的连接线

4.4.4　删除连接线

首先选择一条或多条连接线：要选择单条连接线，单击一条连接线；要选择多条连接线，先单击一条连接线，然后按住 Ctrl 或 Command 键，单击其他连接线。然后按下 Delete 键。

4.4.5　删除节点但保留连接线

首先选择节点，然后按下 Delete 键。还有一种方式是删除节点但是保留连接线，这种方式可以从流程中间删除一个节点，但保留连接线。连接线将自动连接该节点的上下节点，具体操作方式是按住 Ctrl 或 Command+Delete 键，如图 4-46 所示。

4.5　节点组

从 Node-RED 1.1.0 开始，节点可以连接在一起形成一个节点组。用户可以将它们作为单个对象在编辑器中移动或复制，可以为节点组指定边框、背景颜色，以及可选标签，如图 4-47 所示。这样更加方便进行节点管理，让整个流程变得清晰易懂。善用节点分组可以让多人协作工作变得更加高效。

4.5.1　创建节点组

创建新的节点组首先要选择多个节点，根据前面小节介绍的方法选择多个节点，然后采用以下 3 种方式进行节点组的创建。

- 方式一：选择节点，然后依次选择"菜单"→"组"→"选择组"选项。
- 方式二：选择节点，然后单击鼠标右键，选择 Group Selection。
- 方式三：选择节点，然后按 Ctrl+Shift+G 键。

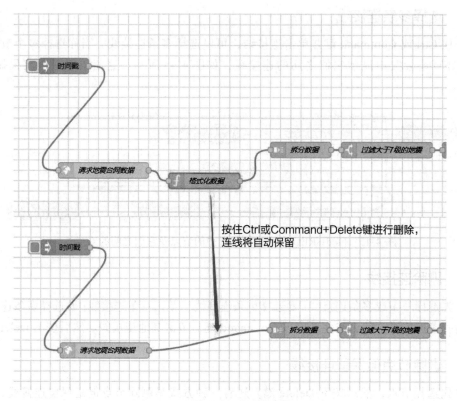

按住Ctrl或Command+Delete键进行删除，连线将自动保留

图 4-46 删除节点的界面操作示意图

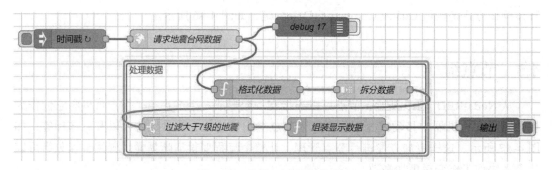

图 4-47 节点组选择操作界面

4.5.2 编辑节点组属性

可以通过双击节点组分界线来弹出节点组的属性对话框（见图 4-48），或者在工作区选择节点组时单击 Enter 键。

该编辑对话框包含 3 个选项卡，如图 4-49 所示。

- ⚙：属性，要编辑的节点组属性。
- ▤：环境变量，在节点组内作为环境变量公开的属性。

- 📄：描述，使用 Markdown 格式化的文档。选择节点组时，描述会显示在信息边栏。

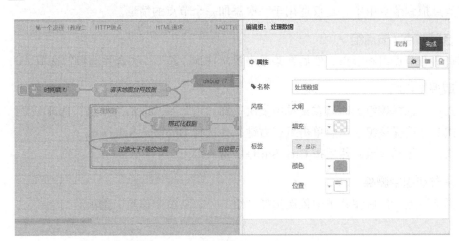

图 4-48　双击节点组分界线可编辑组属性对话框

图 4-49　节点组编辑对话框中的选项卡

节点组属性选项卡提供以下选项。

- 设置节点组的轮廓和填充颜色。
- 选择节点组的名称是否显示为标签，如果是，设置使用什么颜色的文本以及标签应放置在什么位置。

4.5.3　节点组的其他操作

1. 重用节点组的样式

要复制现有节点组的样式（轮廓、填充、颜色和标签位置），请选择该组，然后按 Ctrl 或 Command+Shift+C 键。要将该样式应用到另一个组，请选择该组并按 Ctrl 或 Command+Shift+V 键。

2. 将节点添加到节点组

将节点拖到节点组中，这仅适用于一次添加一个节点的情形。

3. 合并节点 / 节点组

选择所有节点组和节点，然后在菜单中依次选择"组"→"合并选择"选项。

4. 取消节点组

方式一：选择该组，然后在菜单中依次选择"组"→"取消选择组"选项。
方式二：选择该组，然后单击鼠标右键，并选择 Ungroup Selection。
方式三：选择该组，然后按 Ctrl+Shift+U 键。

5. 从节点组中删除

选择该节点，然后在菜单中依次选择"组"→"从组中移除"选项。

4.6 子流程

子流程和组有类似的作用，也是为了让整个流程更加清晰易读，但是子流程比组更具备流程封装的特性。一个子流程一定会有输入节点和输出节点，可以被完整地看成一个有始有终的流程，并且被打包成一个节点，允许在多个地方重复使用。子流程在创建后将作为一个节点添加到节点面板中，然后可以像其他任何节点一样被拖到工作区。节点面板中的子流程节点被称为子流程模板，而拖到流程面板中的子流程节点被称为子流程实例。一个子流程模板可以产生多个子流程实例，各子流程实例之间相互不干扰，正如其他所有节点能够在流程面板产生多个实例应用一样。而节点组可以没有输入节点或者结束节点，它只是流程中的一个部分，也不能被复用。注意：子流程不能直接或间接包含自身的实例。图 4-50 为子流程的应用示意。

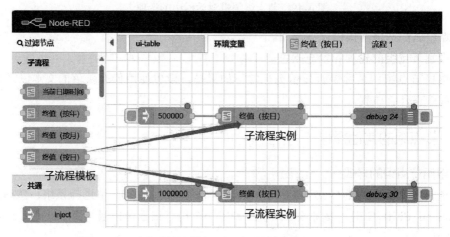

图 4-50　一个子流程模板可以产生多个子流程应用示意

4.6.1　新建子流程模板

新建一个子流程有两种方式：创建空的子流程，将已经存在的节点转化为子流程。这两种方式的具体操作如下。

1. 创建空的子流程

依次选择"菜单"→"子流程"→"新建子流程"选项，将创建一个空子流程并在工作区中打开，如图 4-51 所示。

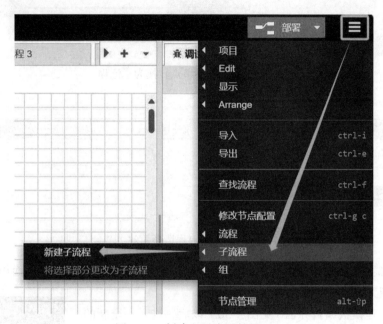

图 4-51　创建空子流程的界面

2. 将节点转换为子流程

选中流程中的一组节点，依次选择"菜单"→"子流程"→"将选择部分更改到子流程"选项，将当前选择的节点转换为子流程。这些节点将被移动到新的子流程，并被流程中的子流程实例节点替换，如图 4-52 所示。

创建子流程时，子流程的入口只能有一个。因此，如果选择的是带有两条以上输入连接线的一组节点，创建子流程将失败，如图 4-53 所示。

4.6.2　编辑子流程模板

有两种方法可以打开子流程以编辑其内容，具体为双击节点面板中的子流程节点，或单击子流程实例节点编辑对话框中的"编辑流程模板"按钮。子流程在工作区中作为新选项卡打开。与常规流程选项卡不同，子流程选项卡可以关闭。

● 方法一：直接在节点面板中双击子流程节点，如图 4-54 所示。

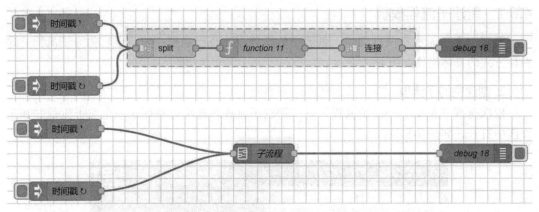

图 4-52　将选择的节点转换为子流程

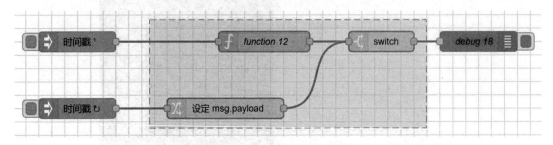

图 4-53　子流程选择无效

● 方法二：在主工作区中双击子流程实例节点，然后在弹出的编辑界面单击"编辑流程模板"，如图 4-55 所示。

打开子流程模板编辑界面（见图 4-56）以后，进入一个新的子流程工作选项卡。

子流程模板编辑界面功能如下。

1. 输入和输出

子流程的输入和输出由可以正常连接到流程中的灰色方形节点表示。工具栏提供了添加和删除这些节点的选项。与正常流程节点一样，这些节点可以有一个输入和多个输出。

2. 更新状态节点

工具栏提供了一个将"状态"输出添加到子流程的选项。这可用于更新子流程实例节点的状态。

3. 编辑属性

单击"编辑属性"按钮打开子流程模板属性对话框。与流程属性对话框一样，可以设置子流程的名称、描述和环境变量等。

图 4-54　直接在节点面板双击子流程节点以打开子流程模板编辑界面

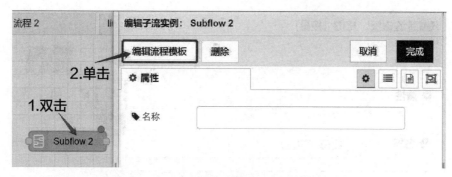

图 4-55　双击子流程实例节点进入编辑界面

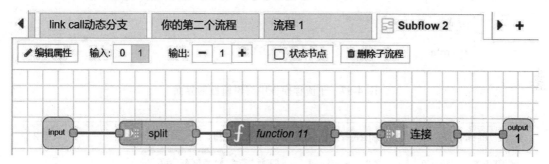

图 4-56　子流程模板编辑界面

- ⚙：属性，用于设置子流程模板的环境变量。该子流程模板的所有实例均可查看和调用这些环境变量。
- ▣：模块属性，用于定义子流程模板的一些关键信息。
- ▤：描述，Markdown 格式化的文档。选择节点时，描述将显示在信息边栏中。
- ▨：外观，用于自定义节点外观。

子流程模板中编辑属性的界面如图 4-57 所示。

4.6.3　删除子流程模板

子流程模板编辑界面中的"删除子流程"按钮可用于删除子流程模板及其所有实例，如图 4-58 所示。

4.6.4　新建子流程实例

从节点面板中将子流程节点拖入流程面板，即可新建一个子流程实例，如图 4-59 所示。

4.6.5　编辑子流程实例

双击子流程实例即可进入子流程实例编辑界面，如图 4-60 所示。

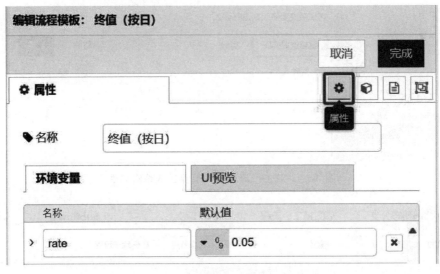

图 4-57　子流程模板中编辑属性的界面

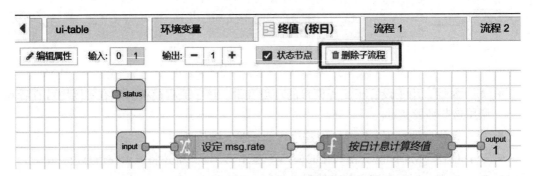

图 4-58　删除子流程模板及其实例

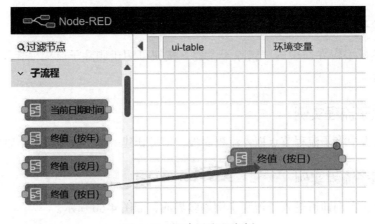

图 4-59　新建子流程实例

图 4-60　子流程实例编辑界面

　　这里显示的是子流程模板中定义的环境变量。用户可以在这里修改该变量的数据类型和值，但修改仅对该实例有效，并不会影响到子流程模板和其他实例中的该变量属性。

　　子流程实例的环境变量是子流程实例的属性。可以为子流程中的每个实例自定义该属性。然后，这些属性作为子流程中的环境变量公开。子流程实例的环境变量设置界面如图 4-61 所示。

图 4-61　子流程实例的环境变量设置界面

4.6.6　删除子流程实例

　　删除子流程实例有两种方式。
- 方式一：在子流程实例编辑界面单击"删除"按钮。
- 方式二：在流程面板中选中子流程实例节点，按 Delete 键。

4.7　环境变量

　　环境变量是在计算机操作系统中使用的一种机制，用于存储和检索系统级别的配置信息。它们是一组动态的值，可以影响计算机上运行的程序的行为。环境变量包含一些重要的配置信息，如路径、用户名、操作系统版本等。它们可以在操作系统级别设置，对于所有用户和程序都是可见的。在不同的操作系统中，设置和使用环境变量的方法会有所不同。在大多数类 Unix 系统（如 Linux 和 macOS）中，可以使用 shell 命令来设置和访问环境变量。在 Windows 系统中，可以通过图形界面或命令行工具来设置和使用环境变量。程序可以通过读取环境变量来获取与当前系统环境相关的信息，或者根据环境变量的值来调整其行为。例如，程序可以根据环境变量中指定的路径来查找所需的库文件或配置文件。环境变量在软件开发和系统管理中非常有用，可以提供一种灵活和可配置的方式来管理系统的行为。

Node-RED 引用了环境变量的概念，通过环境变量来设置系统级别的一些配置信息。Node-RED 中的环境变量分为全局环境变量和流程级别环境变量（流程、组、子流程模板、子流程实例）。全局环境变量在 settings.js 中设置，作用于全系统。流程级别环境变量在流程属性编辑界面中设置，子流程环境变量在子流程属性编辑界面中设置，作用于整个流程或对应的子流程实例。

那么，什么时候需要用环境变量呢？

环境变量的值一般在设置之后不会频繁改变，主要供节点调用。

假如要配置 MQTT 节点发布消息，你可以配置 MQTT 节点并发布到${MY_TOPIC}，然后在运行 Node-RED 之前将${MY_TOPIC} 设置为环境变量。这使我们能够将那些特定于设备的配置需求与所有设备通用的流程分开维护。如何理解呢？比如大楼中所有传感器都要发送数据，我们设计每层楼一个网关，每个网关上都有一个 Node-RED 系统在运行，那么每个网关上的流程都是一样的，因为它们都需要发送同样的传感器数据到服务器，只是它们发送的目标传感器所在的位置不一样，如二楼需要发往 sensors\2f\+，三楼需要发往 sensors\3f\+，所以网关系统可以简单复制，只需在每个网关的 Node-RED 上改 settings.js 文件的 MY_TOPIC 环境变量的值就可以了。

4.7.1 设置环境变量

1. 全局环境变量设置

设置全局环境变量的方式如下。

方式一：在 settings.js 文件中，在 module.exports 部分（一般放置在 module.exports 部分前面）之外按如下格式增添语句。

```
process.env.name = "value";
```

比如 process.env.device = "sensors\3f\+";，在实际项目中，这就代表该设备是三楼的传感器网关。以下的讲述均以该 device 变量为例。

方式二：通过以下形式的语句将变量定义为 systemd 服务的一部分。

```
Device='sensors\3f\+'
```

该语句放置在 Node-RED 用户目录 ~/.node-red 中名为 environment 的文件中。

2. 流程或组级别环境变量设置

自 Node-RED 2.1 起，环境变量可以在流程或组级别设置，可在流程或组的编辑对话框中的相应选项卡中完成，如图 4-62 所示。

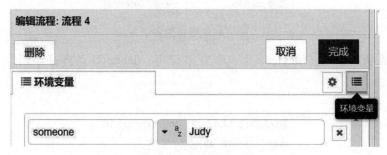

图 4-62　设置流程或组级别的环境变量

3. 子流程和子流程实例环境变量设置

从 Node-RED 0.20 开始，每个子流程实例可以定义自己的环境变量。这些环境变量是子流程实例的属性。

例如，对于访问不同类型记录的 RESTfull API，可以创建一个子流程来访问该 API 并处理响应，使用环境变量来识别应访问哪种类型的记录，然后可以针对这些特定类型自定义子流程的各个实例。

设置子流程环境变量可参考 4.6 节。

4.7.2　调用环境变量

1. 对属性值类型选择"环境变量"

所有节点都可以通过 ${ENV_VAR} 形式的字符串来使用环境变量。当运行时加载流时，它将替换该环境变量的值到流中，然后传递到节点。

环境变量的调用方式有两种，如表 4-2 所示。

表 4-2　环境变量的调用方式

调用	结果
msg. payload ＝ ▾ $ device 在属性赋值中，选择"环境变量"类型，并只写环境变量名称，没有 ${} 符号	2023/7/13 14:40:59　node: debug 19 msg.payload : string[12] "sensors\3f\+"
msg. payload ＝ ▾ $ our sensor is ${device} 在属性赋值中，选择"环境变量"类型，如需组合其他文字，则加上 ${} 符号	2023/7/13 14:42:21　node: debug 18 msg.payload : string[26] "our sensor is sensors\3f\+"

在属性赋值中，选择"环境变量"类型，如果加上了 ${} 符号，又没有组合其他文字，则形式如图 4-63 所示。

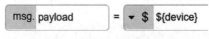

图 4-63　环境变量的表示方式

那么，系统将认为 ${device} 是一个空字符串，debug 节点将打印出空字符串，如图 4-64 所示。

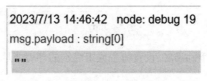

图 4-64　环境变量为空的调试结果

2. 在 JSONata 表达式中访问环境变量

可以使用函数在 JSONata 表达式中访问环境变量，例如在 debug 节点中使用 $env ('device')，如表 4-3 所示。

表 4-3　在 JSONata 表达式中访问环境变量

调用	结果
J: $env('device') 在 debug 节点中选择 J: 表达式 来显示环境变量	2023/7/13 15:06:19　node: 表达式例 msg : string[12] "sensors\3f\+"

3. 使用 function 函数访问环境变量

在函数节点内，可以使用 env.get 函数访问环境变量，如表 4-4 所示。

表 4-4　使用 env.get 函数访问环境变量

调用	结果

let mydevice = env.get ("device");
msg.payload = mydevice;
return msg;
	2023/7/13 15:14:59　node: debug 20
	msg.payload : string[12]
	"sensors\3f\+"

4. 在 template 节点中访问环境变量

自 Node-RED 3.0 起，在 template 节点中可以使用以下语法访问环境变量：

```
My favourite colour is {{env.COLOUR}}.
```

5. 访问流程或组级别环境变量

流程或组级别环境变量设置好后，以赋值给 msg.payload 的方式在节点中访问，如表 4-5 所示。

表 4-5　访问流程或组级别环境变量

调用	结果
msg. payload ＝ ▾ $ hello ${someone}	2023/7/13 15:29:43　node: debug 21 msg.payload : string[10] "hello Judy"

6. 访问子流程实例的环境变量

访问方式与访问流程或组级别环境变量的方式相同。

7. 访问嵌套环境变量

在子流程中访问父流程的环境变量时，在变量名前加前缀 $parent。

8. 访问没有环境变量输入的节点

每个节点都有自己的编辑对话框，但并非所有节点的属性都能输入环境变量。比如 mqtt out 节点的属性就不能，在这种情况下，你可以考虑在 mqtt out 前面加一个 change 节点，把环境变量赋值给 topic 属性。mqtt out 节点会自动以 topic 属性的值作为发布的目录，如图 4-65 所示。

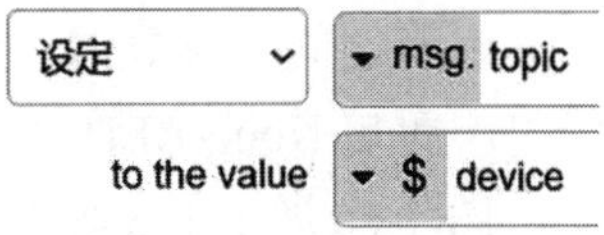

设定　▾　▾ msg. topic
to the value　▾ $ device

图 4-65　环境变量赋值方法

4.7.3　Node-RED 内置环境变量

自 Node-RED 2.2 起，Node-RED 定义了一组环境变量，用于公开有关节点、流和组的信息。

此信息有助于定位工作区中的节点。工作区中的节点作为流程的一部分存在。同样，节点可能（也可能不是）属于组的一部分。节点、流和组均被赋予由 Node-RED 生成的唯一 ID。节点、流和组都支持 name 属性，你可以在编辑属性时更改它们的名称。表 4-6 所示的环境变量可用于访问给定节点的相关信息。

表 4-6　环境变量的名称和含义

变量名	含义	变量名	含义
NR_NODE_ID	当前节点的 ID	NR_GROUP_NAME	当前流程组名称
NR_NODE_NAME	当前节点的名称	NR_FLOW_ID	当前流程 ID
NR_NODE_PATH	当前节点的路径（GroupID/NodeID）	NR_FLOW_NAME	当前流程名称
NR_GROUP_ID	当前流程组 ID		

注意，虽然 Node-RED 生成的 ID 保证是唯一的，但名称不是。如果节点、流或组没有给定名称，则相应的环境变量将为空字符串。如果节点不属于组，则节点环境变量组 ID 也将返回空字符串。

4.8 上下文

在 Node-RED 中，上下文是一种用于存储和共享数据的机制。它可以让你在不同的节点之间传递和访问数据，以实现在流程中保留状态和共享消息的目的。Node-RED 提供了 3 种类型的上下文。

- 节点上下文：特定于每个节点的数据存储区域。它允许在同一个节点的不同执行操作之间共享数据。节点处理消息时，可以读取和写入自己的上下文数据。节点上下文数据在节点的生命周期内保持有效，直到节点重新启动或重置。
- 流程上下文：特定于整个流程的数据存储区域。它允许你在同一个流程内的不同节点之间共享数据。当你创建或更新流程上下文中的数据时，其他节点可以读取该数据。流程上下文的数据在流程生命周期内保持有效，直到流程重新启动或重置。
- 全局上下文：整个 Node-RED 实例共享的数据存储区域。它允许你在所有流程和节点之间共享数据。全局上下文中的数据在 Node-RED 实例运行期间保持有效，直到重启 Node-RED。

图 4-66 展示了 3 种上下文的作用范围。

可以使用 Node-RED 的上下文机制来存储和访问变量、状态、配置信息或其他需要在流程中共享和持久化的数据。通过使用上下文，可以实现更复杂的逻辑和交互，同时在节点之间传递必要的数据，以满足特定的需求和业务场景。默认情况下，Node-RED 使用内存中的上下文存储，因此在重新启动时不会保留上下文存储的内容。它可以配置为使用基于文件系统的存储来使值持久化，也可以插入替代存储插件。

4.8.1 节点上下文

在 Node-RED 中，每个节点都有自己的上下文，用于存储和共享数据。图 4-67 展示了节点上下文的作用范围。

当一个节点处理一条消息时，它可以读取和写入自己的上下文数据，并在后续的消息处理中使用这些数据。

节点上下文非常适合存储节点状态、临时变量、配置信息或其他需要在节点执行期间共享和持久化的数据。通过将数据存储在节点上下文中，你可以实现节点之间的状态管理和交互，以满足特定的逻辑需求。

可以通过 API（如 node.context()）在 function 节点的 JavaScript 代码中直接设置和读取节点上下文数据，代码如下：

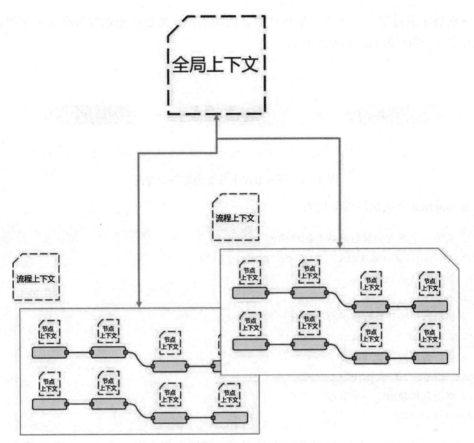

图 4-66　3 种上下文的作用范围示意图

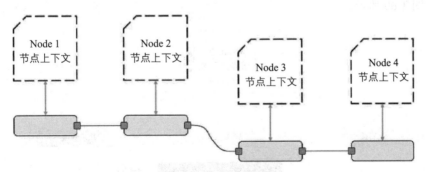

图 4-67　节点上下文的作用范围示意图

```
// 设置节点上下文 counter 值为 0
context.set("counter",0);
// 获取节点上下文 counter 的值
context.get("counter");
```

下面展示通过节点上下文来实现计数器的功能，以便更好地理解节点上下文的概念。首先建立一个简单流程，如图 4-68 所示。

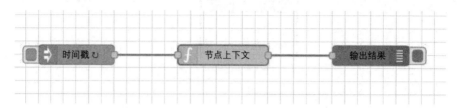

图 4-68　展示节点上下文的流程示意图

在 function 节点执行以下代码：

```
// 从节点上下文中获取计数器的当前值
var counter=context.get('counter')||0;
// 增加计数器的值
counter++;
// 将更新后的计数器值保存回节点上下文
context.set('counter',counter);
// 将计数器值添加到消息中
msg.payload=counter;
// 将消息传递给下一个节点
return msg;
```

这样通过流程首节点每 2s 执行一次的设置，可以在侧边栏调试窗口中看到不断增加的计数，如图 4-69 所示。

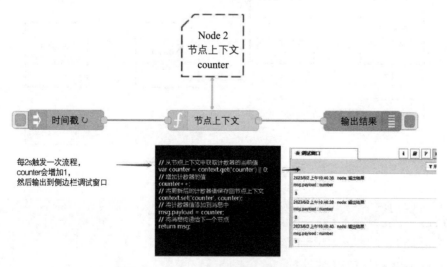

图 4-69　节点上下文流程执行过程示意图

4.8.2　流程上下文

与节点上下文类似，流程上下文非常适合存储流程级别的变量、状态、配置信息或其他需要在整个流程中共享和持久化的数据。流程上下文作用范围是同一个流程面板中的多个流程，示意图如图 4-70 所示。

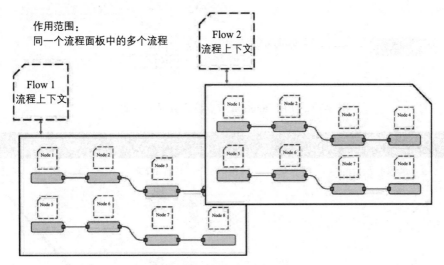

图 4-70　流程上下文的作用范围示意图

在 Node-RED 的编辑器中，你可以使用以下方式访问和管理流程上下文数据。

● 使用 change 节点：你可以使用 change 节点来读取、更新和删除流程上下文数据。通过配置 change 节点的选项，你可以指定要读取和写入的上下文变量，并执行相应的操作，如图 4-71 所示。

图 4-71　使用 change 节点设置流程上下文变量

● 使用 function 节点：通过在函数节点的 JavaScript 代码中使用 flow.get、flow.set 和 flow.delete 等函数，你可以直接访问和操作流程上下文数据，如图 4-72 所示。
● 使用自定义节点中的节点上下文 API：通过使用 Node-RED 提供的节点上下文 API（如 node.context().flow），你可以在自定义节点的 JavaScript 代码中直接访问流程上下文数据。这种方式可以在自己开发的节点中使用，具体使用方式可以参考《Node-

RED 物联网应用开发工程实践》。

在 Node-RED 的编辑器中，你可以通过侧边栏的上下文功能查看和管理流程上下文数据，如图 4-73 所示。

图 4-72 使用 function 节点设置流程上下文变量

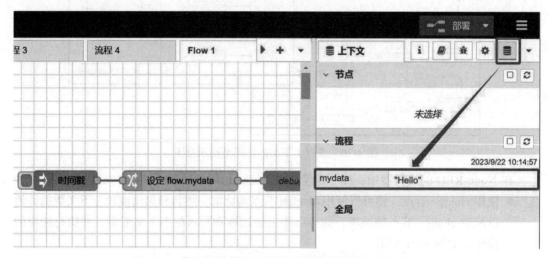

图 4-73 使用侧边栏的上下文功能管理流程上下文界面

如果右侧边栏没有 ▤ 按钮，那么单击右上角的 ▾ 按钮可以找到，如图 4-74 所示。

图 4-74 "上下文数据"功能的菜单位置

4.8.3　全局上下文

在 Node-RED 中，全局上下文是一种用于存储和共享数据的机制，可以在整个 Node-RED 实例中共享数据，作用范围如图 4-75 所示。

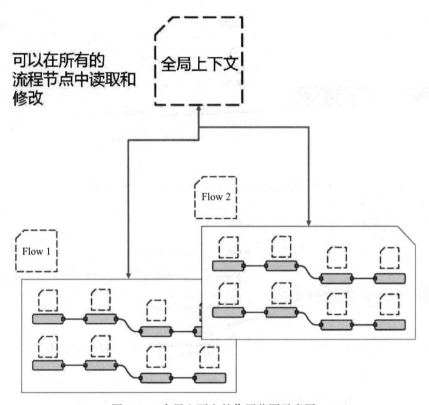

图 4-75　全局上下文的作用范围示意图

全局上下文数据存储在整个 Node-RED 实例中，因此可以在不同的流程和节点之间被传递和访问。与节点上下文和流程上下文不同，全局上下文是跨流程和节点的，因此可以在整个 Node-RED 实例中的任何地方使用。

通过将数据存储在全局上下文中，不同的流程和节点可以读取和更新这些数据，实现跨流程和节点的数据共享和交互。

在 Node-RED 编辑器中，你可以使用以下方式访问和管理全局上下文数据。

● 使用 change 节点：你可以使用 change 节点来读取、更新和删除全局上下文数据。通过配置 change 节点的选项，你可以指定要读取和写入的上下文变量，并执行相应的操作，如图 4-76 所示。

● 使用 function 节点：通过在 function 节点的 JavaScript 代码中使用 global.get、global.set 和 global.delete 等函数，你可以直接访问和操作全局上下文数据，如图 4-77 所示。

● 使用自定义节点中的节点上下文 API：通过使用 Node-RED 提供的节点上下文 API

（如 node.context().global），你可以在自定义节点的 JavaScript 代码中直接访问全局上下文数据，这种方式可以在自己开发节点中使用，具体使用方式可以参考拙作《Node-RED 物联网应用开发工程实践》。

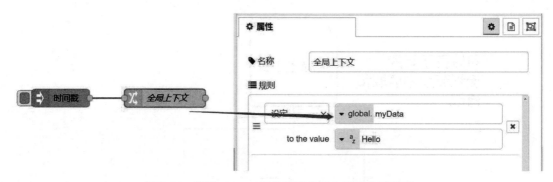

图 4-76 使用 change 节点设置全局上下文的示意图

图 4-77 使用 function 节点设置全局上下文的示意图

在 Node-RED 编辑器中，你可以通过侧边栏的上下文功能查看和管理全局上下文数据，如图 4-78 所示。

4.8.4 子流程上下文

Node-RED 中还有一种类似流程上下文的子流程上下文。子流程是一种重复使用的流程片段，可以在主流程中多次调用。子流程有自己的上下文，被称为子流程上下文。

子流程上下文是特定于每个子流程的数据存储区域，用于存储和共享子流程中的数据。与节点上下文、流程上下文和全局上下文不同，子流程上下文是与子流程实例相关联的，而不是与单个节点或整个流程相关联。

子流程上下文允许在子流程中的不同节点之间传递和访问数据，并且在子流程的生命周期内保持有效。当主流程调用子流程时，子流程的上下文被实例化，并在子流程中的节点之间共享和操作数据。当子流程完成后，子流程上下文将被销毁。

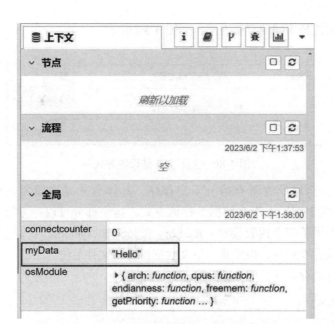

图 4-78　全局上下文功能查看和管理的界面示意图

在子流程中如果要访问父流程上下文，需要使用 $parent，如图 4-79 所示。

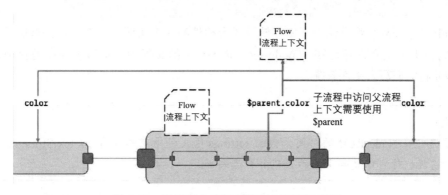

图 4-79　子流程中访问父流程上下文示意图

使用子流程上下文时，你可以在子流程中共享变量、状态、配置信息或其他需要在子流程中传递和持久化的数据。通过将数据存储在子流程上下文中，子流程中的节点可以读取和更新这些数据，以实现子流程的逻辑和功能。

4.8.5　上下文存储

默认情况下，上下文仅存储在内存中。这意味着只要 Node-RED 重新启动，上下文内容就会被清除。当然，你可以配置 Node-RED 通过文件系统来保存上下文数据，以便在重新启动时依旧可用。上下文存储有两种设置方式：一种是在 change 节点设置上下文的时候，可以对每个上下文选择不同的存储方式，如图 4-80 所示。

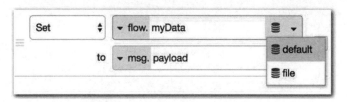

图 4-80　上下文存储设置方式一

另一种方式是全局设置所有的上下文存储，具体方式是在设置文件 settings.js 中的 contextStorage 属性上配置上下文数据的存储方式。这个部分可以参考第 5 章的详细描述。Node-RED 为此提供了两个内置模块：memory 和 localfilesystem。我们也可以自定义 store 插件，以将数据保存在别处，例如将上下文数据保存到文件系统。

启用基于文件的存储的代码如下：

```
contextStorage: {
    default: {
        module: "localfilesystem"
    }
}
```

localfilesystem 会将默认上下文存储设置为插件的一个实例，并有上下文默认设置。这意味着它将上下文数据存储在 ~/.node-red/context/ 下的文件中，将值缓存在内存中，并且每 30 秒才将它们写入文件系统。

💡 注意：

　　根据安装 Node-RED 的时间，你的 settings.js 文件中可能没有 contextStorage。如果是这种情况，你可以复制上面的代码并自己添加。

我们也可以使用多个上下文存储，配置多个存储方式，以便将某些值保存到本地文件系统，而另一些值仅保存在内存中。例如，要将默认存储配置为仅在内存中，并将第二个存储配置为文件系统，代码如下：

```
contextStorage: {
    default: "memoryOnly",
    memoryOnly: { module: 'memory' },
    file: { module: 'localfilesystem' }
}
```

在此示例中，default 属性告诉 Node-RED 在访问上下文时当未指定上下文存储时使用哪个存储。注意：如果你选择配置多个 localfilesystem 存储，则必须设置 dir 选项，以便使用不同的目录来存储数据。

4.9　消息

在 Node-RED 中，消息指的是一个 JSON 对象，代表节点输入或输出消息，包含传递到流程中的数据、元数据和其他相关信息。对象名称为 msg。msg 是 Node-RED 中的重要概念，也是在流程中传递数据的主要方式。

msg 对象包含以下属性。

- msg.payload：代表消息的有效数据。这可以是任何类型的数据，如字符串、数字、布尔等类型的数据。payload 是 Node-RED 中最常用的属性，因为它通常包含了你要处理的数据。
- msg.topic：代表消息的主题或主要内容。这可以是任何类型的数据，但通常是字符串类型数据，用于指示消息的类型或用途。
- msg.timestamp：代表消息的时间戳。这可以是任何类型的数据，但通常是 JavaScript Date 对象或 Unix 时间戳。
- msg.error：代表消息是否包含错误。如果 msg.error 属性设置为 true，表示消息包含错误消息，可以用于错误和异常情况处理。
- msg.retain：代表消息是否需要保留。如果 msg.retain 属性设置为 true，表示消息需要保留，即消息不会被自动清除。
- msg._msgid：代表消息的 ID。这是一个内部属性，通常不需要手动设置。

Node-RED 中的大多数节点都可以读取和操作 msg 对象的属性。例如，一个 function 节点可以通过 JavaScript 代码来访问、更改、添加或删除 msg 对象的属性，从而控制消息的流向和处理。

msg 对象在一个流程中的传递过程可以比喻为货车在道路上运输货物的过程。一个流程（Flow）相当于一条道路，inject 节点注入的 msg 对象相当于货车，payload 和 topic 属性相当于货车上的货柜，其中 payload 货柜是必须存在的，而在货柜里面存放的东西就是货物（属性的值）。利用 inject 节点可以在流程开始的时候添加更多的货柜（msg 的属性），并指定存放的货物（属性的值），如图 4-81 所示。在流程中，我们可以通过 change 节点或 function 节点去修改货物内容（属性的值），或者增加、删除货柜（msg 属性）。

4.9.1　通过 msg 对象在不同流程中传递数据

在 Node-RED 中，用户可以使用 msg 对象在不同流程中传递数据。每个 msg 对象都有一个 payload 属性，它被称为消息负载。它包含了你想要传递的数据。此外，用户还可以使用其他消息属性来传递元数据，如消息的来源、时间戳、消息类型等。

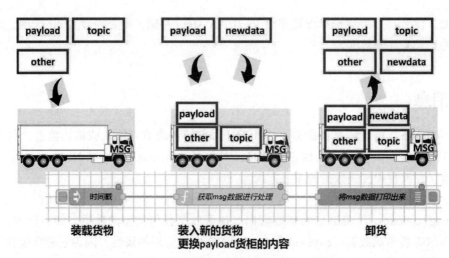

图 4-81　msg 对象如何在流程中传递数据

在 Node-RED 中，有几类节点可以设置或默认获取 msg 对象，以便在流程中传递和修改数据。

- 输入节点：如 http in、mqtt in、websocket in 等可接收来自外部（如网络请求、传感器数据等）的数据，并将其存储在 msg.payload 属性中。用户可以在输入节点的配置中设置其他消息属性。
- 处理节点：如 function 节点、change 节点、template 节点等可用于处理和转换数据。这些节点允许通过 JavaScript 代码或配置选项修改 msg 对象的各个属性。
- 输出节点：如 http out、mqtt out、websocket out 等节点可将 msg 对象发送到外部系统或服务。用户可以在输出节点的配置中设置要发送的消息属性。
- 存储节点：如变量节点、文件节点、数据库节点等可用于在流程中存储和检索数据。用户可以使用这些节点来设置和获取 msg 对象中的数据，以实现持久化存储和共享。
- debug 节点：用于在调试和测试流程时显示消息的内容。用户可以在 debug 节点中设置要显示的消息属性，以便检查流程中数据的值和状态。

实际上，几乎所有的节点在某种程度上都可以设置和修改 msg 对象，以便传递和处理数据。

为了确定每个节点的 msg 对象中到底有哪些属性，特别是第三方开发的节点，用户需要单击节点来查看侧边栏的帮助文档信息，其中"输入"和"输出"就是描述的 msg 对象属性，如图 4-82 所示。

4.9.2　消息的数据类型

Node-RED 流通过在节点之间传递消息来工作。这些消息是可以具有任何属性集的简单 JavaScript 对象。

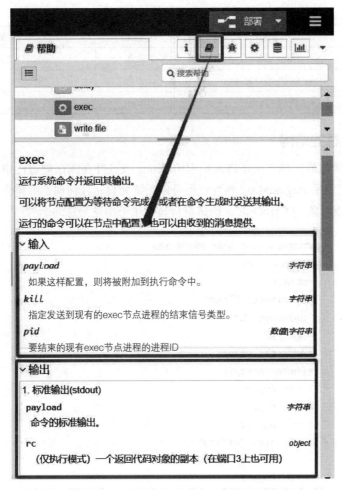

图 4-82   在帮助文档中查看消息属性

消息通常有一个 payload 属性，这是大多数节点使用的默认属性。

Node-RED 还添加了一个名为 _msgid 的消息标识符，可用于跟踪消息在流程中的传递进度。

```
{
    "_msgid": "12345",
    "payload": "..."
}
```

属性的值可以是任何有效的数据类型，如表 4-7 所示。

表 4-7   消息属性类型汇总

类型	值	类型	值
布尔值	true、false	数组	例如 [1,2,3,4]
数字	例如 0、123.4	对象	例如 {"a": 1, "b": 2}
字符串	例如"hello"	Null	空

4.9.3 理解消息的结构

了解消息结构的最简单方法是将其传递给 debug 节点并在调试侧边栏中查看。默认情况下，debug 节点将显示 msg.payload 属性，但可以配置为显示任何属性或整个消息。消息类型为数组（Array）或对象（Object）时，调试窗口显示用于浏览消息的结构体，如图 4-83 所示。

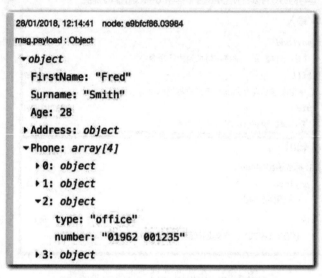

图 4-83   调试窗口中显示消息的结构体

调试窗口顶部显示已传入的属性的名称。这里显示 msg.payload 属性，属性名称旁边是属性的类型，包括 Object、String、Array 等，然后显示属性的内容。对于 Array 和 Object 类型，输出将折叠成一行。单击折叠行，该属性将显示更多详细信息。当将鼠标悬停在任何元素上时，右侧会出现一组按钮，如图 4-84 所示。

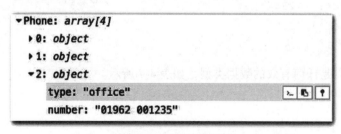

图 4-84   属性功能展示

- ⟩_：将所选元素的路径复制到剪贴板。
- 🗐：将元素的值以 JSON 字符串复制到剪贴板。注意，侧边栏会隐藏超过显示长度的数组和缓冲区内容。
- 📌：固定所选元素，使其始终显示。当从同一个调试节点收到另一条消息时，它会自动展开以显示所有固定的元素。

4.9.4　更改消息属性

更改消息的属性是流程运行中的一项常见任务。例如，http request 节点的结果可能从一个具有许多属性的对象中选择需要的部分属性进行输出返回。

有两个用于更改消息属性的主要节点：function 节点和 change 节点。

1）function 节点允许针对消息运行任何 JavaScript 代码。这使你可以灵活地处理消息，但需要熟悉 JavaScript，但是对于许多简单的场景来说是不必要的。

2）change 节点提供了很多功能而不需要编写 JavaScript 代码。它不仅支持更改消息属性，还可以访问流程上下文和全局上下文。

change 节点提供 4 种基本操作。

- Set：设置属性的值。
- Change：通过执行搜索和替换操作来改变属性。
- Delete：删除属性。
- Move：移动属性。

对于 Set 操作，首先要确定要设置的属性，然后是确定值，如图 4-85 所示。该值可以是硬编码值（例如字符串或数字），也可以取自另一条消息或流程 / 全局上下文属性。它还支持使用 JSONata 表达式计算新值。例如，利用 4.9.3 节描述的 debug 节点确定消息元素路径的能力，你可以将路径直接粘贴到 to 字段，并从列表中选择 msg.，即可成功设置 msg.payload 的值为 msg.payload.Phone[2].type，如图 4-85 所示。

另一个示例使用 JSONata 表达式将保存在 msg.payload.temperature 中的温度从华氏度转换为摄氏度，并将结果存储在新的消息属性 msg.payload.temperature_c 中，如图 4-86 所示。

转换结果如图 4-87 所示。

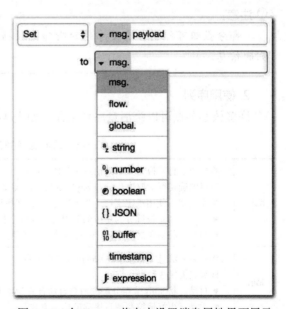

图 4-85　在 change 节点中设置消息属性界面展示

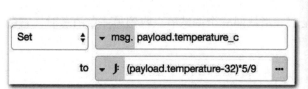

```
{
    "payload": {
        "temperature": 90,
        "temperature_c": 32.22222
    }
}
```

图 4-86　通过 JSONata 表达式对消息属性进行转化　　　　图 4-87　转换结果

4.9.5　消息序列

消息序列是有一定关联的一组有序消息。例如，当 payload 是一个数组时，split 节点可以将 payload 数组里的元素转换为一个消息序列，转换后的每个消息都有一个 payload 对应转换前的数组元素。关于 split 节点的详细描述，读者可以参考第 6 章。

1. 理解 msg.parts

序列中的每条消息都有一个名为 msg.parts 的属性。这个属性包含了消息在序列中的信息，具体如下。

- msg.parts.id：序列的唯一标识符。
- msg.parts.index：消息在序列中的位置。
- msg.parts.count：序列中的消息总数。

💡 注意：

　　部分数组可能包含有关序列的附加元数据信息。例如，split 节点附加了重新组装序列的信息。

---

2. 使用序列

许多核心节点可以跨消息序列工作，如表 4-8 所示。

表 4-8　跨消息序列工作的核心节点

split	将单个消息转换为一系列消息（消息序列） 节点的确切行为取决于 msg.payload 属性的类型。 ● 字符串。使用指定字符（默认值为 '\n'，即换行符）、缓冲区序列或固定长度拆分消息 ● 数组。消息被拆分为单独的数组元素或固定长度的数组 ● 对象。将对象的每个键 / 值对拆分为一条消息
join	将一系列消息（消息序列）转换为单个消息 该节点提供 3 种操作模式。 ● 自动。将 split 节点分解的消息自动合并为单个消息 ● 手动。更好地控制消息序列的连接方式

（续）

join	● 缩减。Node-RED 0.18 的新功能，允许针对序列中的每条消息运行 JSONata 表达式，并将结果累积以生成单个消息
sort	Node-RED 0.18 的新功能。根据属性值或 JSONata 表达式结果对消息序列进行排序
batch	Node-RED 0.18 的新功能。根据收到的消息创建新的消息序列 该节点提供 3 种操作模式。 ● 消息数。将消息分组为给定长度的序列。overlap（重叠）选项指定在下一个序列的开头应重复上一个序列末尾的多少消息 ● 时间间隔。对在指定时间间隔内到达的消息进行分组。如果在指定时间间隔内没有消息到达，节点可以选择发送空消息 ● 连接序列。通过连接传入序列来创建消息序列。每个序列都必须有一个 msg.topic 属性进行标识。该节点配置有主题值列表，以标识消息连接的顺序

Chapter 3 第 5 章

Node-RED 配置指南

Node-RED 本身具备非常好的配置能力，支持通过不同配置来满足不同的需求，通常默认配置已经满足大部分的使用需求，但是当你遇到特别需求的时候就需要进行自定义配置。配置通过 settings.js 文件完成。

Node-RED 运行时需要加载一个配置文件 settings.js。这个配置文件可以设置 Node-RED 在运行时的一些配置，以及编辑器的配置和节点的配置等。比如：启动哪个端口来运行 Node-RED？如何为 Node-RED 配置用户名和密码访问？如何开启版本控制？如何启动 Dashboard？中间虽然不是每个配置都需要修改，但是了解所有的配置内容有助于更好地使用 Node-RED 来实现最终的场景需求。

5.1 配置文件 settings.js

5.1.1 配置文件简介

安装 Node-RED 时已经将配置文件 settings.js 安装到系统中。图 5-1 所示为在代码编辑器中打开 settings.js 文件的界面。

此配置文件内容也是用 JavaScript 语法编写的，因此你可以看到有很多注释"//"或"/**/"。这些注释清楚地说明了每个具体配置的用法，其中还有很多配置默认情况下是被注释的，需要使用的时候将注释标签去掉即可。

格式化流文件以使其更易于阅读的选项如下：

```
//flowFilePretty: true,
```

此句加了"//"表示注释，如果希望它生效，去掉"//"即可：

```
flowFilePretty: true,
```

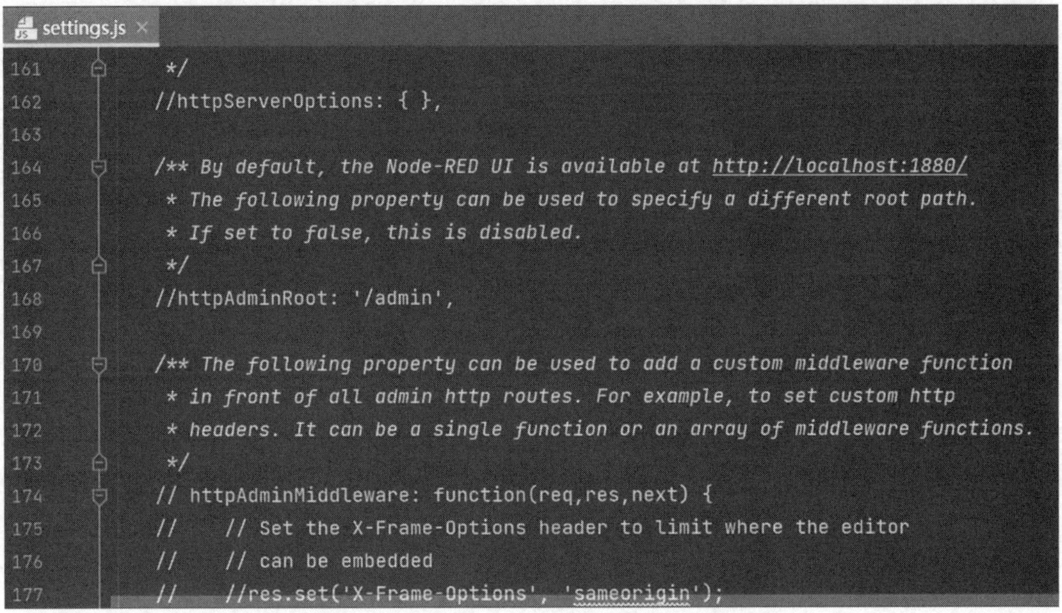

```
161      */
162    //httpServerOptions: { },
163
164    /** By default, the Node-RED UI is available at http://localhost:1880/
165     * The following property can be used to specify a different root path.
166     * If set to false, this is disabled.
167     */
168    //httpAdminRoot: '/admin',
169
170    /** The following property can be used to add a custom middleware function
171     * in front of all admin http routes. For example, to set custom http
172     * headers. It can be a single function or an array of middleware functions.
173     */
174    // httpAdminMiddleware: function(req,res,next) {
175    //     // Set the X-Frame-Options header to limit where the editor
176    //     // can be embedded
177    //     //res.set('X-Frame-Options', 'sameorigin');
```

图 5-1　Node-RED 的 settings.js 文件的界面

5.1.2　恢复出厂设置

如果修改后想恢复出厂设置，可以从以下网址下载原始配置文件：

```
https://github.com/node-red/node-red/blob/master/packages/node_
modules/node-red/settings.js
```

5.1.3　配置文件存储位置

Node-RED 启动时会在用户目录 ~/.node-red 中查找名为 settings.js 的文件，如果找不到，会将默认设置文件复制到该目录下并使用它。

用户也可以在启动 Node-RED 时指定不同的配置文件，可以使用 --settings 来指定：

```
$node-red --settings d:\project\mysetting.js
```

或者使用 -s 参数来指定：

```
$node-red -s d:\project\mysetting.js
```

如果你不确定 Node-RED 使用的是哪个配置文件，应该在 Node-RED 启动时检查日志，日志中会显示配置文件的完整路径：

```
1 Mar 18:43:08-[info] Settings file:C:\Users\He Zheng\.node-red\
settings.js
```

5.2 配置项指南

本节将对配置文件中的每一个配置项进行说明，包括配置的内容和用途，以及所在的位置，方便对照查找。需要说明的是，本节针对 Node-RED3.0.2 版本，新版本的配置文件的差异部分请参考 settings.js 文件里的注释描述。

5.2.1 流程文件和目录设置

1. flowFile 配置第 35 行

此处的"配置第 35 行"指该配置项位于 settings.js 文件的第 35 行。后面所有配置项中的"配置第 ×× 行"字样，都是指位于 settings.js 文件中的第 ×× 行。

该配置项用于指定流程文件，如果指定了流程文件，启动 Node-RED 后将装载此流程文件，并显示在流程编辑器中。如果没有设置此属性，默认的流程文件为 flows_ <hostname>.json。

2. credentialSecret 配置第 44 行

该配置项用于加密流程文件（在 Node-RED 编辑器中编辑的流程所存放的文件）的内容，默认是禁用（注释）状态。如果开启该配置项，导出的流程文件会用自己配置的密钥进行加密，如果直接导入其他 Node-RED 服务器将无法打开，从而对编写的流程起到保护的作用。注意：一旦设置了此属性，就不能更改它，因为一旦修改，Node-RED 将会阻止解密现有的流程文件，甚至会损坏和丢失流程文件。该配置项配置方式如下：

```
credentialSecret: "a-secret-key"
```

3. flowFilePretty 配置第 50 行

该配置项用于将流程文件的 JSON 格式内容进行格式化，形成多行缩进的模式。这样在版本管理的时候可以方便地看到每一个修改的差别，如果禁用该配置项，将值设置为 false 即可，此时 JSON 格式内容会被压缩成一行，减小了文件大小，但是不方便查看。默认情况下，该配置项为开启状态，值为 true。

```
flowFilePretty: true
```

4. userDir 配置第 56 行

默认情况下，所有的用户数据存放在用户目录下的 .node-red 目录里，如 Windows 系统中，就是 c:/user/username/.node-red。要想存到别的地方，就用该配置项来设置。

5. nodesDir 配置第 61 行

Node-RED 通过扫描 userDir 下的 nodes 目录来发现本地的节点文件。该配置项可用于指定要扫描的其他目录，如：

```
nodesDir: '/mynodes',
```

此时，Node-RED 会在 userDir 中找到 mynodes 文件夹，然后扫描其中是否有本地节点的代码，如果有，则自动装载到 Node-RED 编辑器。当然，你也可以将该配置项设置成绝对地址，如：

```
nodesDir: 'D://project//bxapps//nodes',
```

5.2.2　安全性设置

1. adminAuth 配置第 76 行

该配置项用于对 Node-RED 编辑器和管理 API 增加密码保护，设置好该配置项以后，再访问 Node-RED 编辑器将会弹出窗口，要求输入用户名和密码，输入正确后才能使用。关于编辑器安全性的细节配置说明，读者可参见 5.3.3 节。

2. https 配置第 93 行

该配置项可用于开启 HTTPS 的安全连接方式来访问 Node-RED 编辑器。该配置项可以是一个包含（私有）密钥和（公共）证书的 JavaScript 对象，也可以是一个返回这种对象的函数，具体配置细节参见 5.3.1 节。

3. httpsRefreshInterval 配置第 112 行

如果 https 设置是一个函数，则可以使用该配置项来设置调用该函数的频率（以 h 为单位）。该配置项可用于刷新任何证书，设置方式为：

```
httpsRefreshInterval:12,
```

该配置项默认是不开启（注释）的，并且需要配套 https 设置才能生效，目的是不需要手动更新证书，自动完成证书到期的更新。

4. requireHttps 配置第 117 行

该配置项可用于将不安全的 HTTP 连接重定向到 HTTPS，也是配套 https 开启以后才能生效，默认为未启用（注释）状态，配置方式为：

```
requireHttps:true,
```

也就是说，所有 HTTP 访问默认转到 HTTPS 访问。

5. httpNodeAuth 配置第 125 行

该配置项用于对流程中一些节点暴露出来的 HTTP 地址进行密码保护，比如你使用一个 Http in 节点创建了一个新的 URL 如 /hello，现在如果打开了这个设置，访问 http://127.0.0.1:1880/hello，也需输入密码才能访问到这个 URL，配置方式如下：

```
httpNodeAuth:
{user:"user",pass:"$2a$08$zZWtXTja0fB1pzD4sHCMyOCMYz2Z6dNbM6tl8sJ
ogENOMcxWV9DN."},
```

其中，pass 为 bcrypt 哈希方式加密生成的密码，具体生成方式参见 5.3.3 节。

6. httpStaticAuth 配置第 126 行

和 httpNodeAuth 一样，该配置项用于对 Node-RED 内的静态内容（比如：Image、CSS、JS、Json 等各种本来可以直接通过 URL 访问的内容）进行访问加密，配置方式如下：

```
httpStaticAuth:
{user:"user",pass:"$2a$08$zZWtXTja0fB1pzD4sHCMyOCMYz2Z6dNbM6tl8sJ
ogENOMcxWV9DN."},
```

其中，pass 为 bcrypt 哈希方式加密生成的密码，具体生成方式参见 5.3.3 节。

5.2.3 服务器设置

1. uiPort 配置第 144 行

Node-RED Web 服务器侦听的 TCP 端口，也就是用户访问 Node-RED 编辑器的端口，默认值为 1880，配置方式如下：

```
uiPort: process.env.PORT||1880,
```

2. uiHost 配置第 151 行

默认情况下，Node-RED 流程编辑器允许连接所有的 IPv4 接口，即既可以使用本机浏览器通过 127.0.0.1 或者 localhost 访问，也可以使用当前设备的 IPv4 地址如 192.168.88.221 访问。要侦听一个指定的接口，可启用该配置项。如 uiHost:127.0.0.1 表示只能通过本机进行访问，外部设备无法访问。如果需要同时侦听所有 IPv6 地址，可将 uiHost 设置为"::"。

3. apiMaxLength 配置第 156 行

该配置项用于指定运行时 API 调用的时候允许 HTTP 接收最大的请求大小，默认是 5MB，配置方式如下：

```
apiMaxLength:'5mb',
```

4. httpServerOptions 配置第 162 行

该配置项用于将自定义选项传递给 Node-RED 使用的 Express.js 服务器。由于 Node-RED Web 服务器是使用 Node.js 的 express 模块实现的，因此此配置项实际上可以配置 express 模块的一些参数。关于可用参数项的完整列表，可以参考以下链接：

```
http://expressjs.com/en/api.html#app
```

该配置项默认为未开启（注释）状态，其配置方式为：

```
httpServerOptions:{ },
```

5. httpAdminRoot 配置第 168 行

该配置项可用于修改访问 Node-RED 编辑器的 URL 路径，默认值为"/"，即通过上面配置的 uiHost 和 uiPort 组合来访问 Node-RED 编辑器（如地址 http://127.0.0.1:1880/），如果将此配置项设置为：

```
httpAdminRoot: '/admin',
```

访问地址变成 http://127.0.0.1:1880/admin。

如果将此配置项改为"false"，Node-RED 编辑器将无法访问，并且 Node-RED 的 API 也无法访问。如果仅仅需要禁止 Node-RED 编辑器访问，而 API 可以访问，请使用 disableEditor 配置项（只关闭编辑器）。

6. httpAdminMiddleware 配置第 174 行

该配置项可用于添加 HTTP 中间件函数。中间件函数的详细介绍参考链接：

```
http://expressjs.com/en/guide/using-middleware.html
```

此配置的含义是通过 Node-RED 编辑器的所有访问请求都将先经过这个中间件，这样可以通过它来做一些额外的扩展功能开发，同时也不用修改 Node-RED 的源代码。示例如下：

```
httpAdminMiddleware: function(req, res, next) {
    // 设置 X-Frame-Options 头部，限制编辑器的嵌入位置
    //res.set('X-Frame-Options','sameorigin');
    next();
},
```

7. httpNodeRoot 配置第 187 行

某些节点（如 http in）可用于侦听传入的 HTTP 请求，默认情况下，配置内容为根目录"/"。该配置项可用于指定不同的根路径，如：

```
httpNodeRoot:'/red-nodes',
```

如果设置为 false，则该配置项不可用。

8. httpNodeCors 配置第 194 行

该配置项可用于配置 HTTP 节点中的跨域资源共享，详细内容可以参考：

```
https://github.com/troygoode/node-cors#configuration-options
```

以下配置允许任何外部通过 GET、PUT、POST、DELETE 方法进行访问，通常用于将 Node-RED 嵌入别的系统。

```
httpNodeCors:{
    origin:"*",
    methods:"GET,PUT,POST,DELETE"
},
```

9. httpNodeMiddleware 配置第 212 行

该配置项可用于对 http in 节点请求添加中间件的处理，允许对节点进行任何自定义处理，例如身份验证等。中间件函数的格式定义说明参考：

```
http://expressjs.com/en/guide/using-middleware.html
```

配置实例如下：

```
httpNodeMiddleware:function(req,res,next){
    // 处理或拒绝请求，或通过调用 next() 函数将请求传递给 http in 节点
    // 将此设置为 true，可以选择跳过 rawBodyParser
    //req.skipRawBodyParser=true;
    next();
},
```

10. httpStatic 配置第 225、227 行

该配置项可用于配置所有静态访问的路径，可以配置多个静态源，配置方式如下：
单个静态源配置：

```
httpStatic:'/home/nol/node-red-static/',
```

多个静态源可以使用对象数组的形式配置：

```
httpStatic:[
    {path:'D:\\project\\admin\\dist', root:"/systemlogin"},
    {path:'D:\\project\\img', root:"/img"},
],
```

此配置的作用是访问 127.0.0.1:1880/systemlogin 会导向到 D:\\project\\admin\\dist 来寻找网页资源。

11. httpStaticRoot 配置第 239 行

该配置项用于指定所有静态文件的根路径。例如，如果 httpStatic = "/home/nol/docs"、httpStaticRoot = "/static/"，那么 "/home/nol/docs" 将在 /static/ 处提供。例如，如果 httpStatic= [{ path: '/home/nol/pics/', root: "/img/"}]、httpStaticRoot= "/static/"，那么 /home/nol/pics/ 将位于 /static/img/ 下。配置方式如下：

```
httpStaticRoot:'/static/',
```

5.2.4　运行时设置

1. lang 配置第 255 行

该配置项用于指定 Node-RED 使用哪种语言运行，默认为 en-US，其他语言需要手动设置。可用语言包括 en-US（默认）、ja、de、zh-CN、ru、ko。当然，用户也可以自己开发更多的语言版本。这方面的内容在作者编写的《Node-RED 物联网应用开发工程实践》一书中。

2. diagnostics 配置第 263 行

该配置项用于配置已启用的诊断选项：当 enabled 为 true（或未设置）时，诊断数据在 http://localhost:1880/diagnostics ；当 ui 为 true（或未设置）时，Node-RED 编辑器的登录用户将可以使用 show system info 命令进行消息显示。配置方式如下：

```
diagnostics: {
    /** 启用或禁用诊断端点。必须设置为 false 来禁用 */
    enabled: true,
    /** 启用或禁用节点编辑器中的诊断显示。必须设置为 false 来禁用 */
    ui: true,
},
```

上述代码用于配置 Node-RED 的诊断功能。在这段代码中，enabled 属性用于配置启用或禁用诊断端点，ui 属性用于配置启用或禁用节点编辑器中的诊断显示。

如果希望启用诊断功能，确保 enabled 和 ui 属性都设置为 true。如果要禁用诊断功能，将这两个属性都设置为 false。

3. logging 配置第 271 行

该配置项用于配置日志记录消息，目前仅支持控制台日志记录，可以指定各种级别的日志记录。配置选项如下。

- fatal：致命的，只记录那些使应用程序无法使用的错误。
- error：错误，记录对于特定请求来说被认为是致命的错误，包括 fatal 信息。
- warn：警告，记录 fatal、error 以外的问题。
- info：信息，记录有关应用程序一般运行的信息，包括 warn、error、fatal 信息。
- debug：调试，记录比 info、warn、error、fatal 更详细的信息。
- trace：痕迹，记录非常详细的信息，包括 logging、debug、info、warn、error、fatal 信息。

该配置项默认级别是 info。对于闪存有限的嵌入式设备，你可能希望将其设置为 fatal，以最小化对磁盘的写入。

4. contextStorage 配置第 296 行

Node-RED 的上下文默认是通过内存进行存储的。通过此项设置，我们可以将上下文通过文件进行存储。Node-RED 的上下文存储说明请参见 4.8 节。

此处提供的配置将启用每 30s 刷新读取一次本地文件来更新上下文，配置方式如下：

```
contextStorage: {
    default: {
        module:"localfilesystem"
    },
},
```

5. exportGlobalContextKeys 配置第 310 行

global.keys() 返回在全局上下文中设置的所有内容的列表，它们显示在 Node-RED 编辑器的上下文提示栏中，如图 5-2 所示。

图 5-2　Node-RED 的编辑器上下文提示栏界面

在某些情况下，不希望将全局上下文暴露给编辑器，此设置可用于隐藏 functionGlobal-Context 中的任何属性集，使其不被 global.keys() 列出。默认情况下，该配置项设置为 false，以避免意外暴露；设置为 true，将导致显示出全局上下文内容。

6. externalModules 配置第 320 行

该配置项用于配置运行时将如何处理外部 NPM 模块，包括编辑器是否允许安装新的节点模块，是否允许节点（例如 function 节点）有自己动态配置的依赖项。allow/deny List 选项可用于限制运行时安装或加载的模块。它可以用"*"作为匹配的通配符。

```
externalModules: {
    autoInstall: false,
    autoInstallRetry: 30,
    palette: {
        allowInstall: true,
        allowUpload: true,
        allowList: [],
        denyList: []
    },
    modules: {
        allowInstall: true,
        allowList: [],
        denyList: []
    }
}
```

5.2.5　编辑器配置

该配置项用于关闭和开启编辑器的访问，默认为 false，设置为 true 则无法访问编辑器，但是依然可以使用 Node-RED 的管理 API。要想同时关闭编辑器和 Node-RED 的管理 API，需使用 httpRoot 或 httpAdminRoot 属性。

5.2.6　节点配置

1. fileWorkingDirectory 配置第 438 行

该配置项用于设置 File 相关节点（参见 6.6 节）中相对文件路径的工作目录，默认为 Node-RED 的工作目录：/user-name/.node-red。

2. functionGlobalContext 配置第 450 行

该配置项可以将一些功能对象添加到全局上下文中，例如：将 node.js 的 os 模块导入，并通过 osModule 来访问，设置如下：

```
functionGlobalContext:{osModule:require('os')}
```

在 function 节点中用以下语句访问：

```
var myos = global.get('osModule');
```

此相关内容可以参考 6.2.1 节 function 节点的详细描述。

3. functionExternalModules 配置第 441 行

该配置项允许 function 节点装载附加的 NPM 模块目录，配置如下：

```
functionExternalModules: true,
```

如果设置为 true，function 节点的 Setup 选项卡将允许添加可用于该函数的附加模块，详细内容可以参考 6.2.1 节的详细描述。

4. nodeMessageBufferMaxLength 配置第 458 行

该配置项用于设置节点内存中缓冲的最大消息数，适用于对消息序列进行操作的一系列节点。该配置默认值为无限制，值为 0 也表示无限制。

```
nodeMessageBufferMaxLength: 0,
```

5. ui 配置第 467 行

该配置项可以指定 Node-RED 的 dashboard 节点的主路径。这与已定义的 httpNodeRoot 相关。如没有配置，默认为 ui，即访问 dashboard 的地址为 http://127.0.0.1:1880/ui；如通过配置：

```
ui:{path:"mydashboard"},
```

访问 dashboard 的地址将变为：

```
http://127.0.0.1:1880/mydashboard
```

6. debugMaxLength 配置第 473 行

该配置项用于设置 debug 节点发送到调试侧边栏的消息的最大长度（以字符为单位）。这里设置为 1000：

```
debugMaxLength:1000,
```

7. execMaxBufferSize 配置第 476 行

该配置项用于设置 exec 节点的最大缓冲区大小，默认值为 10000000，含义为 10MB：

```
execMaxBufferSize: 10000000,
```

8. httpRequestTimeout 配置第 479 行

该配置项用于配置 HTTP 请求连接超时时间（以 ms 为单位），默认值为 120000，含义为 120000ms（即 120s）：

```
httpRequestTimeout: 120000,
```

9. mqttReconnectTime 配置第 482 行

该配置项用于配置 MQTT 节点连接丢失时尝试重新连接之前要等待的时间（以 ms 为单位），默认值为 15000，含义为 15000ms（即 15s）：

```
mqttReconnectTime:15000,
```

10. serialReconnectTime 配置第 485 行

该配置项用于配置串行节点在尝试重新打开串行端口之前等待的时间（以 ms 为单位），默认值为 15000，含义为 15000ms（即 15s）：

```
serialReconnectTime: 15000,
```

11. socketReconnectTime 配置第 488 行

该配置项用于配置 TCP 节点在尝试重新连接之前等待的时间（以 ms 为单位），默认值为 10000，含义为 10000ms（即 10s）：

```
socketReconnectTime: 10000,
```

12. socketTimeout 配置第 491 行

该配置项用于配置 TCP 节点在 Socket 超时之前等待的时间（以 ms 为单位），默认值为 120000，含义为 120000ms（即 120s）：

```
socketTimeout: 120000,
```

13. tcpMsgQueueSize 配置第 496 行

该配置项用于配置尝试连接到 TCP Socket 时队列中等待的最大消息数，默认值为 2000：

```
tcpMsgQueueSize: 2000,
```

14. inboundWebSocketTimeout 配置第 501 行

该配置项用于设置与任何配置的节点不匹配的入站 WebSocket 连接的超时时间（以 ms 为单位），默认值为 5000，含义为 5000ms（即 5s）：

```
inboundWebSocketTimeout: 5000,
```

15. tlsConfigDisableLocalFiles 配置第 506 行

要禁止使用本地文件在 TLS 配置节点中存储密钥和证书的选项，请将此配置项设置为 true，默设为开启（注释）：

```
//tlsConfigDisableLocalFiles: true,
```

16. webSocketNodeVerifyClient 配置第 512 行

该配置项可用于验证 WebSocket 的连接，例如，检查 HTTP 请求头，以确保它们包含有效的认证信息，配置方式如下：

```
webSocketNodeVerifyClient: function(info) {
    /** 'info' 对象有 3 个属性，分别为
    *    -origin: Header 中的值
    *    -req: HTTP 请求
    * -secure: 如果需要安全验证，设置为 true
    */
},
```

如果对端接收连接，函数应返回 true，否则返回 false。如果该函数被定义为接收第二个参数 callback，可以用于异步验证客户端。回调包含 3 个参数。

- -result：布尔值，结果为是或否接收连接。
- -code：如果 result 值为 false，则返回 HTTP 错误状态码。
- -reason：如果 result 值为 false，则返回 HTTP 原因字符串。

5.3 Node-RED 安全配置说明

默认情况下，Node-RED 编辑器是不安全的，任何可以访问其 IP 地址的人都可以访问编辑器并部署更改，因此默认配置下的 Node-RED 仅适用于在可信网络中运行。本节介绍如何保护 Node-RED，以支持外网远程访问的安全需求。Node-RED 的安全性内容分为 3 部分（配置方式在前一小节讲解，本节介绍实现的细节，具体为启用 HTTPS 访问，保护编辑器和管理 API，保护 HTTP 节点和 Node-RED Dashboard）。

5.3.1 启用 HTTPS 访问

如果希望通过 HTTPS 而不是默认的 HTTP 访问 Node-RED 编辑器，你可以使用配置文件中的 https 配置项。该配置项可以是一组静态配置选项，也可以是返回选项的函数（自 Node-RED1.1.0 版本开始支持）。完整的选项集记录在：

```
https://nodejs.org/api/tls.html#tls_tls_createsecurecontext_
options
```

选项至少应包括：
- key - PEM 格式的私钥，以 String 或 Buffer 形式提供。
- cert - PEM 格式的证书链，以 String 或 Buffer 形式提供。

关于如何生成证书，你可以访问以下链接进行操作：

https://it.knightnet.org.uk/kb/nr-qa/https-valid-certificates/

证书生成后，通过以下配置启用 HTTPS 访问：

```
https: {
```

```
    key: require("fs").readFileSync('privkey.pem'),
    cert: require("fs").readFileSync('cert.pem')
},
```

默认的 Node-RED 设置文件中包含一个注释的 https 部分，可用于从本地文件加载证书。
该功能从 Node-RED 1.1.0 版本开始支持。如果该 https 配置项是一个函数，可用于返回选项对象。该函数可以选择返回一个 Promise 对象，从而允许它异步完成。

以下代码定义了一个返回 Promise 的函数，用于配置 Node-RED 的 https 选项。在函数内部，可以执行一些操作来获取有效的证书（例如加载证书文件，从证书颁发机构获取证书等）。然后，通过解析 Promise 来传递包含密钥（key）和证书（cert）的对象。

```
https: function() {
    return new Promise((resolve, reject) => {
        var key, cert;
        // 执行一些获取有效证书的操作
        // ...
        resolve({
            key: key,
            cert: cert
        });
    });
}
```

你可以根据实际需求来实现获取有效证书的逻辑，并将其分配给 key 和 cert 变量，确保在获取证书后，通过调用 resolve 函数将包含密钥和证书的对象传递给 Promise。

5.3.2　刷新 HTTPS 证书

你可以将 Node-RED 配置为定期刷新 HTTPS 证书，而不需要重新启动 Node-RED，具体做法如下。

1）必须使用 Node.js 11 或更高版本，该 https 设置必须可以调用，以获取更新证书的函数。

2）用 httpsRefreshInterval 属性设置 Node-RED 应该多长时间（以 h 为单位）调用 https 函数（5.3.1 节配置的 https.function() 函数）以获取更新的详细信息。

该 https 函数应确定当前证书是否会在下一个 httpsRefreshInterval 周期内过期，如果是，则生成一组新证书。如果不需要更新，函数可以返回 undefined 或 null。

5.3.3　编辑器安全

编辑器和 Admin API 支持两种类型的身份验证。

- 基于用户名 / 密码的身份验证。
- 基于 OAuth/OpenID 的身份验证。

1. 基于用户名 / 密码的身份验证

要在编辑器和管理 API 上启用用户身份验证，请在设置文件中对 adminAuth 属性取消注释：

```
adminAuth: {
    type: "credentials",
    users: [
        {
            username: "admin",
            password: "$2a$08$zZWtXTja0fB1pzD4sHCMyOCMYz2Z6dNbM6tl
            8sJogENOMcxWV9DN.",
            permissions: "*"
        },
        {
            username: "george",
            password: "$2b$08$wuAqPiKJlVN27eF5qJp.RuQYuy6ZYONW7a/
            UWYxDTtwKFCdB8F19y",
            permissions: "read"
        }
    ]
}
```

users 属性是一组用户对象，允许定义多个用户，每个用户可以有不同的权限。

上面的配置示例定义了两个用户：admin 用户有权在编辑器中执行所有操作；george 用户被授予只读访问权限。注意，这里的用户密码是使用 bcrypt 算法安全散列的。获得密码 Hash 值的方法如下。

如果使用的是 Node-RED 1.1.0 或更高版本，你可以使用以下命令：

```
node-red admin hash-pw
```

对于旧版本的 Node-RED，你可以安装单独的 node-red-admin 命令行工具，通过以下命令完成密码 Hash 值的生成：

```
node-red-admin hash-pw
```

或者，找到已安装 Node-RED 的目录并使用以下命令完成密码 Hash 值的生成：

```
node -e "console.log(require('bcryptjs'). hashSync(process.
argv[1], 8));" your-password-here
```

对于以上情况，你都会得到密码的 Hash 值，然后可以将其粘贴到设置文件中。注意：在以前的 Node-RED 版本中，设置项 httpAdminAuth 可用于在编辑器上启用 HTTP 基本身份验证。目前，此选项已被弃用。

2. 基于 OAuth/OpenID 的身份验证

要使用外部身份验证源，Node-RED 可以使用 Passportjs 提供的各种策略。你如果有需要或有兴趣，可以访问 https://www.passportjs.org/ 查看更多内容。

Node-RED 身份验证模块可用于 Twitter 和 GitHub。以下示例展示了如何配置以在不使用官方提供的 auth 模块的情况下对 Twitter 用户进行身份验证。

```
adminAuth: {
    type: "strategy",
    strategy: {
        name: "twitter",
        label: ' 使用 Twitter 登录 ',
        icon: "fa-twitter",
        strategy: require("passport-twitter").Strategy,
        options: {
            consumerKey: TWITTER_APP_CONSUMER_KEY,
            consumerSecret: TWITTER_APP_CONSUMER_SECRET,
            callbackURL: "http://example.com/auth/strategy/
            callback",
            verify: function(token, tokenSecret, profile, done) {
                done(null, profile);
            }
        }
    },
    users: [
        { username: "knolleary", permissions: ["*"] }
    ]
}
```

strategy 属性有以下设置选项。

- name：策略名称。
- strategy：策略模块。
- label/icon：在登录页面使用。icon 可以是任何 FontAwesome 的图标名称。FontAwesome 是一套字体图标库，图标以字体的形式存在，支持用 CSS 控制字体的颜色、大小、阴影等。

- options：创建时传递给 passport 的对象。
- verify：策略使用的验证函数。如果用户是系统认可的，它必须调用 done 函数并把 user profile（用户概述文件）作为第二个参数。应该有一个 username 属性用于检查有效用户列表。passport 希望将 user profile（用户概述文件）标准化，所以大多数策略都提供此参数。

策略使用的 callbackURL 是身份验证程序在身份验证后重新指向的位置。它必须是 Node-RED 编辑器的 URL 路径后面加上 /auth/strategy/callback。例如，如果 Node-RED 编辑器的 URL 路径是 http://localhost:1880，那么 callbackURL 就是 http://localhost:1880/auth/strategy/callback。

5.3.4 设置允许访问的用户白名单

前面的配置示例将阻止未经登录的任何人访问 Node-RED 编辑器。在某些情况下，希望允许每个人都有一定程度的访问权限，通常是对编辑器的只读访问权限。为此，可以将 default 属性添加到 adminAuth 设置中去定义默认用户：

```
adminAuth: {
    type: "credentials",
    users: [/* 用户列表 */],
    default: {
        permissions: "read"
    }
}
```

在 Node-RED 0.14 之前，用户可以有以下两种权限之一。

- *：完全访问。
- read：只读访问。

从 Node-RED 0.14 开始，权限可以更细化。为了支持这一点，该属性可以像以前一样是单个字符串，也可以是包含多个权限的数组。

Admin API 的每个方法都定义了访问它所需的权限级别。权限模型是基于资源的。例如，要获取当前流程的配置信息，用户就需要 flows.read 权限。但要更新流程，用户就需要 flows.write 权限。

5.3.5 令牌有效期控制

默认情况下，访问令牌在创建 7 天后到期。Node-RED 目前不支持刷新令牌来延长此期限。

到期时间可以通过设置 adminAuth 的 sessionExpiryTime 属性来自定义。这定义了令牌的有效时间（以 s 为单位）。例如，要将令牌设置为 1 天后过期，设置方式如下：

```
adminAuth: {
    sessionExpiryTime: 86400,
    ...
}
```

5.3.6 自定义安全策略

1. 自定义用户身份验证

除了将用户硬编码到设置文件中，我们还可以插入自定义代码来验证用户。这使与现有身份验证方案进行集成成为可能。以下示例显示了如何使用外部模块来提供自定义身份验证代码。以下内容保存在 <node-red>/user-authentication.js 文件中。

```
module.exports = {
  type: "credentials",
  users: function (username) {
    return new Promise(function (resolve) {
        // 执行必要的工作来验证用户名是否有效
        if (valid) {
            // 返回包含 username 和 permissions 属性的用户对象
            var user = { username: "admin", permissions: "*"};
            resolve(user);
        } else {
            // 返回 null 来指示该用户不存在
            resolve(null);
        }
    });
  },
  authenticate: function (username, password) {
    return new Promise(function (resolve) {
        // 执行必要的工作来验证用户名和密码的组合是否有效
        if (valid) {
            // 返回与 users(username) 相同的用户对象
            var user = { username: "admin", permissions: "*"};
            resolve(user);
        } else {
            // 返回 null 来指示用户名和密码组合无效
```

```
            resolve(null);
        }
    });
},
default: function () {
    return new Promise(function (resolve) {
        // 返回默认用户的对象
        // 如果不存在默认用户，返回 null
        resolve({ anonymous: true, permissions: "read" });
    });
},
};
```

在 Node-RED 中，凭证系统用于验证用户并控制其对流程编辑和执行的权限。通过自定义的 users、authenticate 和 default 方法，你可以实现对用户身份验证的自定义处理。在上述示例中，module.exports 对象包含以下方法。

- users 方法：该方法接收一个 username 参数，并返回一个 Promise 对象。你可以在该方法中执行验证工作，检查 username 是否是有效用户。如果验证成功，你需要通过一个包含 username 和 permissions 属性的用户对象来返回用户信息。如果验证失败，你需要通过 resolve null 来指示该用户不存在。

- authenticate 方法：该方法接收 username 和 password 参数，并返回一个 Promise 对象。在该方法中，你可以进行用户名和密码的验证工作。如果验证成功，你需要通过一个包含 username 和 permissions 属性的用户对象来返回用户信息。如果验证失败，你需要通过 resolve null 来指示用户名和密码组合无效。

- default 方法：该方法返回一个 Promise 对象，以获取默认用户的信息。在该方法中，你可以指定默认用户的属性。如果存在默认用户，你需要通过一个包含 anonymous 和 permissions 属性的用户对象来返回用户信息。如果不存在默认用户，你需要通过 resolve null 来指示。

在 settings.js 文件中设置 adminAuth 属性，以加载此模块：

```
adminAuth: require("./user-authentication")
```

2. 自定义身份验证令牌

在某些情况下，你可能需要使用自己的身份验证令牌，而不是使用 Node-RED 生成的令牌，具体如下。

- 你想要使用基于 OAuth 的用户身份验证，但你还需要自动访问 Admin API，而 Admin 用户登录是无法执行 OAuth 要求的交互式身份验证步骤的。

- 你希望将 Node-RED 集成到用户已经登录的现有系统中，并且不希望用户在访问 Node-RED 编辑器时再次进行身份验证。

adminAuth 设置可以包含一个 tokens 函数。当对 Admin API 的请求不包含 Node-RED 身份验证令牌时，此函数就将被调用。它传递了请求中提供的令牌，并且应该返回一个 Promise 对象。该 Promise 对象就是用户身份验证的结果，如果令牌无效，就返回 null。

```
adminAuth: {
    ...
    tokens: function(token) {
        return new Promise(function(resolve, reject) {
            // 执行必要的操作来验证令牌的有效性
            if (valid) {
                // 用包含 username 和 permissions 属性的用户对象解析
                Promise
                var user = { username: 'admin', permissions: '*' };
                resolve(user);
            } else {
                // 通过解析 null 来表示该用户不存在
                resolve(null);
            }
        });
    },
    ...
}
```

默认情况下，将使用 Authorization HTTP 标头并需要一个 Bearer 类型的令牌，仅将令牌的值传递给函数。如果令牌不是 Bearer 类型，Authorization HTTP 标头的完整值（包含类型和值）将传递给函数。

要使用不同的 HTTP 标头，可以使用 tokenHeader 设置来标识要使用的标头：

```
adminAuth: {
    ...
    tokens: function(token) {
        ...
    },
    tokenHeader: "x-my-custom-token"
}
```

3. 使用自定义令牌访问编辑器

要在没有登录提示的情况下使用自定义令牌访问编辑器，请在 URL 后面添加 ?access_token=<ACCESS_TOKEN>。编辑器将在本地存储该令牌并将其用于所有未来的请求。

5.3.7 自定义中间件

在 Node-RED 中，自定义中间件用于在消息流中处理消息之前或之后执行自定义的功能。中间件是一个函数或一系列函数，可以对传入的消息进行处理、转换或过滤，并在将消息传递给下一个节点之前或之后执行其他操作。自定义中间件的主要目的是增强 Node-RED 的功能，允许用户根据自己的需求进行扩展和定制。自定义中间件的功能如下。

- 消息转换和处理：通过编写中间件，你可以对传入的消息进行修改、转换或过滤。例如，你可以更改消息的内容、添加额外的数据或删除不需要的消息。
- 认证和授权：验证和授权用户对流或节点的访问权限。你可以编写中间件来验证用户的身份，检查其权限，并根据需要限制其对特定节点或功能的访问。
- 数据验证和清洗：验证传入的数据是否符合特定的规则、格式或约定。你可以编写中间件来验证数据的有效性，并在出现问题时执行相应的操作，例如拒绝或修改错误的数据。
- 日志记录和监控：记录流中的消息、节点状态和其他重要事件。中间件可以将这些信息写入日志文件、发送到远程日志服务器或触发警报，以便进行监控和故障排除。
- 远程调用和集成：与外部系统进行交互，例如调用外部 API、发送消息到消息队列或与数据库进行交互。你可以编写中间件来处理这些交互，并将结果传递给其他节点进行进一步处理；可以自定义 HTTP 中间件，并添加到所有 http in 节点之前（从 Node-RED 1.1.0 开始，添加到所有管理或编辑器路由之前）。

1. http in 节点的自定义中间件

对于 http in 节点，自定义中间件是通过配置 httpNodeMiddleware 属性来完成的。httpNodeMiddleware 是 Node-RED 中的一个特殊中间件，用于在 HTTP 请求处理过程中执行自定义操作。

在 Node-RED 中，httpNodeMiddleware 允许注册自定义的 Express 中间件，并将其应用于所有传入的 HTTP 请求。Express 是 Node.js 的一个流行的 Web 应用程序框架，它提供了强大的路由和中间件功能。通过 httpNodeMiddleware，你可以在 Node-RED 的 HTTP 请求处理流程中插入自己的程序逻辑。要使用 httpNodeMiddleware，你需要在 Node-RED 的 settings.js 文件中进行配置。在该文件中，你可以指定要应用的中间件及其配置选项。一旦配置完成，中间件将被应用于所有进入 Node-RED 的 HTTP 请求。需要注意的是，httpNodeMiddleware 应用于整个 Node-RED 的 HTTP 请求处理流程，而不限于特定的流程或节点。因此，它可以对所有进入 Node-RED 的请求进行统一处理和操作。

以下是限制 http in 节点中 HTTP 访问速率的示例。

```
// 预先在 ~/.node-red/ 目录下运行 npm install express-rate-limit
// 导入所需的模块
var rateLimit = require("express-rate-limit");
// 导出中间件配置
module.exports = {
    httpNodeMiddleware: rateLimit({
        windowMs: 1000, // 设置窗口时间为1000ms
        max: 10 // 限制每秒的请求次数为10
    })
}
```

这段代码使用了第三方包 express-rate-limit 来创建一个基于时间窗口的请求限制中间件，并将其应用于 Node-RED 的 HTTP 请求处理中。在这个示例中，首先需要在 ~/.node-red/ 目录下运行 npm install express-rate-limit 命令，以安装 express-rate-limit 包。然后，通过 require ("express-rate-limit") 导入 express-rate-limit 包，并使用 rateLimit 函数创建一个中间件。中间件的配置选项如下。

- windowMs: 1000：设置时间窗口的长度为 1000ms。
- max: 10：将访问速率限制为每秒最多 10 个请求。

最后，通过 module.exports 导出创建的中间件，以便在 Node-RED 的 settings.js 文件中使用。在 settings.js 文件中，你可以将上述代码复制到 module.exports 对象的 httpNode Middleware 属性中，以将请求限制中间件应用于 Node-RED 的 HTTP 请求处理中。

这样配置后，Node-RED 的 HTTP 请求处理将使用 express-rate-limit 包来限制每秒的访问速率为最多 10 个请求。超过限制的请求将被拒绝或延迟处理，以确保服务的可用性和安全性。

2. Admin API 的自定义中间件

对于 Node-RED 的 Admin API，你可以使用自定义中间件在处理 API 请求时执行自定义操作。自定义中间件允许拦截和修改传入的请求，执行验证、日志记录、错误处理等任务。以下示例展示了如何在 Node-RED 的 Admin API 上应用自定义中间件。

```
module.exports = {
  adminMiddleware: function(req, res, next) {
    // 在处理每个 Admin API 请求之前执行的自定义操作
    console.log("Admin API 请求已拦截");
    // 执行其他自定义操作
    // 调用 next() 继续处理请求
    next();
  }
};
```

上述示例中，定义了一个名为 adminMiddleware 的自定义中间件。这个中间件接收 3 个参数：req（请求对象）、res（响应对象）和 next（下一个中间件函数）。在中间件内部可以执行自己定义的逻辑，例如打印日志、验证请求、修改请求参数等。在示例中，我们简单地打印一条日志消息来表示请求已被拦截。最后，调用 next() 函数，将控制权传递给下一个中间件或路由处理程序，以继续处理请求。

要在 Node-RED 中使用这个自定义中间件，你需要将上述代码添加到 settings.js 文件的 module.exports 对象中，示例如下：

```
module.exports = {
    // 其他设置 ......


    // 添加自定义中间件
    adminMiddleware: require("/path/to/adminMiddleware").
    adminMiddleware
};
```

确保将 /path/to/adminMiddleware 替换为自定义中间件文件的实际路径。当配置完成后，自定义中间件将应用于 Node-RED 的 Admin API 请求处理过程中，允许执行自定义操作，以满足特定需求。

5.3.8 HTTP 节点安全

可以使用基本身份验证来保护 http in 节点公开的路由。settings.js 文件中的 httpNodeAuth 属性可用于定义允许访问路由的单个用户名和密码。

```
httpNodeAuth: {user:"user",pass:"$2a$08$zZWtXTja0fB1pzD4sHCMyOCMY
z2Z6dNbM6tl8sJogENOMcxWV9DN."},
```

pass 属性的使用与 adminAuth 中的一样，请参阅 5.3.3 节。访问由 httpStatic 属性定义的任何静态内容都能使用 httpStaticAuth 属性保护，它们采用相同的方式。注意：在 Node-RED 2.0 以前版本中，pass 属性值应该是 MD5 哈希值。这在密码学上是不安全的，因此已被 adminAuth 使用的 bcrypt 取代。为了向后兼容，新版本的 Node-RED 仍然支持 MD5 哈希，但不推荐使用。

5.4 为 Node-RED 增加日志记录

Node-RED 使用一个记录器将日志输出写入控制台。如果希望将日志写入其他地方，那么可以使用自定义记录器模块。注意：如果使用官方安装脚本在树莓派上运行服务，你可以使用 node-red-log 命令查看服务日志。

5.4.1　配置控制台记录器

可以在设置文件中的 logging 属性下配置控制台记录器：

```
// 配置日志输出
logging: {
    // 控制台日志
    console: {
        level: "info",
        metrics: false,
        audit: false
    }
}
```

以下 3 个属性可用于配置记录器的行为。

1）level：要记录的日志级别，选项如下。

● fatal：只记录那些使应用程序无法使用的错误。

● error：记录那些对于特定请求来说被认为是致命的错误。

● warn：记录非致命问题。

● info：记录有关应用程序一般运行的信息。

● debug：记录比 info 详细的信息，包括前面几个级别的全部内容。

● trace：记录更加详细的日志，包括前面几个级别的全部内容。

● off：不输出日志信息。

除了 off，每个级别的信息都包含更高级别的信息，例如，warn 级别的信息将包含 error 和 fatal 级别的信息。

2）metrics：设置为 true 时，Node-RED 运行时输出流执行和内存使用信息。

每个节点接收和发送的事件都输出到日志中。例如，以下日志是从具有 inject 和 debug 节点的流中输出的。

```
 9 Mar 13:57:53-[metric]
 {"level":99,"nodeid":"8bd04b10.813f58","event":"node.inject.recei-
ve","msgid":"86c8212c.4ef45","timestamp":1489067873391}
 9 Mar 13:57:53-[metric]
 {"level":99,"nodeid":"8bd04b10.813f58","event":"node.inject.send",
"msgid":"86c8212c.4ef45","timestamp":1489067873392}
 9 Mar 13:57:53-[metric]
```

```
{"level":99,"nodeid":"4146d01.5707f3","event":"node.debug.receive",
"msgid":"86c8212c.4ef45","timestamp":1489067873393}
```

内存使用情况每 15s 记录一次，示例如下：

```
9 Mar 13:56:24-[metric]
{"level":99,"event":"runtime.memory.rss","value":97517568,"timest-
amp":1489067784815}
9 Mar 13:56:24-[metric]
{"level":99,"event":"runtime.memory.heapTotal","value":81846272,
"timestamp":1489067784817}
9 Mar 13:56:24-[metric]
{"level":99,"event":"runtime.memory.heapUsed","value":59267432,
"timestamp":1489067784817}
```

3）audit：设置为 true 时，Admin HTTP API 访问事件将被记录。事件信息包括附加信息，例如被访问的端点、IP 地址和时间戳。

如果 adminAuth 启用，事件信息包括有关请求用户的信息，示例如下：

```
9 Mar 13:49:42-[audit]
{"event":"library.get.all","type":"flow","level":98,"path":"/
library/flows","ip":"127.0.0.1","timestamp":1489067382686}
9 Mar 14:34:22 - [audit]
{"event":"flows.set","type":"full","version":"v2","level":98,"us
er": {"username":"admin","permissions":"write"},"path":"/flows","ip":
"127.0.0.1","timestamp":1489070062519}
```

5.4.2 自定义日志记录模块

要使用自定义日志记录模块，请在设置文件的 logging 属性中添加一个新模块：

```
// 配置日志输出
logging: {
    // 控制台日志
    console: {
        level: "info",
        metrics: false,
        audit: false
    },
```

```
    // 自定义日志器
    myCustomLogger: {
        level: 'debug',
        metrics: true,
        handler: function (settings) {
            // 日志器初始化时被调用

            // 返回日志函数
            return function (msg) {
                console.log(msg.timestamp, msg.event);
            }
        }
    }
}
```

以上代码段用于配置日志输出的部分。该示例设置了控制台日志和自定义日志器的相关选项。

- console：自定义控制台日志的配置，包括设置日志级别为 info，禁用度量日志和审计日志。level、metrics、audit 属性设置与控制台记录器的一样。
- myCustomLogger：自定义日志器的配置，包括设置日志级别为 debug，启用度量日志，以及日志处理函数。
- handler：自定义日志处理函数，在日志器初始化时被调用。返回一个日志函数，该函数在每条日志消息被调用时，打印日志消息的时间戳和事件内容。

如果配置多个自定义记录器，可以通过唯一的 console 名称来区分。

5.4.3 添加日志记录模块示例

以下示例展示了添加一个自定义记录器，通过 TCP 连接将指标事件发送到 Logstash 实例。这是一个非常简单的示例，没有错误处理或重新连接逻辑。

```
logging: {
    console: {
        level: "info",
        metrics: false,
        audit: false
    },
    logstash: {
        level: 'off',
```

```
        metrics: true,
        handler: function(conf) {
            var net = require('net');
            var logHost = '192.168.99.100', logPort = 9563;
            var conn = new net.Socket();
            conn.connect(logPort, logHost)
                .on('connect', function() {
                    console.log("Logger connected");
                })
                .on('error', function(err) {
                    // 在真实环境中应尝试重新连接
                    // process(1)为退出此方法
                    process.exit(1);
                });
            // 返回执行实际日志记录的函数
            return function(msg) {
                var message = {
                    '@tags': ['node-red','test'],
                    '@fields': msg,
                    '@timestamp': (new Date(msg.timestamp)).
                    toISOString()
                };
                try {
                    conn.write(JSON.stringify(message) + "\n");
                } catch (err) {
                    console.log(err);
                }
            };
        }
    }
}
```

上述代码用于配置 Node-RED 的日志记录，其中包含两个日志记录器配置，分别是 console 和 logstash。

- console 配置用于记录控制台日志。level 属性设置为 info；metrics 和 audit 属性设置 为 false，表示不记录指标和审计日志。

- logstash 配置用于将日志发送到 logstash 服务器。level 属性设置为 off，表示禁用该日志记录器。handler 属性定义了日志记录的处理函数。在处理函数中，通过 net 模块创建一个 Socket 连接到 logstash 服务器，如果连接成功，在控制台打印 Logger connected；如果连接出现错误，退出进程。

处理函数返回一个函数，用于记录实际执行日志。它将收到的日志消息转换为特定的格式，并通过连接向 logstash 服务器发送，如果发送出现错误，则在控制台打印错误消息。

注意，上述代码中的 logHost 和 logPort 变量值是示例值，你需要根据实际情况修改为正确的 logstash 服务器的主机和端口。

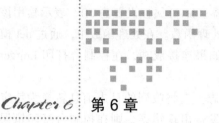

Node-RED 核心内部节点

本章主要围绕 Node-RED 核心内部节点进行详细介绍。核心节点是指 Node-RED 安装后同时自动安装的官方节点，按照类别分为公用类、功能类、网络类、序列类、解析类、存储类。这六大类一共包含 41 个节点。

核心内部节点是构建流程的基础，每个节点的帮助说明可以直接在编辑器中查看，但是在实际使用中仍然有很多需要掌握的辅助知识和技巧。本章将对这些知识和技巧进行讲述，以便用户可以快速进行 Node-RED 的流程构建。

在学习核心内部节点的使用之前，读者有必要回顾一下在 1.1.3 节和 4.9 节中讲到的消息包概念。消息包是流程各个节点之间传递的数据包。该数据包可以是各种通用的数据类型，比如 String 类型、JSON 类型、Num 类型等。Node-RED 中使用 JSON 类型作为消息包格式，约定消息包名称为 msg，支持用户在每个节点去扩展、修改消息包里面的数据项，实现不同的功能需求。Node-RED 中关于消息包的约定如下。

- 每个节点流入 / 流出的消息包都叫 msg。
- msg 是 JSON 对象，用户可以任意扩展、修改里面的数据项。
- msg 中的 payload 属性（msg.payload）是必需的，默认装载有效数据。
- msg 的其他所有属性都不是必需的。
- msg.topic 通常用来放置主题类别等标志性的数据。
- 一些节点拥有自己的专属属性，在这些节点专属章节的输入和输出中会具体介绍这些专属属性的含义和作用；如果 payload 承载的是节点的专属属性，那么在其输入和输出中也会说明。
- 当节点的输入点上有 msg 传入时，该节点被激活。节点被激活后开始执行任务，当任务执行完成后返回修改过的 msg，然后继续往后传递。

6.1　公用类节点

公用类节点主要实现一些通用的功能，包括 inject、debug、状态节点组、连接节点组、comment 节点。

6.1.1　inject 节点

inject 节点是核心内部节点中最基础的节点，也是流程手动或者自动开始的入口节点之一。网络节点中 http in、udp in、mqtt in、websocket in 等也可以作为入口节点使用，后续小节详细讲解。但是手动开启流程只能通过 inject 节点完成。

在一个 FBP 图中，每个流程都可以有一个初始消息包作为最开始的数据进行配置。在流程启动之前，它不会生效，只有通过手动或者自动的方式启动流程后，初始消息包才生效，并按照流程向下传递。

inject 节点的作用是将初始消息包手动注入流程，注入的 msg 对象默认带有 payload 属性和 topic 属性。

注意，在 Node-RED 中，节点输入和输出的所有变量都是以 msg 的属性形式存在，即访问它们都采用 msg. 属性名的形式，如果访问的是属性的属性，访问方式是 msg. 属性名 . 属性名，以此类推。按照该原则，访问 payload 和 topic 的方式是 msg.payload 和 msg.topic。

payload 默认值为当前时间的时间戳。msg 还支持自定义属性。每个属性支持 String、Num、JSON、布尔等多种数据类型。当这些属性指定好以后，它们就可以随着流程进行流转，在同一个业务流程中共享。

1. 输入和输出

inject 节点没有自己的专属属性，输入和输出就是 payload 和 topic 属性，以及用户自定义的属性。这里因为是第一个节点，所以对 payload 和 topic 属性在输入和输出中详细讲解，后续节点介绍中不再赘述，除非 payload 和 topic 属性对该节点有特殊含义或特定要求。inject 节点的输入和输出属性如表 6-1 和表 6-2 所示。

表 6-1　inject 节点的输入属性

属性名称	含义	数据类型
payload	指定消息的有效负载，默认为当前时间的时间戳（以 ms 为单位，自 1970 年 1 月 1 日起）	各种数据类型
topic	inject 节点配置项中的可选属性	各种数据类型

表 6-2　inject 节点的输出属性

属性名称	含义	数据类型
payload	指定消息的有效负载，默认为当前时间的时间戳（以 ms 为单位，自 1970 年 1 月 1 日起）	各种数据类型

（续）

属性名称	含义	数据类型
topic	inject 节点配置项中可选属性	各种数据类型

2. 配置参数

将 inject 节点拖入编辑器后，双击该节点即可弹出配置参数界面，其他节点的配置也是如此，如图 6-1 所示。

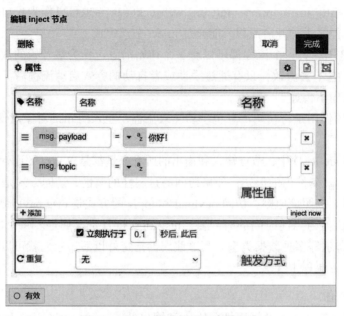

图 6-1　inject 节点的配置参数界面

在配置界面中，可以配置节点名称、注入的 msg 对象的属性值、触发方式，如表 6-3 所示。

表 6-3　inject 节点的配置参数说明

配置	❤名称　　名称		
说明	节点名称填入后，在编辑器中该节点名称将以此进行显示。如果这里不填入任何内容，该节点名默认显示 msg.payload 的值，如默认的 msg.payload 值是时间戳，则在编辑器中节点的名称显示为时间戳		
配置	msg. payload ＝ ▼ ᵃz 你好!　　✕ msg. topic ＝ ▼ ᵃz 　　✕ 拖曳以改变属性顺序　　　　删除属性 ＋添加　→　添加属性　　　　inject now		

（续）

说明	在 msg 属性配置区中，可以配置 msg 的多个属性。添加除 msg.payload 和 msg.topic 之外的属性，只需单击左下角的"＋添加"按钮。还可删除属性和改变属性顺序。 在 msg 属性配置区中，可以通过数据类型下拉菜单来定义属性的数据类型： `msg. payload` = `▼ a_z` 你好！ 数据类型说明如下。 　flow. ：指 Node-RED 上下文中 Flow 对象的值，如 Flow 内有属性 temperature，则可以写成 msg. payload = flow.temperature，以将 flow.temperature 的值赋给 msg.payload。关于 Node-RED 上下文的描述请参见 4.8 节 　global. ：指 Node-RED 上下文中 global 对象的值，如 global 内有属性 totalNum，则可以写成 msg. payload = global.totalNum，以将 global.totalNum 的值赋给 msg.payload。关于 Node-RED 上下文的描述请参见 4.8 节 　文字列：数据类型为字符串类型，如 msg.payload = 'Hello Node-RED！' 　数字：数据类型为数字类型，可以是正负整数、小数、浮点数，如 msg.payload = −0.03842 　布尔值：数据类型为布尔类型，值只有两个，即 true 和 false，如 msg.payload = true 　JSON：数据类型为 JSON 类型。当输入的 JSON 数据格式不正确，编辑框将变为红色提示。你也可以单击数据编辑框右侧的"..."按钮可打开编辑器来编写 JSON 数据 　二进制流：数据内容为二进制的 JSON 数组。单击输入框右侧的"..."按钮可打开缓冲区编辑器。在缓冲区编辑器中输入的二进制 JSON 数组可以直接使用，如果输入的是非二进制 JSON 数组，则编辑器首先将输入内容作为字符串转码为 ASCII 编码，显示在下方编辑框；然后再转化为二进制的 JSON 数组，返回到设置界面。例如，Hello World 字符串会被转换为 ASCII 编码的二进制表示方式（48 65 6C 6C 6F 20 57 6F 72 6C 64），再转化为十进制 JSON 数组（[72, 101, 108, 108, 111, 32, 87, 111, 114, 108, 100]）。该数据类型主要使用在无法用键盘输入的字符内容，通常用来模拟工业设备的输入信息。关于 ASCII 编码请参阅表后的知识点扩展 　时间戳：数据内容为当前时间的时间戳，此处使用 Unix 时间戳标准。关于 Unix 时间戳请参阅表后的知识点扩展 　表达式：可以通过内置函数和运算法将输入内容进行较简单的计算然后输出，复杂的计算处理需要单独增加 function 节点来完成。单击输入框右侧的"..."按钮可打开 JSONata 表达式编辑器，并查看和选用内置函数 　环境变量：本意是指在操作系统中用来指定操作系统运行环境的一些参数，如临时文件夹位置和系统文件夹位置等。Node-RED 系统设计沿用了环境变量概念，即用户可以在 Node-RED 中定义 Node-RED 系统级别的环境变量并使用。关于 Node-RED 的环境变量请参阅 4.7 节 　msg. ：指 msg 的某个属性

💡 **注意：**

ASCII（American Standard Code for Information Interchange，美国信息交换标准代码）是基于拉丁字母研发的一套电脑编码系统，主要用于显示现代英语和其他西欧语言。它是现今最通用的信息交换标准。

计算机在实际存储和运算的时候都是采用二进制形式，所以我们使用的字符串、数字都要转化为二进制，例如，像 a、b、c、d 这样的字母（包括大写）、以及 0、1 等数字还有一些常用的符号（例如 *、#、@ 等）在计算机中存储时也要使用二进制数来表示，而具体用哪些二进制数字表示哪个符号，如果要想互相通信而不造成混乱，那么大家就必须使用相同的编码规则，于是美国有关标准化组织就出台了 ASCII 编码，统一规定上述常用符号用哪些二进制数来表示。

💡 **注意：**

Unix 时间戳：是从 UTC 时间 1970 年 1 月 1 日起到现在的秒数，不考虑闰秒，一天有 86400 秒，是和时区无关的。无论在地球上的哪个角落，同一时刻，Unix 时间戳都是一样的，计算机的本地时间就是根据"Unix 时间戳 + 时区差"转换而来的。

时间戳转化为时间格式可以通过 JavaScript 的 Date 函数完成，转化过程比较烦琐，目前常用的是第三方日期时间库 Moment。Node-RED 已经自带 Moment 的 JS 库，可以直接在 function 节点引入后使用。

3. 触发方式

inject 节点的触发方式包括手动触发、自动触发和重复触发等。下面详细介绍每一种触发方式，如表 6-4 所示。

表 6-4　inject 节点不同的触发方式

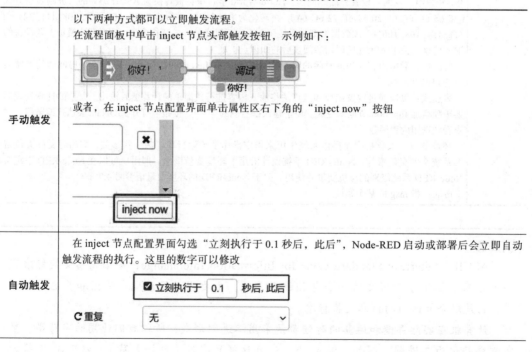

手动触发	以下两种方式都可以立即触发流程。 在流程面板中单击 inject 节点头部触发按钮，示例如下： 或者，在 inject 节点配置界面单击属性区右下角的"inject now"按钮
自动触发	在 inject 节点配置界面勾选"立刻执行于 0.1 秒后，此后"，Node-RED 启动或部署后会立即自动触发流程的执行。这里的数字可以修改

（续）

重复触发	在节点配置界面，可以选择 3 种重复触发方式，包括周期性执行、指定时间段周期性执行、指定时间执行 周期性执行是按照设定的时间间隔来循环执行。时间间隔单位可以是秒、分钟、小时，示例如下：  指定时间段周期性执行是在指定的时间范围内按照时间间隔来运行，当时间超过指定范围将自动停止。如果有多个传感器在不断地向流程发送数据，而你希望它们发送数据的频率是一致的，比如每 5 分钟发送一次，即 5 点发送一次，5:05 发送第二次，5:10 发送第三次，依此类推，而不是各自依各自的 5 分钟频率发送数据，这时，"指定时间段周期性执行"功能就非常有用，它会以 0 分为基础自动对齐所有传感器的发送时间。示例如下：  指定时间执行是在指定的时间点执行一次。如果你需要在多个时间点重复执行，请使用多个 inject 节点，示例如下： 

4. 有效和无效

不只 inject 节点，所有的节点在设置界面左下角都有"无效"按钮（节点默认值是"有效"）。当节点被设置为"无效"后，节点不再工作，外形表现为虚线，如表 6-5 所示。

表 6-5　inject 节点的有效和无效设置

	设置为有效	设置为无效
设置方式	○ 有效	⊘ 无效
节点表现	注入 ↻	注入 ↻

5. 示例流程

通过示例学习节点的使用是非常必要的。本书中如无特殊说明，Node-RED 核心内部节点的使用示例均可通过以下两种方法获得，后续不再赘述。

1）访问 http://www.nodered.org.cn/flow.json 下载中文示例流程代码。下载后在 Node-RED 编辑器中单击"菜单"→"导入"选项，之后的操作参见 4.1.4 节的导入流程。

2）使用 Node-RED 自带的英文示例。在 Node-RED 编辑器中单击"菜单"→"导入"→"例子"选项，选择具体的示例后单击右下角的"导入"按钮，导入示例流程，如图 6-2 所示。

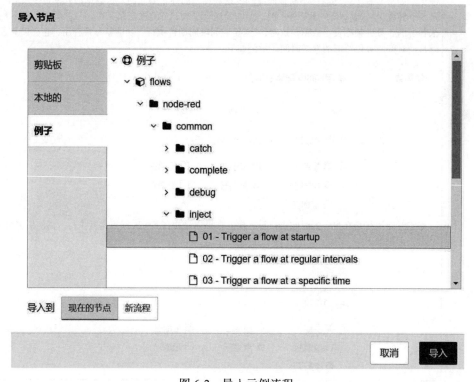

图 6-2　导入示例流程

实例导入后，可以在流程面板上看到导入的示例流程，如图 6-3 所示。

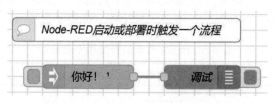

图 6-3　inject 节点的第一个示例流程

节点右上角显示蓝色圆点，这意味着它目前仅是在客户端显示，还没有在服务端部署，需要单击编辑器右上角的 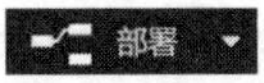 按钮部署之后才能执行。

下面是一个简单的流程，只有两个节点——inject 和 debug 节点，从 inject 节点注入数据。该流程中节点设置如表 6-6 所示。

表 6-6　inject 节点的实例—流程中节点设置

节点	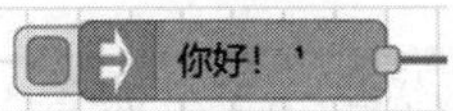 inject 节点
设置	为 msg.payload 赋值字符串"你好！"
说明	为 msg.payload 赋值字符串"你好！" 勾选"立刻执行"选项后，重新部署或 Node-RED 重启后会立即自动执行一次流程
节点	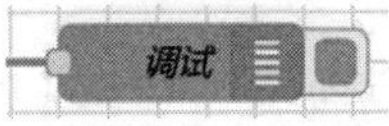 debug 节点
设置	
执行结果	右侧边栏顶部单击 debug 按钮，可以查看调试窗口： 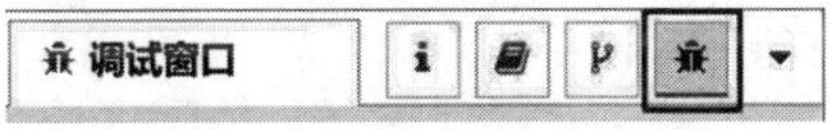 单击"部署"按钮会自动触发部署流程，调试窗口打印： 2023/7/25 11:49:16　node: 调试 msg.payload : string[3] "你好！" 单击 inject 节点头部的注入按钮，同样会触发部署流程

6.1.2　debug 节点

顾名思义，debug 节点是用来做调试的。这个节点也是整个 Node-RED 使用频率最高的节点。它的功能是将默认的 msg.payload 信息输出到侧边栏的调试面板内或 Node-RED 日志消息中，方便对每一步流程的输出结果进行查看和比对。这也是常用的开发 Node-RED 流程的技巧和方法。

1. 输入和输出

debug 节点的输出属性如表 6-7 所示。

表 6-7 debug 节点的输出属性

输出		
属性名称	含义	数据类型
msg.payload	默认输出	—
msg.	msg 的任意属性	—
与调试输出相同	指输出整个 msg 对象，调试侧边栏会显示 msg 的结构化视图，方便用户查看消息包的结构	—
JSON 表达式	对数据进行处理后输出	—

用户可以在 debug 节点的配置界面通过下拉菜单选择输出内容。

debug 节点没有特定的输入，它的输入即前一节点的输出。

2. 目标设置

debug 节点的目标设置是设置调试消息输出到什么地方。目标设置选项如下。

- 调试窗口：将调试消息发布到编辑器右侧边栏调试窗口中。在每条显示内容上可以看到该节点的名称，以便区分具体的输出节点。JavaScript 对象和数组可以根据需要来折叠或扩展。缓冲区对象可以显示为原始数据，也可以显示为字符串。对于任意消息，调试侧边栏还会显示接收消息的时间、发送消息的节点以及消息类型等信息。单击源节点 ID 将在工作区中显示该节点。
- 控制台：将消息发布到 Node-RED 的日志中。如果 Node-RED 是由命令行工具启动，直接输出调试消息到启动窗口中（见图 6-4）；如果是后台启动，输出调试消息到日志文件中。日志相关内容在 5.4 节中有所介绍。

```
25 Feb 07:08:16 - [info] [debug:1b0f8c3e.1fd7e4] 1
25 Feb 07:08:18 - [info] [debug:1b0f8c3e.1fd7e4] 0
```

图 6-4 debug 节点消息输出到控制台

- 节点状态（32 位字符）：将简短的数据（32 个字符内）在 debug 节点的状态栏上显示。如果勾选了该选项，可以进一步选择自动的、msg.、J: 表达式、message count 四项中的一项，如图 6-5 所示。

这些属性的解释如下。

- 自动的：同前一个节点输出的内容。
- msg.：可以打印 msg 的任一属性内容，如 msg.ip。
- J: 表达式：可以打印 JSON 表达式的结果。
- message count：打印经过 debug 节点的消息数量。

状态属性最后在流程节点中的显示如图 6-6 所示。

图 6-5　debug 节点的状态栏上显示的配置选择

3. 其他配置属性

- 名称：debug 命名，将在输出内容的时候显示节点名称，建议为每一个 debug 节点命名，不然容易引起混淆。
- 有效：可用于启用或禁用输出，使用方法与 inject 节点一样。建议禁用或删除所有未使用的 debug 节点，以免调试栏输出嘈杂的消息。

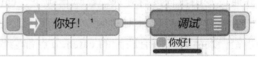

图 6-6　debug 节点状态输出显示

4. 激活和失效

除了与所有节点一样的有效性设置方式，debug 节点还有更便捷的有效性设置方式。有时候由于 debug 节点消息太多，查看调试窗口会成为一件令人头痛的事，这时把暂时不用的 debug 节点关掉是一个不错的做法，如表 6-8 所示。

表 6-8　debug 节点激活和失效

激活状态	失效状态（通过单击框选按钮切换状态）
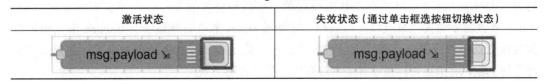	

6.1.3 状态节点组

在公用类别中有 3 个节点与状态有关，分别是 complete 节点、catch 节点和 status 节点。你可以把它们看作流程的观察者或者节点的事件机制，当流程中某个节点状态发生改变的时候，将自动触发这些节点。所以，这些节点没有输入端口，只需要将其拖曳到流程面板即可自动运行。为什么要设计这类节点？由于物联网系统中很多情况下节点的状态代表了现实世界的一个设备、传感器或者外部服务器的真实状态。在获取连接或者控制这些设备的时候存在很多状态改变的情况，通过这组节点的引入，可以方便地对设备或者服务器的状态变化进行感知和相应的处理。

1. complete 节点

一个节点完成对消息的处理时触发 complete 节点。在 complete 节点设置中勾选它要监听的节点，当被监听节点通知运行时它已完成消息的处理，complete 节点将被激活，并将消息传递给 complete 节点的下一个节点。

complete 节点可以与没有输出端口的节点一起使用，例如使用电子邮件发送节点发送邮件后触发一个流。

并非所有的节点都会触发 complete 节点。这取决于它们是否支持 Node-RED 1.0 中引入的此功能。

2. catch 节点

如果节点在处理消息时抛出错误，流程通常会停止。catch 节点可用于捕获那些错误，并通过专用流程进行处理。默认情况下，catch 节点将捕获同一标签页上任何节点抛出的错误。或者，它可以针对特定节点捕获，或配置为仅捕获另一个目标节点尚未捕获的错误。当错误发生时，所有匹配的 catch 节点都会收到错误消息。如果在子流程中发送了错误，该错误将由子流程中的任意 catch 节点处理。如果子流程中不存在 catch 节点，该错误将被传播到子流程实例所在的流程。如果消息已经具有 error 属性，将该 error 复制为 _error。例如：在流程状态出现错误的时候，catch 节点监听这些节点的错误消息，并进行上报，或者给出友好提示。

3. status 节点

status 节点被用于监听某些节点，比如 http-in、http-out、tcp-in、tcp-out、udp-in、udp-out 等节点的状态变化。只有这些节点状态存在改变，且被监听之后，status 节点才会被触发，而像 inject 节点是不存在状态改变的，所以即使被监听了，也不会触发任何行为。debug 节点需要勾选"节点状态"选项，才能被 status 节点有效监听。function 节点也可以像其他节点一样提供自己的状态设置方式，通过调用 node.status 函数来设置。设置了状态改变的 function 节点可以被 status 节点有效监听，否则无效。

status 节点不包含 msg.payload 属性。默认情况下，status 节点会获取同一标签页上所有节点的状态。可以通过配置来指定目标监听节点。

4. 输入和输出

status、catch、complete 三个节点均无输入。

status 节点的输出属性如表 6-9 所示。

表 6-9　status 节点的输出属性

输出		
属性名称	含义	数据类型
status.text	状态文本	String
status.source.type	报告状态的节点的类型	String
status.source.id	报告状态的节点的 ID	String
status.source.name	报告状态的节点的名称（如果已设置）	String

catch 节点的输出属性如表 6-10 所示。

表 6-10　catch 节点的输出属性

输出		
属性名称	含义	数据类型
error.message	错误消息	String
error.source.id	引发错误的节点的 ID	String
error.source.type	引发错误的节点的类型	String
error.source.name	引发错误的节点的名称（如果已设置）	String

complete 节点的输出属性如表 6-11 所示。

表 6-11　complete 节点的输出属性

输出
complete 节点输出它监听的节点的输出内容

5. catch 节点示例

此示例演示同一流程面板中的两个流程。第一个流程由 inject 和 function 节点完成，第二个流程由 catch 和 debug 节点完成，如图 6-7 所示。

此示例模拟 function 节点报错，然后通过 catch 节点来捕获并打印到调试栏中。流程中各节点的设置如表 6-12 所示。

表 6-12　节点设置

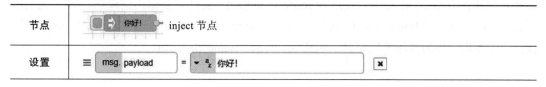

节点	inject 节点
设置	≡　msg. payload　=　你好!

(续)

说明	给 msg.payload 赋值字符串"你好！"
节点	Error _f_ function 节点
设置	在"函数"标签下输入代码： `throw new Error ("Error Occured!")`
说明	直接抛出一个错误，错误消息是"Error Occured！"
节点	捕获: 1 个节点 catch 节点
设置	设置"捕获范围"为"指定节点"，然后在下方勾选"Error function" ☑ Error function
说明	捕获由 function 节点报出的错误
节点	msg debug 节点
设置	选择输出为"与调试输出相同"
说明	只有选择输出为"与调试输出相同"，你才会看到 catch 节点捕获的错误的完整消息

执行结果	2023/7/21 下午8:58:30 node: f96f0ba7.cfe008 ▼
	msg : Object
	▼object
	  _msgid: "1a4fc64ebd1172b8"
	  payload: "你好！"
	  topic: ""
	▼error: object
	    message: "Error: Error Occured!"
	  ▼source: object
	      id: "7bab9134.35ad"
	      type: "function"
	      name: "Error"
	      count: 1
	  ▼_error: object
	    empty

这个示例是把 catch 节点捕获到的错误打印在调试窗口。其中，msg 多出了一个 error 属性。此属性有两个属性：message 和 source。message 属性就是抛出错误的内容，也是前面 function 节点中"throw new Error（"Error Occured!"）"的参数 Error Occured!。source 属性指明了抛出错误的具体节点信息，包括 id、type、name 和 count。

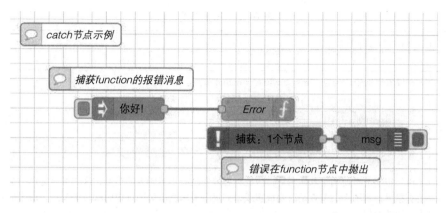

图 6-7　catch 节点示例

当然，除了指定捕获一个节点的错误消息以外，也可以捕获所有节点发出的错误，只需要修改"捕获范围"即可。

catch 节点捕获范围有两个选择，具体如下。

- 所有节点。catch 节点会自动捕获当前流程面板中所有节点的报错。
- 指定节点。如果选择指定节点（可以指定一个或多个节点），系统会自动列出当前流程面板中的全部节点供用户选择。

6. complete 节点示例

此示例也演示两个流程，如图 6-8 所示。第一个流程由 inject 和 debug 节点完成，第二个流程由 complete 和 debug 节点完成。第一个流程直接将 inject 节点的 msg.payload 传给 debug 节点，然后直接输出到调试栏中。

本示例流程中关键节点设置如表 6-13 所示。

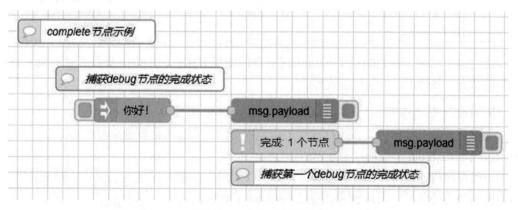

图 6-8　complete 节点示例

表 6-13 节点设置

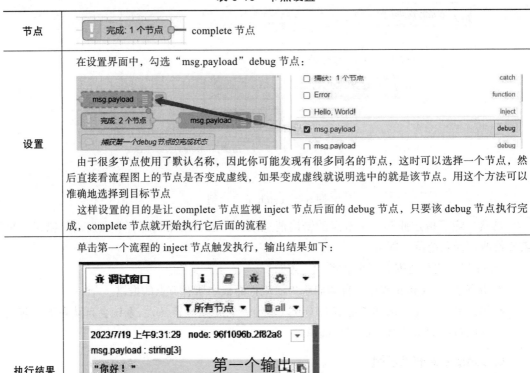

节点	完成: 1 个节点 —— complete 节点
设置	在设置界面中，勾选 "msg.payload" debug 节点： 由于很多节点使用了默认名称，因此你可能发现有很多同名的节点，这时可以选择一个节点，然后直接看流程图上的节点是否变成虚线，如果变成虚线就说明选中的就是该节点。用这个方法可以准确地选择到目标节点 这样设置的目的是让 complete 节点监视 inject 节点后面的 debug 节点，只要该 debug 节点执行完成，complete 节点就开始执行它后面的流程
执行结果	单击第一个流程的 inject 节点触发执行，输出结果如下： 从流程执行结果可以看出，尽管只手动触发了第一个流程的执行，但当第一个 debug 节点执行完成（也就是打印出 "你好!"）之后，就自动触发了第二个流程，因此第二个流程的 debug 节点也打出了 "你好!"

通过这个示例，我们知道了 complete 节点的使用方法。complete 节点可以与没有输出端口的节点一起使用，以便继续流程。

7. status 节点示例

很多节点都有状态值，在运行过程中会发生变化。状态值会显示在节点的下方。图 6-9 所示为一个 mqtt out 节点的状态显示。

一般带网络连接的节点会有此状态显示，以便用户查看当前的网络连接状况。用户也可以通过 function 节点来输入状态值，让下一个节点显示状态（具体细节参见 function 节点描述）。

status 节点的属性如下。

图 6-9 节点下方是状态显示区

- fill：图标颜色，如 red。
- shape：图标形状，如 ring。
- text：状态文字，如未连接。

下面通过 status 节点示例来展示节点状态的变化效果，示例流程如图 6-10 所示。

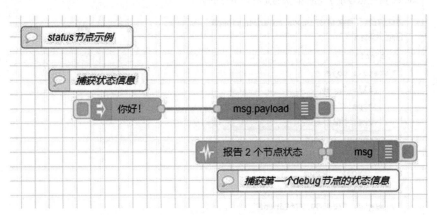

图 6-10　status 节点示例流程

此示例也演示了两个流程，流程中各节点的设置如表 6-14 所示。

表 6-14　节点设置

节点	![inject 节点]　inject 节点
设置	msg.payload = "你好！"
说明	将 msg.payload 赋值为 "你好！"
节点	![debug 节点]　debug 节点
设置	在目标栏勾选 "调试窗口" 和 "节点状态（32 位字符）"，勾选 "节点状态（32 位字符）" 后，进一步选择 "自动的"
说明	将 "节点状态（32 位字符）" 勾选上的意义是，当 debug 节点输出的时候会增加一个状态值到自己节点下方
节点	![status 节点]　status 节点
设置	下拉菜单中选择 "指定节点"，然后勾选 "你好！" inject 和 "msg.payload" debug 两个节点
说明	选择第一个流程的两个节点进行监视，此设置和 catch 节点设置一样，也支持选择 "报告状态范围" 为 "全部节点"
执行结果	状态值会显示在节点下方。debug 节点的状态显示方式是：灰色的圆点加上 msg.payload 的值 ![执行结果图]

（续）

执行结果	此时在调试栏中看到，第一个"你好"是流程一正常执行后输出的内容，第二个输出是 status 节点捕获到第一个流程 debug 节点状态值变化，并打印出来的结果。其中，msg 多了一个 status 对象，里面存放了 status 的 3 个属性，即 fill、shape、text（分别对应的值为 grey、dot、你好）。同时，source 属性也显示了具体捕获的是哪个节点的值 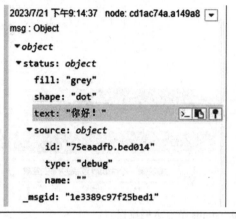

status 节点主要的应用场景是通过对指定节点的状态捕获来判断是否需要进行进一步的处理，比如判断网络连接是否断开、是否执行重新连接或者清理数据的工作，再比如获取 WebSocket 节点上的连接数在超过多少的时候执行清理工作。总之，status、complete、catch 节点的灵活应用，为 Node-RED 提供了一个可以基于事件触发的工作模式，为复杂的物联网应用增加更多的处理手段和保护措施。

6.1.4 连接节点组

连接节点组包括 link in、link out、link call 三个节点。这三个节点是组队使用的。link 节点的官方说明是在流程之间创建虚拟连线，也就是说，link 节点用于连接两个流程。link in 节点可以连接到任何标签页上存在的任何 link out 节点。连接后，被连接在一起的两个流程会像一个流程一样。

仅当鼠标点选 link 节点时，才会显示 link 节点之间的连接。如果有指向另一个选项卡的连接，则显示一个虚拟节点。单击该虚拟节点将跳到相应的选项卡。

💡 注意：

　　link 节点组无法连接子流程。

通过连接节点组有效的配合使用，可以动态传入需要连接的目标节点的名称，以实现通用功能的流程封装成一个类似程序编程中的函数，方便其他流程调用，让整个系统更加简捷、健壮。

1. 输入和输出

link call 节点的输入属性如表 6-15 所示。

表 6-15　link call 节点的输入属性

输入		
属性名称	含义	数据类型
target	转移的目标。如果输入了 msg.target，link call 节点的 link type（连接类型）要设置为"Dynamic target"（动态目标）	String

link call 节点的没有输出属性。

2. 内部连接示例

link 节点的内部连接示例如图 6-11 所示。

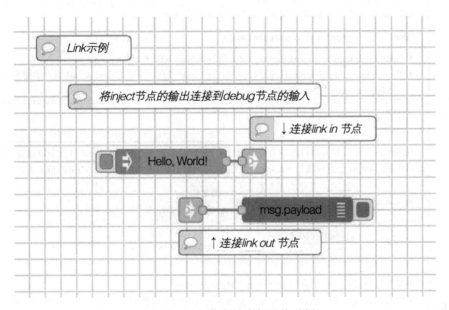

图 6-11　link 节点的内部连接示例

单击流程中的任何一个 link 节点，两个 link 节点之间都会出现一条连接虚线，表明二者是虚拟连接，如图 6-12 所示。

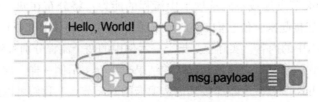

图 6-12　两个 link 节点之间的连接

流程中对 inject 节点设置 msg.payload = "Hello World!"，两个 link 节点设置示例如表 6-16 所示。

表 6-16　两个 link 节点设置示例

节点	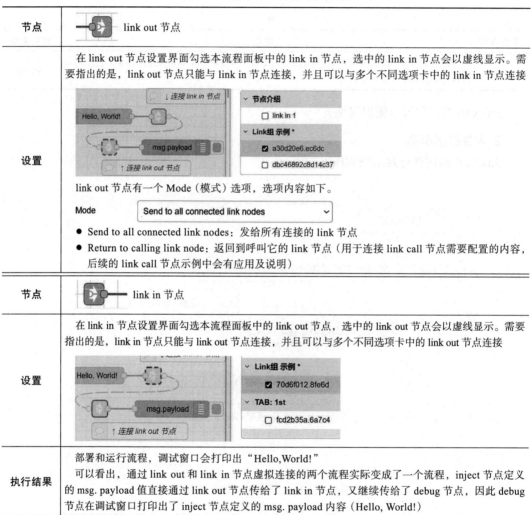 link out 节点
设置	在 link out 节点设置界面勾选本流程面板中的 link in 节点，选中的 link in 节点会以虚线显示。需要指出的是，link out 节点只能与 link in 节点连接，并且可以与多个不同选项卡中的 link in 节点连接 link out 节点有一个 Mode（模式）选项，选项内容如下。 ● Send to all connected link nodes：发给所有连接的 link 节点 ● Return to calling link node：返回到呼叫它的 link 节点（用于连接 link call 节点需要配置的内容，后续的 link call 节点示例中会有应用及说明）
节点	link in 节点
设置	在 link in 节点设置界面勾选本流程面板中的 link out 节点，选中的 link out 节点会以虚线显示。需要指出的是，link in 节点只能与 link out 节点连接，并且可以与多个不同选项卡中的 link out 节点连接
执行结果	部署和运行流程，调试窗口会打印出"Hello,World!" 可以看出，通过 link out 和 link in 节点虚拟连接的两个流程实际变成了一个流程，inject 节点定义的 msg. payload 值直接通过 link out 节点传给了 link in 节点，又继续传给了 debug 节点，因此 debug 节点在调试窗口打印出了 inject 节点定义的 msg. payload 内容（Hello, World!）

3. 外部连接示例

本示例体现 link 节点连接不同选项卡中流程的能力：将分布在两个选项卡 TAB:1st 和 TAB:2nd 中的流程连接起来，使它们成为一个流程，如图 6-13 和图 6-14 所示。

观察两个选项卡中的内容，实际上是把上一示例中的两个流程分别搬到了两个选项卡中。除此之外，节点设置完全一样。部署和运行的结果也与上一示例一样。这说明 link 节点不仅能连接本选项卡的 link 节点，还能连接其他选项卡的 link 节点。我们可以通过这种方式把一些公用流程封装到一个独立的选项卡，对外通过 link call 节点来调用，形成流程的简单封装。

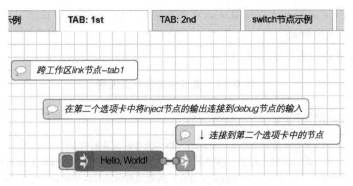

图 6-13 link 节点外部连接示例一

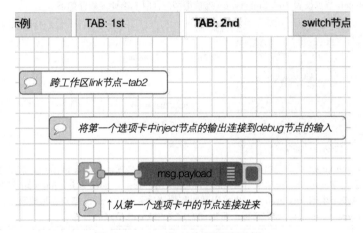

图 6-14 link 节点外部连接示例二

4. link call 节点调用示例

此示例展示了 link call 节点的使用方法，流程示意图如图 6-15 所示。

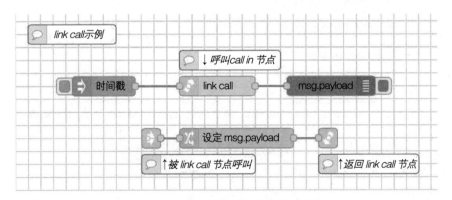

图 6-15 link call 节点调用示例流程示意图

此示例展示的是通过 link call 节点去呼叫指定的 link in 节点。流程中第一个 inject 节点设置 msg.payload 为时间戳。

流程中关键节点设置如表 6-17 所示。

表 6-17　流程中关键节点设置

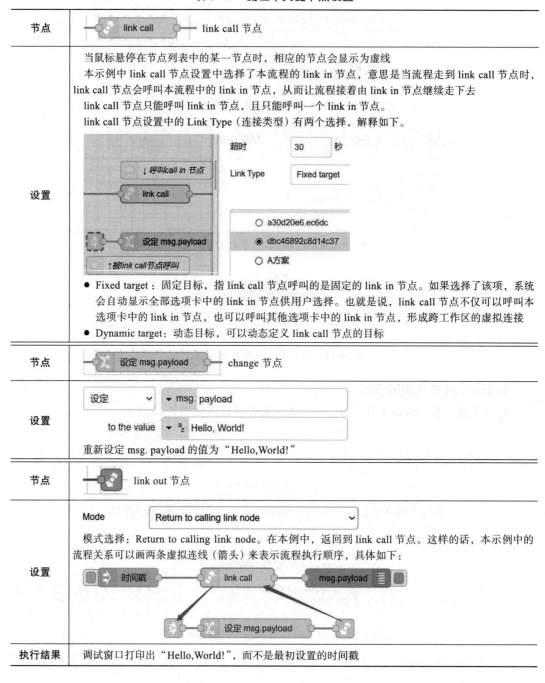

节点	link call ——— link call 节点
设置	当鼠标悬停在节点列表中的某一节点时，相应的节点会显示为虚线 本示例中 link call 节点设置中选择了本流程的 link in 节点，意思是当流程走到 link call 节点时，link call 节点会呼叫本流程中的 link in 节点，从而让流程接着由 link in 节点继续走下去 link call 节点只能呼叫 link in 节点，且只能呼叫一个 link in 节点。 link call 节点设置中的 Link Type（连接类型）有两个选择，解释如下。 超时　30　秒　Link Type　Fixed target　○ a30d20e6.ec6dc　◉ dbc46892c8d14c37　○ A方案 • Fixed target：固定目标，指 link call 节点呼叫的是固定的 link in 节点。如果选择了该项，系统会自动显示全部选项卡中的 link in 节点供用户选择。也就是说，link call 节点不仅可以呼叫本选项卡中的 link in 节点，也可以呼叫其他选项卡中的 link in 节点，形成跨工作区的虚拟连接 • Dynamic target：动态目标，可以动态定义 link call 节点的目标
节点	设定 msg.payload ——— change 节点
设置	设定　▼　msg. payload to the value　▼　Hello, World! 重新设定 msg. payload 的值为 "Hello,World!"
节点	link out 节点
设置	Mode　Return to calling link node 模式选择：Return to calling link node。在本例中，返回到 link call 节点。这样的话，本示例中的流程关系可以画两条虚拟连线（箭头）来表示流程执行顺序，具体如下： 时间戳 → link call → msg.payload 设定 msg.payload
执行结果	调试窗口打印出 "Hello,World!"，而不是最初设置的时间戳

5. 流程动态分支

link 节点还能实现流程的动态分支。实际的系统开发过程中有类似以下需求，如当处于 A 事件时采用 a 方案，当处于 B 事件时采用 b 方案，当处于 C 事件时采用 c 方案……那么，有多少种事件有多少种方案？答案是不确定。需要在实际工作中不断总结增加事件方案组。也就是说，没办法在开发系统的时候就把事件方案分支固定写出来。此时，我们就可以使用流程动态分支的办法来逐步完善实现的过程。本示例是利用 link call 节点来实现流程动态分支，如图 6-16 所示。

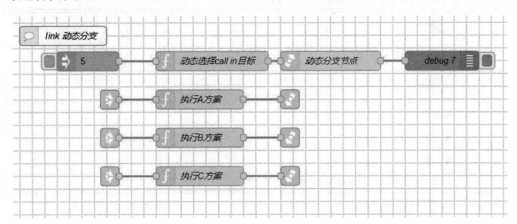

图 6-16　流程动态分支示例

流程中各节点设置如表 6-18 所示。

表 6-18　流程中各节点设置

节点	![inject 5] inject 节点
设置	msg.payload = 5 本流程设计通过 msg. payload 的值来确定流程的分支走向
节点	![动态选择call in目标] function 节点

设置	`if (msg.payload == 1){`
	`  msg.target = "A 方案";`
	`}else if (msg.payload == 2){`
	`  msg.target = "B 方案";`
	`}else{`
	`  msg.target = "C 方案";`
	`}`
	`return msg;`

说明	这里通过向 "link call" 节点传入 msg.target 属性值来动态地调用不同的 "link in" 节点
节点	![动态分支节点] link call 节点

（续）

设置	超时　30　秒 Link Type　Dynamic target (msg.target)　▾ 这里选择"Dynamic target (msg.target)"，具体的呼叫目标由 msg.target 定义，即由前一节点传来的 msg.target 值定义 超时 30 秒的意思是，如果发出去的呼叫 30 秒内没有回应，则该节点会报超时错误。这就是说发出呼叫之后必须要有一个 link out 节点来返回消息
节点	link in 节点
设置	🏷名称　A方案 🏷名称　B方案 🏷名称　C方案 此处确立名称，方便 msg.target 调用
节点	执行A方案 执行B方案　function 节点 执行C方案

设置	这里写不同的流程分支具体要实现的功能。本例中为了直观表现流程分支，在这里输入代码：
	`msg.payload = "执行 A 方案";`
	`return msg;`

节点	link out 节点
设置	Mode　Return to calling link node　▾ 模式选择：Return to calling link node。必须有这个返回消息，link call 节点才不会报超时错误
执行结果	部署和执行流程，调试窗口打印出"执行 C 方案"，因为注入的数是 5。如果改注入数为 1，调试窗口将打印出"执行 A 方案"。流程会根据不同的注入数据，调用不同的流程分支。这与 switch 节点实现的流程分支是不一样的，switch 节点的流程分支不能跨流程面板，而 link 节点可以

6.1.5　comment 节点

comment 节点是可用于向流添加注释的节点，也就是给流程中的节点加注释，类似于给代码加注释。comment 节点的使用很简单，也不陌生了，在前面各节点的示例中都已出现了 comment 节点的身影。

6.2　功能类节点

功能类节点用来完成整个流程的逻辑编程，包含以下节点。

- function 节点：这是最重要和使用最多的节点之一。function 节点可以进行 JavaScript 代码的编写，完成各种逻辑和数据处理。
- switch 节点：完成流程分支处理。
- change 节点：用于修改 msg 和 context 的值，供后续节点使用。
- range 节点：将输入的数据映射到另一个区间，常用于物联网系统采集的数据校准。
- template 节点：配合 http out 节点使用，输出 HTML 或者 JSON 等格式的数据，用于简化页面编写和 JSON 数据响应。
- delay 节点：根据指定的时间进行流程延时，常用于物联网串口、UDP 通信等半双工模式下对采集数据的异步处理，如果同步操作很可能多个数据返回或者指令下发相互影响，导致丢失个别指令或者数据。
- trigger 节点：用于一次输入后根据条件配置多次输出，用于类似 LED 灯闪烁、看门狗等应用场景。
- exec 节点：可以直接执行操作系统中的命令来实现一些底层操作，如获取 CPU/ 内存等数据、执行本地命令等。
- filter 节点：对输入的值进行条件过滤，去掉无效数据，用于传感器数据采集场景。

6.2.1　function 节点

function 节点是最为常用的可以编写代码的节点，它的定义是对接收到的消息进行处理的 JavaScript 代码（函数的主体）。function 节点允许针对通过它传递的消息运行 JavaScript 代码。传入的消息是一个名为 msg 的对象。按照惯例，它会有一个包含消息正文的 msg. payload 属性。其他节点可能会将它们自己的属性附加到 msg 对象中。

1. 编写函数

拖入一个 function 节点到流程，双击后选择"函数"这个标签页，在标签页下的输入框中写入代码。输入 function 节点的代码表示函数的主体。最简单的函数只是按原样返回消息：

```
return msg;
```

函数必须始终返回一个 msg 对象，返回数字或字符串将导致错误。

返回的 msg 对象不需要与传入的对象相同，函数可以在返回结果之前构造一个全新的对象，例如：

```
var newMsg={payload:msg.payload.length};
return newMsg;
```

2. 传送消息

传送消息的示例流程如图 6-17 所示。要在 function 节点中将消息传送到流程中的下一个节点，请返回消息或调用 node.send（messages）。

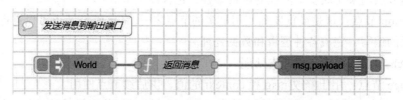

图 6-17　function 节点传送消息示例流程

function 节点将返回或发送以下 3 类消息。

- 单个消息对象：传送给连接到第一个输出的节点。
- 消息对象数组：传送给连接到相应输出的节点。如果数组元素是数组，则将多个消息发送到相应的输出。
- null：不会发送任何消息，流程结束。

💡 **注意：**

　　构造一个新的 msg 对象将丢失接收到的消息的属性，这会破坏一些流程。例如 http in 节点流程需要端到端保留 msg.req 和 msg.res 属性。一般而言，function 节点应该返回传送给它的 msg 对象，并对其属性进行更改。

此示例中各节点设置如表 6-19 所示。

表 6-19　传送消息流程中各节点设置

节点	![World] inject 节点
设置	msg. payload = ▼ a_z World
意义	将字符串"World"赋值给 msg.payload
节点	![返回消息] function 节点
设置	"函数"标签下输入以下代码： msg.payload = " 你好！"+ msg.payload +"！"; return msg;　// 把传来的 msg 消息再原样传送给下一节点，不改变 msg 消息的结构，只改变 msg.payload 的值
执行结果	部署后，单击 inject 节点头部执行流程，调试窗口输出"你好！ World!"

3. 多个输出

function 节点设置中允许更改输出数量，在 Setup 选项卡中可设置输出个数，如图 6-18 所示。如果有多个输出，function 节点可以返回数组消息。

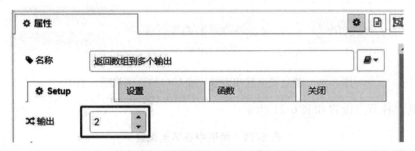

图 6-18　设置 function 的输出个数

这使编写一个根据某些条件将消息发送到不同输出的函数变得容易。例如，此示例中"动态选择输出端口"function 节点会将与 banana 相关的内容发送到第二个输出而不是第一个，如图 6-19 所示。

图 6-19　动态选择输出端口示例一

该示例中各节点设置如表 6-20 所示。

表 6-20　多个输出流程中各节点设置

节点	⟦banana:时间戳⟧ inject 节点
设置	msg. payload = ▼时间戳 msg. topic = ▼ᵃ₂ banana
说明	用 msg.topic 来分类消息
节点	⟦动态选择输出端口⟧ function 节点

设置	在"函数"标签下输入以下代码：
	`if (msg.topic === "banana") {`
	`    return [ null, msg ];`
	`} else {`
	`    return [ msg, null ];`
	`}`

执行结果	单击 inject 节点执行流程，输出结果将在第二个输出端口显示

以下示例在第一个输出端口按原样传递原始消息，并将包含 msg.payload 长度的消息传递到第二个输出端口，流程示意图如图 6-20 所示。

图 6-20　消息长度输出到第二个端口的示例流程示意图

该示例中各节点设置如表 6-21 所示。

表 6-21　示例中各节点设置

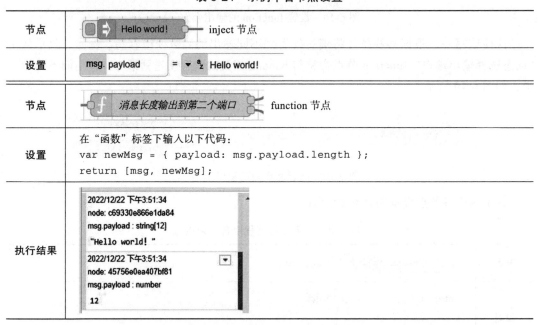

节点	inject 节点
设置	msg. payload = aꝫ Hello world!
节点	消息长度输出到第二个端口　function 节点

设置	在"函数"标签下输入以下代码：
	`var newMsg = { payload: msg.payload.length };`
	`return [msg, newMsg];`

执行结果	2022/12/22 下午3:51:34 node: c69330e866e1da84 msg.payload : string[12] "Hello world! " 2022/12/22 下午3:51:34 node: 45756e0ea407bf81 msg.payload : number 12

本例展示任意数量的输出处理，流程示意图如图 6-21 所示。

图 6-21　任意数量的输出处理流程示意图

从 Node-RED 1.3 开始，outputCount 可设置 function 节点的输出数量。这使编写通用函数成为可能。这些函数可以处理从编辑对话框中设置的可变数量的输出。例如，如果你希望在输出之间随机传递传入消息，在以上流程中的关键节点进行配置，如表 6-22 所示。

表 6-22　处理任意数量的输出的节点配置示例

节点	 使用outputCount来动态输出　function 节点

设置	```
	// 创建与输出数量相同长度的数组
	const messages = new Array(node.outputCount)
	// 选择要发送消息的随机输出端口
	const chosenOutputIndex = Math.floor(Math.random() * node.outputCount);
	// 仅将消息发送给所选对象
	messages[chosenOutputIndex] = msg;
	// 返回包含所选输出的数组
	return messages;
	``

执行结果	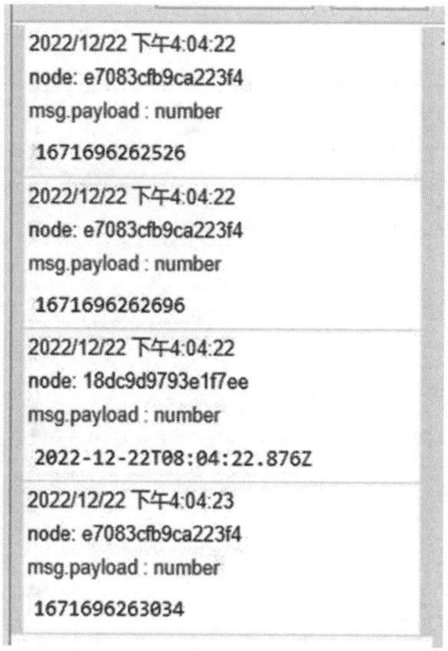 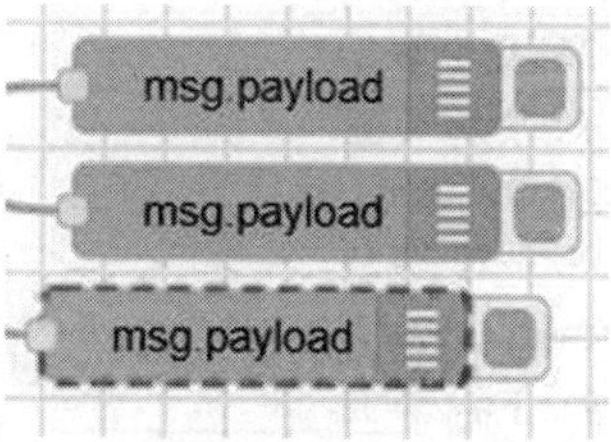 2022/12/22 下午4:04:22 node: e7083cfb9ca223f4 msg.payload : number 1671696262526 2022/12/22 下午4:04:22 node: e7083cfb9ca223f4 msg.payload : number 1671696262696 2022/12/22 下午4:04:22 node: 18dc9d9793e1f7ee msg.payload : number 2022-12-22T08:04:22.876Z 2022/12/22 下午4:04:23 node: e7083cfb9ca223f4 msg.payload : number 1671696263034 msg.payload　msg.payload　msg.payload 通过多次单击 inject 节点头部触发流程，你可以发现消息随机输出在 3 个端口上，这样就可以仅通过编辑对话框配置输出数量，而不需要更改函数本身

4. 多条消息输出

此示例流程是通过在返回的数组中返回消息数组，函数可以在输出上返回多条消息。当输出返回多条消息时，后续节点将按照消息返回的顺序一次接收一条消息，流程示意图如图 6-22 所示。

以上流程中关键节点设置如表 6-23 所示。

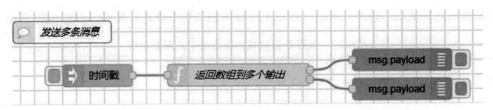

图 6-22　返回多条消息示例

表 6-23　示例中节点设置

节点	function 节点	
设置	var msg1 = { payload: " 第一个输出 在端口 1" }; var msg2 = { payload: " 第二个输出 在端口 1" }; var msg3 = { payload: " 第三个输出 在端口 1" }; var msg4 = { payload: " 第四个输出 在端口 2" }; return [[msg1, msg2, msg3], msg4];	
执行结果	2022/12/22 下午4:10:32 node: c6191361.0f3c msg.payload : string[10] "第一个输出 在端口1" 2022/12/22 下午4:10:32 node: c6191361.0f3c msg.payload : string[10] "第二个输出 在端口1" 2022/12/22 下午4:10:32 node: c6191361.0f3c msg.payload : string[10] "第三个输出 在端口1" 2022/12/22 下午4:10:32 node: 23a53d00.c89b74 msg.payload : string[10] "第四个输出 在端口2" msg1、msg2、msg3 被发送到第一个输出，msg4 被发送到第二个输出	

以下示例将接收到的有效负载拆分为单词，并为每个单词返回一条消息，流程示意图如图 6-23 所示。

以上流程中各节点设置如表 6-24 所示。

图 6-23　拆分单词输出示例

表 6-24　拆分单词输出流程中节点设置

节点	inject 节点
设置	msg. payload ＝ 北京 上海 成都
节点	function 节点

设置	<pre>var outputMsgs = [];
	var words = msg.payload.split(" ");
	for (var w in words) {
	    outputMsgs.push({payload:words[w]});
	}
	return [outputMsgs];</pre>

执行结果	

该示例通过在 function 节点中编写代码来实现对输入数据的拆分及逐个输出。实际上，Node-RED 作为一个低代码平台非常完美地解决了这一常见问题。随着后面讲到的 split 等节点的使用，读者会发现，用 Node-RED 实现这类数据处理是根本不需要写代码的，因此 OT 工程师、网络工程师以及初学者会非常容易上手实现业务软件系统开发。

5. 异步发送消息

如果函数需要在发送消息之前执行异步操作，它不能在操作结束时返回 msg 对象。相反，它必须使用 node.send() 函数传送要发送的消息。如前几节所述，它采用与 msg 相同的数据结构进行返回。异步发送消息的示例代码如下：

```
doSomeAsyncWork(
 msg, function(result) {
    msg.payload = result;
    node.send(msg);
 }
);
return;
```

function 节点克隆传递给 node.send() 函数的每个消息对象，以确保不会对函数中重用的消息对象进行意外修改。

function 节点可以请求运行时不要克隆传递给 node.send() 函数的第一条消息，方法是将 false 作为第二个参数传入。当消息包含无法克隆的内容，或者出于性能考虑要求最小化发送消息的开销，我们就需要执行这样的操作。

```
node.send(msg,false);
```

如果 function 节点对消息进行异步处理，运行时不会自动知道它何时完成消息处理。为了让它知道，function 节点应该在适当的时间调用 node.done()，那么运行时就能通过系统正确跟踪消息。

```
doSomeAsyncWork(msg, function(result) {
    msg.payload = result;
    node.send(msg);
    node.done();
});
return;
```

异步发送消息流程示意图如图 6-24 所示。

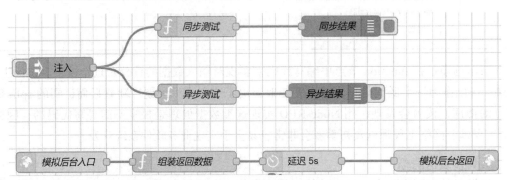

图 6-24　异步发送消息流程示意图

这里对同一个功能需求列出了同步和异步两种实现方式，方便对比查看。

本示例中节点设置如表 6-25 所示。

表 6-25　示例中节点设置

节点	![异步测试] function 节点
设置	```let async_request = function(){
request ("http://localhost:1880/test?user=async", function (error,
response, data) {
msg.payload = data
node.send(msg)```

（续）

设置	```
	    });
	  }
	async_request()
	msg.payload = "async first return"
	return msg;
	``

说明	先请求一个网址，并使用网址返回的消息作为回调函数参数。回调函数的作用是把网址返回的数据赋值给 msg.payload 并传给下一节点。然而在请求网址之后，程序并不会等待网址返回消息，而是继续执行后续的代码，当网址返回消息得到后再执行回调函数
执行结果	执行异步测试流程会得到以下结果（注：执行异步测试前先把同步测试与 inject 节点之前的连线删除）：后面的代码 async first return 先打印出来，而前面的代码结果 this is 5 seconds response, request from async 在 5 秒后才打印出来
节点	*f* 同步测试 —— function 节点

设置	```
	let sync_request = function(){
	    return new Promise(function (resolve, reject) {
	        request("http://localhost:1880/test?user=sync", function
	        (error, response, data) {
	            if (error) {
	                reject(error);
	            } else {
	                resolve(data);
	            }
	        });
	    })
	}
	
	let data = await sync_request()
	msg.payload = data
	return msg;
	``

说明	为了方便理解，这里写了与异步测试相同的需求，只是以同步方式实现。同样是请求一个网址，并使用网址返回的消息作为参数回调函数（回调函数的作用是把返回的数据或错误作为 Promise 的结果返回给 sync_request 函数），然后以 await 等待 sync_request 函数执行完成，之后再把 sync_request 函数的执行结果赋值给 payload。这是以同步方式执行异步函数的一种方法，因为 request 本身是一个异步函数
执行结果	执行同步测试流程（执行前需要先将异步测试与 inject 节点之间的连线删除），就会在 5 秒后得到 this is 5 seconds response, request from sync 的打印结果
节点	*f* 组装返回数据 —— function 节点
设置	``` msg.payload = "this is 5 seconds response, request from" + msg.payload.user return msg; ```
说明	表明消息来源于哪个节点

6. 启动时运行代码

此流程示例展示了流程启动（部署或者重新部署）时执行一段代码的场景，如图 6-25 所示。

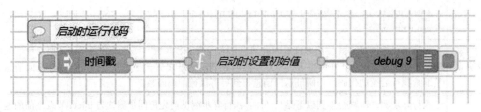

图 6-25　启动时运行代码示例

function 节点提供了一个"设置"选项卡，你可以在其中提供在节点启动时运行的代码。该选项卡可用于设置 function 节点所需的任何状态。

以上流程中关键节点设置如表 6-26 所示。

表 6-26　启动时运行代码流程中关键节点配置示例

节点	启动时设置初始值 —— function 节点

设置	在"设置"选项卡输入以下代码：
	
	⚙ Setup ／ **设置** ／ 函数 ／ 关闭
	
	```\n1 // 部署节点后，此处添加的代码将运行一次。\n2 if (context.get("counter") === undefined) {\n3 context.set("counter", "一个初始值")\n4 }\n```
	
	上述代码的作用是将主函数将要使用的本地上下文提前赋初始化值。
	如果需要在主函数开始处理消息之前完成异步工作，可以在"设置"选项中编写代码。在"设置"功能完成之前到达的任何消息都将排队等候，并在"设置"选项中代码执行完成后进行处理
	在"函数"选项卡输入以下代码：
	
	⚙ Setup ／ 设置 ／ **函数** ／ 关闭
	
	```\n1 msg.payload = context.get("counter")\n2 node.send(msg)\n```

执行结果	执行后调试窗口将打印出："一个初始值"。这时获取到初始部署时执行的设置数据

7. 清理未完成请求

如果确实使用了异步回调函数，那么你可能需要在重新部署流时整理所有未完成的请求或关闭所有连接。清理未完成请求示例流程示意图如图 6-26 所示。你可以通过两种不同的方式执行此操作。

一是通过添加 close 事件处理程序：

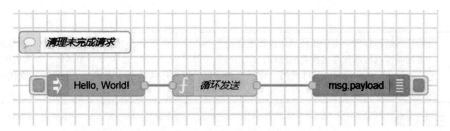

图 6-26　清理未完成请求示例

```
node.on('close', function() {
    // tidy up any async code here-shutdown connections and so on.
});
```

二是从 Node-RED 1.1.0 开始，你可以将代码添加到节点编辑对话框中的"关闭"选项卡。

在本示例中，关键节点设置如表 6-27 所示。

表 6-27　清理未完成请求示例流程中关键节点设置

节点	function 节点

设置	在"设置"选项卡输入以下代码：
	// 部署节点后，此处添加的代码将运行一次
	if (global.get ("connectcounter") === undefined) {
	　global.set ("connectcounter", 0)
	}
	在"函数"选项卡输入以下代码：
	　var myConnector = setInterval (function(){
	　msg.payload = "第" + global.get ("connectcounter")+" 次连接 ";
	　global.set ("connectcounter", global.get("connectcounter")+1)
	　　node.send(msg)
	　},1000);
	// 后面的代码也可以写入"关闭"选项卡
	node.on("close", function () {
	　node.warn(" 清理连接次数 ");
	　global.set("connectcounter",0);
	});
	在"关闭"选项卡输入以下代码：
	// 节点正在停止或重新部署时，将运行此处添加的代码
	node.warn(" 清理连接次数 ");
	global.set("connectcounter",0);

说明	"函数"选项卡添加代码的含义是：在节点初始化的时候设置全局变量 connectcounter 值为 0，然

（续）

说明	后代码运行过程中每秒执行一次模拟连接动作，并且全局变量 connectcounter 值加 1。在节点重新部署的时候执行清理连接次数的操作，因此当重新部署后，连接又会从 0 开始累计。如果去掉 node.on（"close", function(){....}）代码，重新部署后你会发现连接数会一直累加。当然，这段代码也可以写在"关闭"选项卡

8. 日志记录

这个示例展示了在 function 节点中输出日志记录的实现方式，流程示意图如图 6-27 所示。

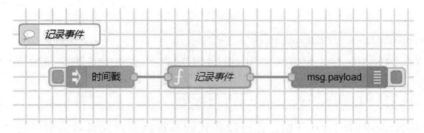

图 6-27　日志记录流程示意图

如果 function 节点需要将某些内容记录到控制台，我们可以在"函数"选项卡使用以下函数：

```
node.log(" 记录一个日志消息 ");
node.warn(" 出现一个警告消息 ");
node.error(" 出现一个错误消息 ");
```

日志内容输出的位置取决于采用的操作系统以及启动 Node-RED 的方式。如果使用命令行启动 Node-RED，那日志信息将出现在命令行控制台中。如果作为系统服务启动的 Node-RED，那么日志消息将出现在系统日志中。如果通过 PM2 这样的应用运行 Node-RED，它将有自己的方式来显示日志。而在树莓派上运行 Node-RED，在安装 Node-RED 的脚本中添加 node-red-log 命令来指定显示日志的位置。

warn 和 error 级别的日志将在编辑器右侧的"调试"选项卡输出。同时，系统后台也会显示日志，如下所示：

```
27 Feb 11:07:13 - [info]  [function: 记录事件] 记录一个日志消息
27 Feb 11:07:13 - [warn]  [function: 记录事件] 出现一个警告消息
27 Feb 11:07:13 - [error] [function: 记录事件] 出现一个错误消息
```

node.trace() 和 node.debug() 会报告更细粒度的日志记录，但如果没有配置记录器来捕获这些级别，则不会被看到。

9. 处理错误

如果 function 节点遇到应停止当前流程的错误，它不会返回任何内容。要在同一选项卡上触发 catch 节点，function 节点应该调用 node.error 并将原始消息作为第二个参数：

```
node.error("hit an error", msg);
```

处理错误流程示意图如图 6-28 所示。

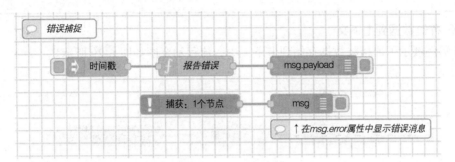

图 6-28　处理错误流程示意图

以上流程中关键节点设置如表 6-28 所示。

表 6-28　处理错误流程中关键节点设置

节点	报告错误 —— function 节点

设置	// 在 function 节点中，以原始输入消息作为第二个参数调用 node.error 函数会触发 catch 节点
	// 查看调试侧栏和控制台输出
	node.error（"一些错误产生"，msg）;
	// 执行应在此停止

节点	捕获: 1个节点 —— catch 节点
设置	捕获范围 指定节点 选择节点...　　　Q ☑ 报告错误　　　　　function
执行结果	2022/12/22 下午7:22:37 node: 32743f74.e718a msg : Object ▾object 　_msgid: "cc337fafb55da480" 　payload: 1671708157787 　topic: "" ▾error: object 　　message: "一些错误产生" 　▾source: object 　　　id: "1bcca7af.619428"

（续）

执行结果	``` type: "function" name: "报告错误" count: 1 ```

10. 存储数据到上下文

此示例展示了如何将数据存储到上下文中，流程示意图如图 6-29 所示。

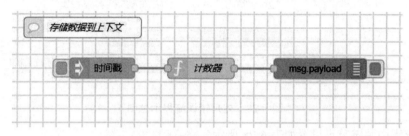

图 6-29　存储数据到上下文流程示意图

除了 msg 对象外，函数还可以将数据存储在上下文中。有关 Node-RED 中上下文的更多信息，请参见 4.8 节。在 function 节点中，有 3 个可用于访问上下文的预定义变量，具体如下。

- context：节点的本地上下文。
- flow：流范围上下文。
- global：全局范围上下文。

以下示例使用了 flow，但同样适用于 context 和 global。

💡 **注意：**

　　这些预定义变量是 function 节点的一个特性。如果你正在创建自定义节点，请查看拙作《Node-RED 物联网应用开发工程实践》中的自定义节点开发部分，以了解在自定义节点如何访问上下文。

有两种访问上下文的模式：同步或异步。内置上下文存储对象提供这两种模式。有些第三方存储对象可能只提供异步访问，如果同步访问会抛出错误。

获取上下文 count 的值：

```
var myCount=flow.get("count");
```

设置上下文 count 的值：

```
flow.set("count",123);
```

示例中"计数器"节点的代码如下：

```
// 如果计数器不存在，将其初始化为 0
```

```
var count = context.get('count')||0;
count += 1;
// 存储数据
context.set('count',count);
// 使其成为传出消息对象的一部分
msg.payload = count;
return msg;
```

部署后单击 inject 节点头部触发流程，第一次触发调试窗口输出 1，以后每多触发一次，输出结果就会增加 1。Function 节点中使用的是 context，因此只要没有重新部署，count 值会一直累加下去。下面介绍如何获取或设置多个值以及异步获取上下文内容。

（1）获取或设置多个值

从 Node-RED 0.19 开始，可以一次性获取或设置多个值：

```
var values = flow.get(["count","colour","temperature"]);
// values[0] 的值为 'count'
// values[1] 的值为 'colour'
// values[2] 的值为 'temperature'
flow.set(["count","colour","temperature"],[123,"red","12.5"]);
```

在这种情况下，任何缺失值都设置为 null。

（2）异步上下文访问

如果上下文存储需要异步访问，get 和 set 函数需要一个额外的回调参数。

```
// 获取单独变量
flow.get("count", function(err, myCount) { ... });
// 获取多个数据
flow.get(["count", "colour"], function(err, count, colour) { ... })
// 设置单个数据
flow.set("count", 123, function(err) { ... })
// 设置多个数据
flow.set(["count", "colour", [123, "red"], function(err) { ... })
```

传递给回调函数的第一个参数 err，只有在访问上下文发生错误时才会被设置。
计数示例的异步版本变为：

```
context.get('count', function(err, count) {
    if (err) {
        node.error(err, msg);
    } else {
```

```
            // 如果计数器不存在，将其初始化为 0
    count = count || 0;
    count += 1;
            // 将值存储
    context.set('count',count, function(err) {
        if (err) {
            node.error(err, msg);
        } else {
            // 使其成为传出消息对象的一部分
            msg.count = count;
            // 发送消息
            node.send(msg);
        }
    });
}));
```

（3）多个上下文存储

Node-RED 可以配置多个上下文存储，例如，可以同时使用内存和文件存储。上下文的 get 和 set 函数允许接收一个参数 storeName 来标识要使用的存储方式。

```
// 获取数据用同步方式
var myCount = flow.get("count", storeName);
// 获取数据用异步方式
flow.get("count", storeName, function(err, myCount) { ... });
// 设置数据用同步方式
flow.set("count", 123, storeName);
// 设置数据用异步方式
flow.set("count", 123, storeName, function(err) { ... })
```

（4）全局上下文

在 Node-RED 启动时，可以用对象预先填入全局上下文。这是在 settings.js 文件中 functionGlobalContext 属性下定义的。此做法可用于在 function 节点中加载其他模块。

11. 显示节点状态

此示例展示了如何通过 function 节点去设置节点的状态，流程示意图如图 6-30 所示。

function 节点也可以像其他节点一样提供自己的状态设置。要设置状态，请调用 node. status 函数，例如：

```
node.status({fill:"red", shape:"ring",text:" 未连接 "});
node.status({fill:"green", shape:"dot",text:" 连接 "});
```

```
node.status({text:" 显示文字 "});
node.status({}); // 清除状态
```

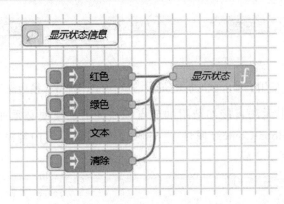

图 6-30　显示节点状态流程示意图

有关可接收参数的详细信息，请参阅 status 节点介绍。任何状态更新都能被 status 节点捕获。此示例中关键节点设置如表 6-29 所示。

表 6-29　显示节点状态流程中关键节点设置

节点	显示状态 *f*　function 节点

设置	```switch (msg.payload) {```
	``` case " 红色 ":```
	``` node.status({fill:"red",shape:"ring",text:" 未连接 "});```
	``` break;```
	``` case " 绿色 ":```
	``` node.status({fill:"green",shape:"dot",text:" 连接 "});```
	``` break;```
	``` case " 文本 ":```
	``` node.status({text:" 文字描述 "});```
	``` break;```
	``` case " 清除 ":```
	``` node.status({}); // 清除状态```
	``` break;```
	```}```

执行结果	显示状态　显示状态　显示状态 ■未连接　　■连接　　文字描述 不同的输入会呈现不同的状态图标和颜色

12. 加载附加模块

（1）使用 functionGlobalContext 选项

此示例展示了使用 functionGlobalContext 选项的方式，流程示意图如图 6-31 所示。

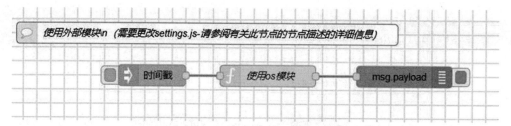

图 6-31　使用 functionGlobalContext 选项加载附加节点模块流程示意图

在 function 节点中无法直接加载附加节点模块，附加模块必须加载到 settings.js 文件中并添加到 functionGlobalContext 属性下。例如，通过将以下内容添加到 settings.js 文件，Node.js 的 os 模块可用于全局。

```
functionGlobalContext: {
    osModule:require('os')
}
```

os 模块可以在函数中通过 global.get（'osModule'）来应用。从 settings.js 文件加载的模块必须安装在与 settings.js 文件相同的目录中。对于大多数用户来说，那就是默认用户目录 ~/.node-red，以 Linux 操作系统为例：

```
cd ~/.node-red
npm install name_of_3rd_party_module
```

设置好以后重启 Node-RED，并按照表 6-30 所示节点配置。

表 6-30　使用 functionGlobalContext 选项加载附加模块流程中节点配置

节点	使用os模块　function 节点
设置	```var os = global.get("osModule");
msg.payload = {
hostname: os.hostname(),
arch: os.arch(),
platform: os.platform(),
release: os.release(),
free: os.freemem()
};
return msg;```
执行结果	调试窗口打印如下内容： 2022/12/22 下午9:06:57 node: ed3da95d.62ee98 msg.payload : Object ▼object 　hostname: "Jimmy-X13"

（续）

执行结果	arch: "x64" platform: "win32" release: "10.0.22621" free: 3827081216

（2）使用 functionExternalModules 选项

在 settings.js 文件中将 functionExternalModules 设置为 true，function 节点的编辑对话框将提供一个列表，以在其中添加节点可用的其他模块。你还要指定在节点代码中引用模块的变量，如图 6-32 所示。

💡 注意：

部署节点时，这些指定的模块会自动安装在 ~/.node-red/externalModules/ 目录下。

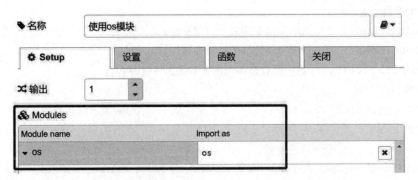

图 6-32　在 function 节点的 setup 选项卡中设置外部模块的引入

13. 内置 API

在 function 节点的代码编写中，可以直接使用 Node-RED 内置的对象和函数。内置 API 参考如下：

node 类

node.id：function 节点的 ID。

node.name：function 节点的名称。

node.outputCount：为 function 节点设置的输出数量。

node.log(..)：记录日志消息。

node.warn(..)：记录警告消息。

node.error(..)：记录错误消息。

node.debug(..)：记录调试消息。

node.trace(..)：记录跟踪消息。

  node.on(..)：注册事件处理器。

  node.status(..)：更新节点状态。

  node.send(..)：发送消息。

  node.done(..)：以一条消息结束。

context 类

  context.get(..)：获取节点范围的上下文属性。

  context.set(..)：设置节点范围的上下文属性。

  context.keys(..)：返回所有节点范围的上下文属性键的列表。

  context.flow：如同 flow。

  context.global：如同 global。

flow 类

  flow.get(..)：获取流范围的上下文属性。

  flow.set(..)：设置流范围的上下文属性。

  flow.keys(..)：返回所有流范围上下文属性键的列表。

global 类

  global.get(..)：获取全局范围的上下文属性。

  global.set(..)：设置全局范围的上下文属性。

  global.keys(..)：返回所有全局范围上下文属性键的列表。

RED 类

  RED.util.cloneMessage(..)：安全地克隆一个消息对象，以便重用。

env 类

  env.get(..)：获取环境变量。

function 节点还提供 Buffer-Node.jsBuffer 模块、console-Node.jsconsole 模块（node.log 是首选的日志记录方法）、util-Node.jsutil 模块、setTimeout/clear-Timeout-javascript 超时函数、setInterval/clearInterval-javascript 间隔函数。

💡 **注意：**

  function 节点在停止或重新部署时会自动清除任何未完成的超时或间隔计时器。

6.2.2 switch 节点

  switch 节点根据接收到的消息评估指定的规则，然后将消息发送到与匹配的规则相对应的输出端口，用于固定条件跳转。流程中的逻辑跳转都用此节点来表示，增加流程可读性。

  可以将节点设置为一旦发现一个匹配的规则，则停止后续的匹配。对于动态规则，可以使用消息属性、流程上下文 / 全局上下文属性、环境变量和 JSONata 表达式的计算结果。

switch 节点有 4 种匹配规则，分别是值规则、序列规则、JSONata 表达式和除此以外，如表 6-31 所示。

表 6-31　switch 节点匹配节点规则

值规则（value rules）	序列规则（sequence rules）	JSONata 表达式和除此以外
value rules == != < <= > >= 拥有键 在之间 包含 匹配正则表达式 为真 为假 为空 非空 类型是 为空 非空 sequence rules	> >= 拥有键 在之间 包含 匹配正则表达式 为真 为假 为空 非空 类型是 为空 非空 sequence rules 头 索引在..中间 尾 JSONata表达式 除此以外	> >= 拥有键 在之间 包含 匹配正则表达式 为真 为假 为空 非空 类型是 为空 非空 sequence rules 头 索引在..中间 尾 JSONata表达式 除此以外

- 值规则是根据变量值来判断。其中，两个空、两个非空不是系统错误，英文版中对应 is null 和 is empty。is null 规则将对类型进行严格的匹配，匹配之前的类型转化不会发生。is empty 规则与零字节的字符串、数组、缓冲区或没有属性的对象相匹配，与 null 或者 undefined 等不匹配。另外，is true/false 规则也可对类型进行严格的匹配，匹配之前的类型转化不会发生。
- 序列规则是可用于消息序列的规则，例如由 split 节点生成的规则。
- JSONata 表达式是对比整个消息，如果结果为真，则匹配。
- 除此以外规则是上述规则没有匹配上的一种选择。
  处理消息序列时，默认情况下节点不会修改 msg.parts 属性。
  可以启用重建消息序列选项来为每条匹配的规则生成新的消息序列。在这种模式下，节点将在发送新序列之前对整个传入序列进行缓存。运行时的设定 nodeMessageBufferMax Length 可以用来限制可缓存的消息数目。

1. 选择输出端口

本示例中的两个流程分别展示了 switch 节点的两种规则匹配方式，一种是检查所有规则，另一种是匹配第一个规则就停止。为了展示该两种方式的不同之处，两流程中的其他设置相同，只是 switch 节点的规则匹配方式不同，示意图如图 6-33 所示。

switch 节点最简单的条件设置就是根据 msg.payload 的值进行判断并进行分支处理，示例中 3 个 inject 节点注入数据分别为 -10、0、10。关键节点设置如表 6-32 所示。

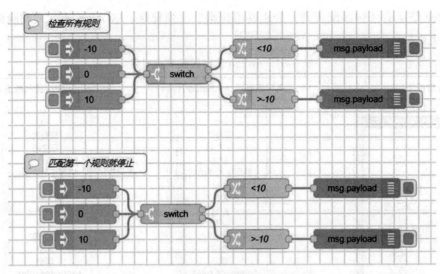

图 6-33 选择输出端口流程示意图

表 6-32 选择输出端口流程中节点设置

节点	switch 节点
设置	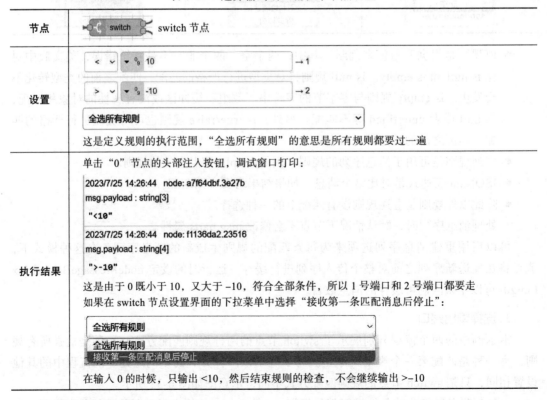 这是定义规则的执行范围，"全选所有规则"的意思是所有规则都要过一遍
执行结果	单击 "0" 节点的头部注入按钮，调试窗口打印： 2023/7/25 14:26:44 node: a7f64dbf.3e27b msg.payload : string[3] "<10" 2023/7/25 14:26:44 node: f1136da2.23516 msg.payload : string[4] ">-10" 这是由于 0 既小于 10，又大于 –10，符合全部条件，所以 1 号端口和 2 号端口都要走 如果在 switch 节点设置界面的下拉菜单中选择 "接收第一条匹配消息后停止"： 在输入 0 的时候，只输出 <10，然后结束规则的检查，不会继续输出 >–10

2. 通过类型选择输出端口

此示例展示了通过不同类型选择输出端口的流程，示意图如图 6-34 所示。

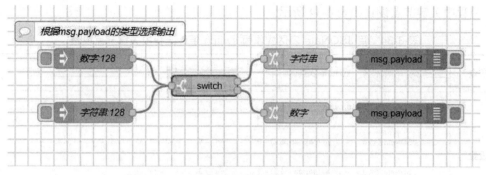

图 6-34　通过类型选择输出端口流程示意图

正如前面介绍，对于值规则，匹配条件还有一种是判断类型。

通过类型选择输出端口流程中关键节点设置如表 6-33 所示。

表 6-33　通过类型选择输出端口流程中关键节点设置

节点	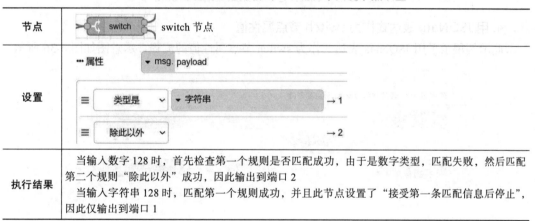 switch 节点
设置	属性　　　▼ msg. payload ☰　类型是　　▼ 字符串　　　　　　　　　　→ 1 ☰　除此以外　　　　　　　　　　　　　　→ 2
执行结果	当输入数字 128 时，首先检查第一个规则是否匹配成功，由于是数字类型，匹配失败，然后匹配第二个规则"除此以外"成功，因此输出到端口 2 当输入字符串 128 时，匹配第一个规则成功，并且此节点设置了"接受第一条匹配信息后停止"，因此仅输出到端口 1

3. 用 JSONata 表达式作为 switch 条件

此示例展示了用 JSONata 表达式作为 switch 条件的流程，示意图如图 6-35 所示。

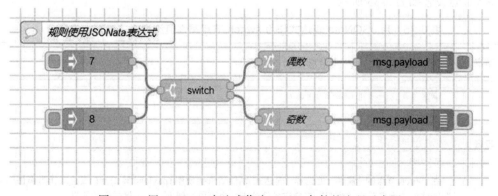

图 6-35　用 JSONata 表达式作为 switch 条件的流程示意图

流程中关键节点设置如表 6-34 所示。

表 6-34　用 JSONata 表达式作为 switch 条件流程中关键节点设置

节点	switch switch 节点
设置	属性　▼ msg. payload ≡ JSONata表达式 ∨ 　*f*: (payload % 2) = 0 　… → 1 ≡ JSONata表达式 ∨ 　*f*: (payload % 2) = 1 　… → 2 这里 payload % 2 = 0 是判断 payload 是否是偶数（即除以 2 以后余数为 0），而 payload % 2 = 1 是判断是否是奇数（即除以 2 以后余数为 1）。可以使用 JSONata 表达式来扩展更多的规则
执行结果	当输入数字 7 时，经表达式（payload % 2）= 0 判断，匹配失败后匹配第二个规则（payload % 2 = 1），匹配成功后在第二个端口输出。当输入数字 8 时，经第一个规则判断为成功，并且此节点设置"接收第一条匹配消息后停止"，因此停止向下匹配，在端口 1 输出结果

4. 用 JSONata 表达式作为 switch 节点属性值

此示例展示了用 JSONata 表达式作为 switch 节点属性值的流程，示意图如图 6-36 所示。

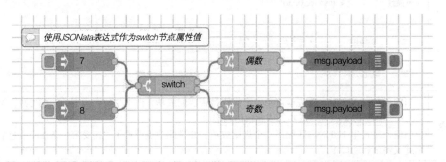

图 6-36　用 JSONata 表达式作为 switch 节点属性值流程示意图

对上一个示例的另一种实现方式是将 JSONata 表达式作为节点属性值进行判断。流程中关键节点设置如表 6-35 所示。

表 6-35　用 JSONata 表达式作为 switch 节点属性值流程中关键节点设置

节点	switch switch 节点
设置	属性　▼ *f*: (payload % 2) = 0 ≡ 为真 ∨ 　　　　　　　　　　　　　　→ 1 ≡ 为假 ∨ 　　　　　　　　　　　　　　→ 2 在 switch 节点的"属性"处选择"表达式"，然后直接使用 (payload % 2) = 0 表达式作为属性的值，判断该值"为真"或"为假"来确定条件分支，也可以达到上一个示例同样的效果

5. 重建消息序列

除了做分支条件判断以外，switch 节点也可以结合 split 和 join 节点完成一个消息序列的重建。该示例展示了消息序列重建流程，示意图如图 6-37 所示。

split 和 join 节点在后续章节中有详细介绍，这里介绍一下在此处的功能。split 节点的作用是把一条消息拆分成多条消息。如果消息是数组，它的默认拆分方式是按固定长度 1来拆分，即数组中的每一个数据项都将变成一条消息发送出去。在本示例中，消息将由最初的一条（数组）变成 6 条（因为数组中有 6 个数据项），即有 6 个 payload 会按顺序发送出去。join 节点的作用是把消息序列合并为一条消息，正好是 split 节点的逆向操作。join 与split 节点确实常常成对应用，假设 split 节点将类型 A 的数据拆分为多个，那么 join 节点在合并的时候也会把多条消息合并为 A 类型数据。

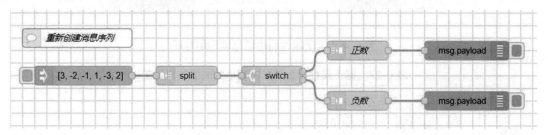

图 6-37　重建消息序列示意图

以上流程中关键节点设置如表 6-36 所示。

表 6-36　重建消息序列流程中关键节点设置

节点	switch	switch 节点
设置	属性　▼ msg. payload ☰　> ∨　ᵃz 0　→1 ☰　除此以外　→2	
说明	此方式可以将前面拆分出来的消息（通过 payload 送来），按照大于 0 和非大于 0 分别输出到端口 1 和端口 2	

后续再通过 join 节点进行合并，输出两组数据，第一组是 [3,1,2]，第二组是 [-2,-1,-3]。该示例实现了消息序列的重建。这种方式可以用在更加复杂的重建场景，只需要修改分支条件即可。

6. 基于属性路由消息

switch 节点的另一个使用场景是路由，即不用 msg.payload 属性的值去做判断分支条件，而是用 topic 的值来做分支条件。该示例展示了基于属性路由消息的流程，示意图如图

6-38 所示。

比较常见的是空气综合传感器采集数据的时候，通常不同类型的数据会经过不同的处理以后才输出，比如：温度需要转化为华氏度，压力需要扩大 1000 倍，湿度需要添加 "%" 号等，具体设置方式如表 6-37 所示。

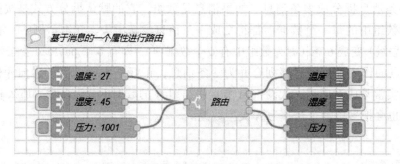

图 6-38　基于属性路由消息流程示意图

表 6-37　基于属性路由消息流程中的关键节点设置

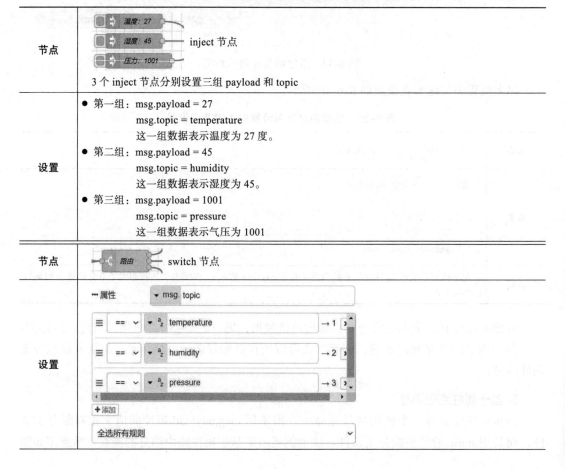

节点	inject 节点 3 个 inject 节点分别设置三组 payload 和 topic
设置	● 第一组：msg.payload = 27 　　msg.topic = temperature 　　这一组数据表示温度为 27 度。 ● 第二组：msg.payload = 45 　　msg.topic = humidity 　　这一组数据表示湿度为 45。 ● 第三组：msg.payload = 1001 　　msg.topic = pressure 　　这一组数据表示气压为 1001
节点	switch 节点
设置	属性　▼ msg. topic ≡ == ▼ az temperature → 1 ≡ == ▼ az humidity → 2 ≡ == ▼ az pressure → 3 + 添加 全选所有规则

（续）

设置	在 switch 节点设置中，以 msg.topic 的值为判断基础，当 topic 值为 temperature 时输出到 1 号端口，当 topic 的值为 humidity 时输出到 2 号端口，当 topic 的值为 pressure 时输出到 3 号端口。这样就会对外输出 3 个端口，不同类型的数据输出到不同的端口，然后进行处理和加工

这种方式会非常多地应用在传感器数据采集上，因为大部分采集数据经过加工和处理后才方便使用。

7. 基于 context 值路由消息

该示例展示的是通过 context 值路由消息的流程，示意图如图 6-39 所示。

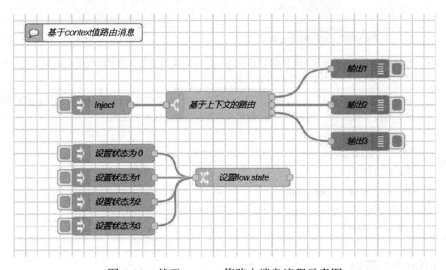

图 6-39　基于 context 值路由消息流程示意图

本示例实际上分为两个流程，后一个流程用于设置 context 变量值，前一个流程根据 context 值来判断路由，具体关键节点设置如表 6-38 所示。

表 6-38　基于 context 值路由消息流程中关键节点设置

节点	基于上下文的路由　switch 节点
设置	••• 属性　▾ flow. state ≡　== ∨　▾ ⁰₉ 1　→ 1 ≡　== ∨　▾ ⁰₉ 2　→ 2 ≡　== ∨　▾ ⁰₉ 3　→ 3 ＋添加 全选所有规则　∨ 此设置表示使用上下文 flow 的 state 属性进行条件判断

（续）

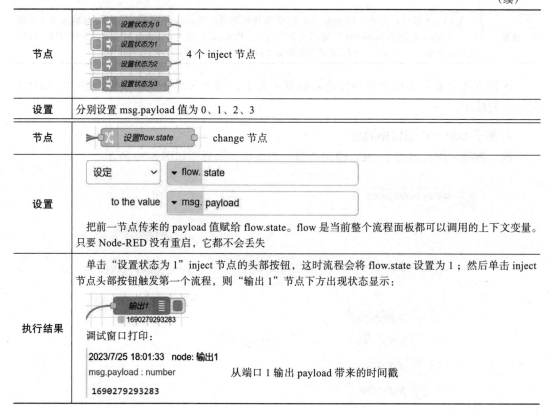

节点	4 个 inject 节点
设置	分别设置 msg.payload 值为 0、1、2、3
节点	change 节点
设置	设定 ▼ flow. state to the value ▼ msg. payload 把前一节点传来的 payload 值赋给 flow.state。flow 是当前整个流程面板都可以调用的上下文变量。只要 Node-RED 没有重启，它都不会丢失
执行结果	单击"设置状态为 1"inject 节点的头部按钮，这时流程会将 flow.state 设置为 1；然后单击 inject 节点头部按钮触发第一个流程，则"输出 1"节点下方出现状态显示： 调试窗口打印： 2023/7/25 18:01:33 node:输出1 msg.payload : number 从端口 1 输出 payload 带来的时间戳 1690279293283

6.2.3　change 节点

change 节点可以修改流程中变量的值，其实就是对 msg、flow、global、context 进行增删改移的操作。当然，你也可以在 function 节点中用代码实现对这些值的修改，但是通过 change 节点修改可以让流程更具可读性也更易维护，特别是修改关键信息和上下文的时候。

1. 设置 msg 的属性值

此示例展示了如何设置 msg 的属性值，流程示意图如图 6-40 所示。

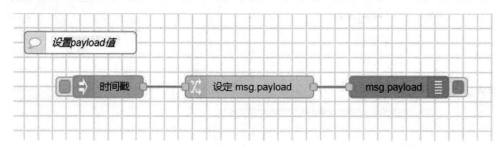

图 6-40　设置 msg 的属性值流程示意图

此示例中 change 节点设置如表 6-39 所示。

表 6-39　设置 msg 属性值流程中节点设置

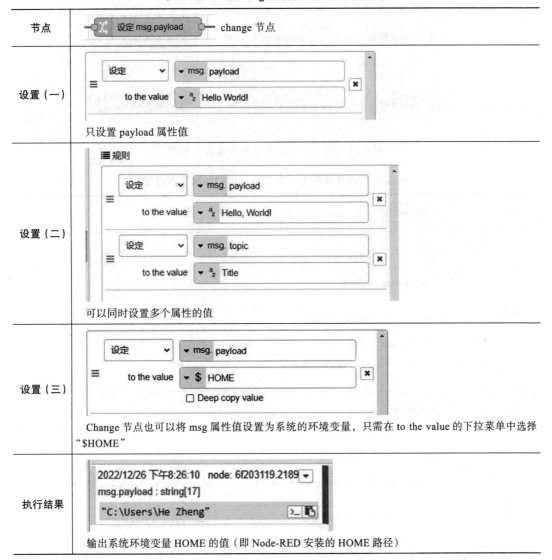

节点	设定 msg.payload — change 节点
设置（一）	只设置 payload 属性值
设置（二）	可以同时设置多个属性的值
设置（三）	Change 节点也可以将 msg 属性值设置为系统的环境变量，只需在 to the value 的下拉菜单中选择"$HOME"
执行结果	输出系统环境变量 HOME 的值（即 Node-RED 安装的 HOME 路径）

2. 设置流程上下文变量

这个示例中有两个流程，第一个流程初始化上下文 flow 的 count 属性值为 0，然后赋值给 msg.payload。这个流程的意义在于声明 flow.count 的存在，以便下一个流程使用 flow.count。流程示意图如图 6-41 所示。

以上流程中关键节点设置如表 6-40 所示。

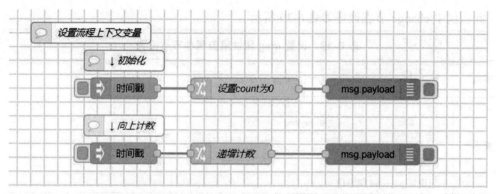

图 6-41　设置流程上下文变量流程示意图

表 6-40　设置流程上下文变量流程中关键节点设置

节点	设置count为0 change 节点
设置	设定 ▾ ▾ flow. count to the value ▾ ⁰⁹ 0 ✕ 设定 ▾ ▾ msg. payload to the value ▾ flow. count ✕ ☐ Deep copy value
节点	递增计数 change 节点
设置	设定 ▾ ▾ flow. count to the value ▾ J: $flowContext("count")+1 ⋯ 设定 ▾ ▾ msg. payload to the value ▾ flow. count ✕ ☐ Deep copy value
说明	此设置中使用到了 flow.count，这里是把 flow.count 加 1，并把加 1 后 flow.count 的值赋给 flow. count。因为 flow.count 是上下文变量，它可以记住累加值。这样设置的作用是流程每次运行到这个节点，flow.count 就会加 1。这里是用 JSONata 表达式的方式让 flow.count 加 1
执行结果	首先单击第一个流程的 inject 头部按钮。这样做的目的是让第一个流程运行一次，以便申明 flow. count 变量的存在并给它赋值 0，否则如果直接运行第二个流程，系统会报 undefined（没有定义）错误。运行了第一个流程之后再单击第二个流程，将输出累加的 count 值，每触发一次输出值加 1

3. 删除消息属性

change 节点不仅可以设置消息属性值，也可以删除消息属性。该示例展示了如何通过 change 节点删除消息属性，流程示意图如图 6-42 所示。

图 6-42　删除消息属性流程示意图

以上流程中节点设置如表 6-41 所示。

表 6-41　删除消息属性流程中节点设置

节点	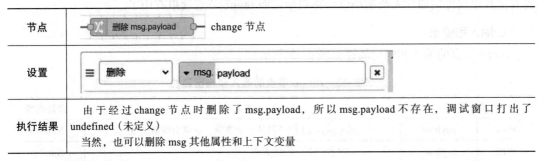 change 节点
设置	（删除　msg.payload）
执行结果	由于经过 change 节点时删除了 msg.payload，所以 msg.payload 不存在，调试窗口打出了 undefined（未定义） 当然，也可以删除 msg 其他属性和上下文变量

4. 移动消息属性

该示例展示了如何通过 change 节点移动消息属性，流程示意图如图 6-43 所示。

图 6-43　移动消息属性流程示意图

Change 节点移动消息属性的意义在于，当把 A 属性移动到 B 属性之后，B 属性即具有了 A 属性的值，而 A 属性就不存在了。这和把 A 属性赋值给 B 属性是不一样的，因为赋值后 A、B 都存在。此示例中节点设置如表 6-42 所示。

表 6-42　移动消息属性流程中节点设置

节点	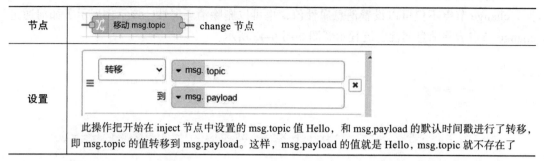 change 节点
设置	此操作把开始在 inject 节点中设置的 msg.topic 值 Hello，和 msg.payload 的默认时间戳进行了转移，即 msg.topic 的值转移到 msg.payload。这样，msg.payload 的值就是 Hello，msg.topic 就不存在了

6.2.4　range 节点

range 节点的作用是将数值映射为另一个区间的数值。range 节点仅对数值有效。它的作用简单来说就是把数据按比例放大或缩小。在物联网应用中，各种传感器传来的数据千差万别，有的传感器传来的数值过大，有的又过小，并不适合统一地图形化展现。这时就需要把数值成比例地放大或缩小以后再展示，而 range 节点就很有用了。

1. 输入和输出

range 节点的输入和输出属性如表 6-43 所示。

表 6-43　range 节点的输入和输出属性

属性名称		含义	数据类型
输入	payload	msg.payload 值必须是一个数值，否则会映射失败	Number
输出	payload	被映射到新区间的数值	Number

2. 按比例映射输入值

此示例展示了 range 节点对输入值进行映射并按比例输出相应值的流程，示意图如图 6-44 所示。

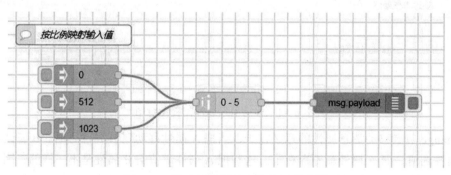

图 6-44　按比例映射输入值流程示意图

此示例流程中节点设置如表 6-44 所示。

表 6-44 按比例映射输入值流程中节点设置

节点	0 - 5 range 节点		
设置	**··· 属性** msg. payload **◉ 操作** 按比例并设定界限至目标范围 ⌄ **◆) 映射输入数据:** 　从: 0　到: 1023 **◆ 至目标范围:** 　从: 0　到: 5		
	此设置是对 msg.payload 进行操作,将"操作"设置为"按比例并设定界限至目标范围",映射输入数据范围是从 0 到 1023,映射至目标范围是从 0 到 5,也就是把 0 到 1023 范围内的数值成比例映射到 0 到 5 范围内		
执行结果	单击"0"节点的头部触发按钮,调试窗口打印数字 0;单击"512"节点的头部触发按钮,调试窗口打印数字 2.5024437927663734;单击"1023"节点的头部触发按钮,调试窗口打印数字 5		

此方式适用于很多数据采集场景,用于在两个不同的数值范围之间进行线性缩放。默认情况下,结果不限于节点中定义的范围。节点可以配置为结果限制在目标范围内,或者应用简单的模运算,使值在目标范围内回绕。

3. 按比例映射并取整

很多实际的物联网场景需要按比例映射并取整后输出,目的是实时数据展示,流程示意图如图 6-45 所示。

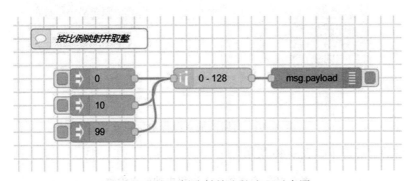

图 6-45 按比例映射并取整流程示意图

该流程中的节点设置如表 6-45 所示。

表 6-45　按比例映射并取整流程中节点设置

节点	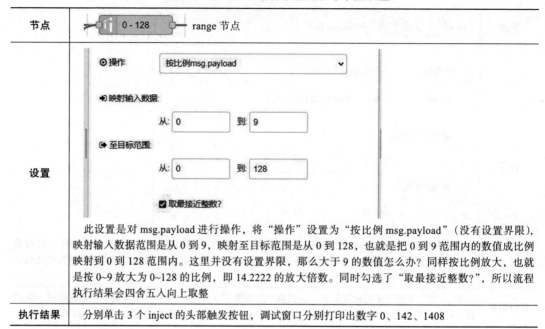

（续上表为表格内容）

表格内容：

节点：range 节点（图标 0 - 128）

设置：

- 操作：按比例msg.payload
- 映射输入数据：从 0　到 9
- 至目标范围：从 0　到 128
- ☑ 取最接近整数?

此设置是对 msg.payload 进行操作，将"操作"设置为"按比例 msg.payload"（没有设置界限），映射输入数据范围是从 0 到 9，映射至目标范围是从 0 到 128，也就是把 0 到 9 范围内的数值成比例映射到 0 到 128 范围内。这里并没有设置界限，那么大于 9 的数值怎么办？同样按比例放大，也就是按 0~9 放大为 0~128 的比例，即 14.2222 的放大倍数。同时勾选了"取最接近整数?"，所以流程执行结果会四舍五入向上取整

执行结果：分别单击 3 个 inject 的头部触发按钮，调试窗口分别打印出数字 0、142、1408

4. 有限的输入

此示例展示了如何设置 range 节点以只对有限的输入数值进行映射，而对超出限制的输入数值统一以最大映射值来输出，流程示意图如图 6-46 所示。

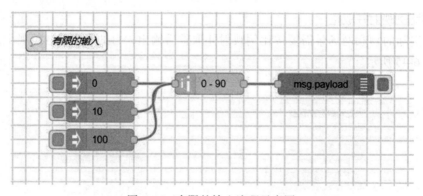

图 6-46　有限的输入流程示意图

此流程中的节点设置如表 6-46 所示。

表 6-46　有限的输入流程中的节点设置

节点	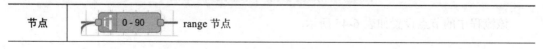 range 节点

（续）

设置	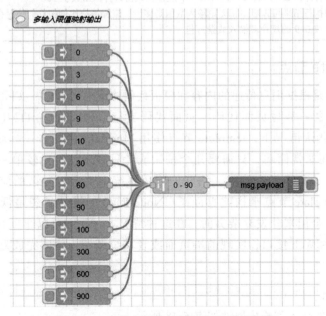 此设置是对 msg.payload 进行操作，将"操作"设置为"按比例并设定界限至目标范围"，映射输入数据的范围是从 0 到 100，映射至目标范围是从 0 到 90，也就是把 0 到 100 范围内的数值成比例地压缩到 0 到 90 的范围内
执行结果	分别单击 3 个 inject 节点头部触发按钮，调试窗口分别打印出数字 0、9、90。从流程执行结果可以看出，流程按比例地把 0 映射成 0，10 映射成 9，100 映射成 90 现在修改流程中注入的数字，把第三个 inject 节点中的 100 改成 999，触发流程后调试窗口打印出数字 90。这是因为设定的操作方法是"按比例并设定界限至目标范围"，所以节点按设定比例处理数据，并只对界限内的数据进行处理，而对界限外的数据，则统一以目标范围极限值映射

5. 多输入限值映射输出

range 节点可以根据映射规范将输入值映射到输出值，如果设置"操作"为"按比例并包含在目标内"，则结果将在目标范围内环绕排列，流程示意图如图 6-47 所示。

图 6-47 多输入限值映射输出流程示意图

此示例加入 12 个 inject 节点，分别设置 payload 值为数字类型的 0、3、6、9、10、30、60、90、100、300、600、900。节点设置如表 6-47 所示。

表 6-47 多输入限值映射输出流程中节点设置

节点	0 - 90 —— range 节点
设置	**属性** `msg. payload` **操作** `按比例并包含在目标范围内` **映射输入数据:** 从: 0 到: 9 **至目标范围:** 从: 0 到: 90 此设置是对 msg.payload 进行操作，将"操作"设置为"按比例并包含在目标范围内"，映射输入数据的范围是从 0 到 9，映射至目标范围是从 0 到 90。"按比例并包含在目标范围内"的意思是，无论输入的数值是大于还是小于目标范围值，都将输入数值按比例映射至目标范围。比例的计算方法是先将输入数据按设定规则打包，再与目标范围比较计算 在本示例中，由于设定的输入数据范围是从 0 到 9，所以流程会将每个输入的 0 到 9 数据打一个包，并与目标范围比较计算缩放比例，比如 0 到 9 会打一个包，10~90 会打一个包，100~900 会打一个包，依此类推
执行结果	逐个单击 inject 节点的头部触发流程。单击"0"节点，调试窗口打印出数字 0；单击"10"节点，调试窗口打印出数字 10；单击"100"节点，调试窗口打印出数字 10 从流程执行结果可以看出，无论输入数值是多少，流程都按比例把它们映射在 0~90 以内，不包含 90，并且按 0~9 的规律对输入数据打包

6.2.5 template 节点

template 节点是根据消息传递的内容和模板代码构建输出页面。实际应用中，template 节点的最大作用之一是写页面代码，页面代码支持 JavaScript、HTML、CSS 语句以及 Mustache 语法。默认情况下，template 节点使用 Mustache 语法。在物联网应用系统中，有的用户应用界面非常简单，只需要几个按钮或者只展现几种比较单一的数据。这时用 template 节点是一个好方法。当然，物联网应用系统中也会有复杂的应用界面需求，这时就不建议用 template 节点来构建页面了。Node-RED 的设计思想是低代码开发，所以 template 节点不适合用来开发复杂页面。在这种情况下，我们可以通过 Node-RED 提供物联网数据和控制的 Web 接口，实现前端页面或者系统调用，协同完成复杂物联网应用的开发。

1. 输入和输出
template 节点的输入和输出属性如表 6-48 所示。

表 6-48 template 节点的输入和输出属性

属性名称		含义	数据类型
输入	msg	一个 msg 对象，其中包含用于填充模板的信息	Object
	template	由 msg.payload 填充的模板，如果未在流程面板中配置，则可以将之设为 msg 的属性	String
输出	payload	template 节点的模板信息，同时带上传入的 msg 其他属性	Object

2. 使用 Mustache 模板

Mustache 是一种通用的模板引擎，因其简单易用的特点，被广泛用于编程中。很多技术都使用到了 Mustache 模板。

- Web 开发框架：许多 Web 开发框架和后端服务器支持 Mustache 模板，以帮助生成动态网页内容。一些常见的 Web 开发框架包括 Express.js（Node.js）、Flask（Python）、Ruby on Rails（Ruby）、Spring（Java）。
- 静态网站生成器：静态网站生成器是一类工具，将源代码中的模板与数据结合，生成静态 HTML 页面。一些流行的静态网站生成器，如 Jekyll、Hugo 和 Hexo，都支持 Mustache 模板。
- 前端开发：在前端开发中，可以使用 Mustache.js 或其他类似的 JavaScript 库来动态渲染页面。这样可以在客户端使用 Mustache 模板，通过 JavaScript 将数据注入模板，从而生成动态内容。
- API 开发：Mustache 模板也可以用于处理 API 响应。服务器可以使用 Mustache 模板来渲染 JSON 数据，从而将数据和模板结合起来，并将渲染后的数据返回给客户端。
- 邮件模板：在电子邮件生成过程中，Mustache 模板也可以用来创建动态的电子邮件模板。这使在邮件中设计个性化的内容变得更加容易。

需要注意的是，尽管 Mustache 是一种通用的模板引擎，但在不同的技术和平台中，使用 Mustache 的方法有所不同。不同的编程语言和框架可能会有不同的 Mustache 实现库。

template 节点也支持 Mustache 模板。以下示例展示了使用 Mustache 模板的流程，示意图如图 6-48 所示。

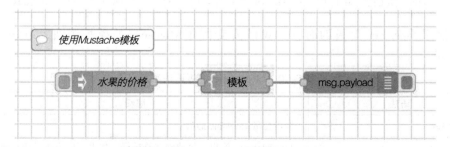

图 6-48 使用 Mustache 模板的流程示意图

此示例流程中的节点设置如表 6-49 所示。

表 6-49　使用 Mustache 模板流程中的节点设置

节点	⬡ 水果的价格 ▷ ── inject 节点

设置	`msg.topic = "Fruits"`
	`msg.payload =`
	`[`
	　　`{`
	　　　　`"name": "apple",`
	　　　　`"price": 100`
	　　`},`
	　　`{`
	　　　　`"name": "orange",`
	　　　　`"price": 80`
	　　`},`
	　　`{`
	　　　　`"name": "banana",`
	　　　　`"price": 210`
	　　`}`
	`]`

节点	{ 模板 } ── template 节点

输出结果	`# Price List of {{topic}}`
	
	`{{! outputs list of prices }}`
	`{{#payload}}`
	`- {{name}}: {{price}}`
	`{{/payload}}`
	输出类型为：纯文本

说明	在 template 节点设置中，把一段代码赋给 msg.payload。这段代码中使用了 Mustache 语法。Mustache 是一个 logic-less（轻逻辑）模板解析引擎，是为了使用户界面与业务数据分离而产生的。Node-RED 引入了 Mustache 包，这使我们在 Node-RED 中可以直接使用 Mustache 语法。举个例子，Price List of {{topic}} 中的 Price List of 是纯文本，{{topic}} 中的 {{}} 就是 Mustache 语法，代表 topic 变量的值。在此示例中，Node-RED 遇到这句代码时，会直接输出 Price List of Fruits

在使用 Mustache 模板的时候，我们需要按照 Mustache 的模板语法，语法解释如表 6-50 所示。

表 6-50　Mustache 模板语法解释

语法	解释
`{{varName}}`	输出变量 varName 的值
`{{{varName}}}`	{{varName}} 输出会将特殊字符转译，如果不希望转译而是想保持内容原样输出，可以使用 {{{}}}

（续）

语法	解释
{{#varName}} {{/varName}}	以 {{#varName}} 开始，以 {{/varName}} 结束，对 varName 变量进行遍历并逐个输出，适用于 varName 变量是 JSON 数据的情况
{{^varName}} {{/varName}}	以 {{^varName}} 开始，以 {{/varName}} 结束，当 varName 变量为 null\undefined\false 时，才渲染输出这两个标签间的内容
{{.}}	表示枚举，与 {{#varName}} {{/varName}} 联用，可以循环输出整个数组
{{!comments}}	注释
{{>partials}}	子模块

template 节点设置中的代码注释如表 6-51 所示。

表 6-51　template 节点设置中的代码注释

代码	注释
# Price List of {{topic}}	输出字符串 "# Price List of" 以及 topic 的值
{{! outputs list of prices }}	注释
{{#payload}}	遍历 payload 变量
- {{name}}: {{price}}	将 payload 中的 name 值和 price 值逐一输出
{{/payload}}	遍历 payload 后结束

本示例流程执行结果如图 6-49 所示。

从流程执行结果可以看出，逐一打印出 payload 中的值，也就是水果和价格列表。

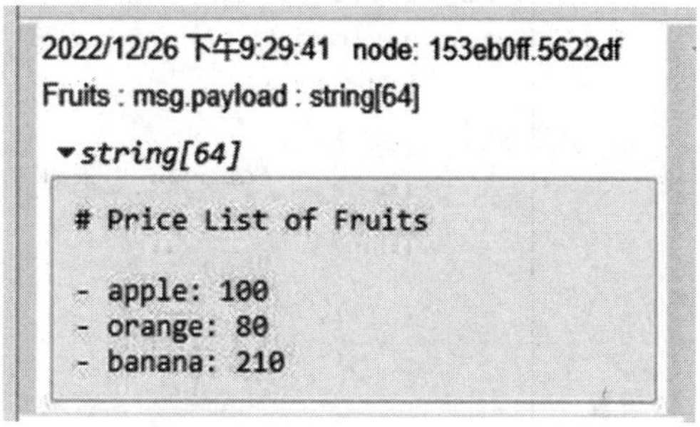

3. 使用 template 节点输出 Web 页面内容

前面已经提到，template 节点的主要作用之一是 Web 页面展现。通过前面的示例，我们可以利用 Mustache 语法在 Web 页面轻松展现表中的数据。现在构建一个可以访问的Web 页面，并使用 template 节点做 Web 页面

图 6-49　使用 Mustache 模板流程执行结果

的内容输出。此示例是模拟从后台接收数据（以 JSON 形式传送）然后展现在 Web 页面，流程示意图如图 6-50 所示。

以上流程中关键节点设置如表 6-52 所示。

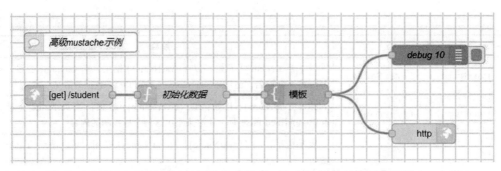

图 6-50　使用 template 节点输出 Web 页面内容流程示意图

表 6-52　使用 template 节点输出 Web 页面内容流程中关键节点设置

节点	[get] /student　　http in 节点
设置	![请求方式 GET] ![URL /student] 此节点用来接收 Web 浏览器访问的请求，具体节点介绍在 6.3 节。 此节点设置后，我们就可以在浏览器上通过访问 Node-RED 的 URL、1880 端口以及 /student 构成的网址来触发此流程。以本机为例，访问地址如下： http://127.0.0.1:1880/student
节点	初始化数据　　function 节点

设置	```js
	msg.topic = "高一 19 班 ";
	msg.payload =
	    [
	        {
	            "name": " 朱迪 ",
	            "sex": " 女 ",
	            "age": 16
	        },
	        {
	            "name": " 吉米 ",
	            "sex": " 男 ",
	            "age": 15
	        },
	        {
	            "name": " 杰夫 ",
	            "sex": " 男 ",
	            "age": 15
	        }
	    ]
	``

（续）

设置	`msg.prop = ["中文", "数学", "体育", "物理"]` `return msg;`
说明	以上代码分别定义了 topic、payload、prop 的值。其中，topic 值是一个字符串，payload 值是一个 JSON 数组，prop 值是一个字符串数组。在实际编写应用程序中，从数据库中查询出的数据往往也是以 JSON 形式传给前台展现
节点	﹝ 模板 ﹞ template 节点
设置	<pre><html>
<body>
<table width="90%" class="table">
<caption>
<h2>
{{topic}} 列表
</h2>
</caption>
<thead>
<tr>
<th> 姓名 </th>
<th> 性别 </th>
<th> 年龄 </th>
</tr>
</thead>
<tbody>
{{#payload}}
<tr>
<td>{{name}}</td>
<td>{{sex}}</td>
<td>{{age}}</td>
</tr>
{{/payload}}
</tbody>
</table>
</body>
<div width="90%" style="text-align: center;">
<h1> 所学课程：</h1>
<h2>
{{#prop}}
{{.}}、
{{/prop}}
</h2>
</div>
</html></pre>
说明	在 template 节点中编写显示内容的 HTML

关于 template 节点使用 Mustache 语法的关键代码解释如表 6-53 所示。

表 6-53 关于 template 节点使用 Mustache 语法的关键代码解释

代码	注释
List of {{topic}}	输出"list of"字符串和 topic 的值
{{#payload}}	遍历 payload 开始
<tr> <td>{{name}}</td> <td>{{sex}}</td> <td>{{age}}</td> </tr>	逐一输出 payload 中的 name、sex、age 值,并在表格中作为一行
{{/payload}}	遍历 payload 结束
{{#prop}}	遍历 prop 开始
<p>{{.}}、</p>	逐一输出 prop 中的所有值
{{/prop}}	遍历 prop 结束

Node-RED 会把这段代码以纯文本形式赋给 msg.payload,然后传给下一个节点 http response。http response 节点会运行这段代码并把结果回应给页面请求。流程中的 http response 和 debug 节点都采用默认设置。

本示例流程执行结果是一个 Web 页面返回。打开浏览器,在地址栏中输入 http://127. 0.0.1:1880/student,出现图 6-51 所示页面。

高一19班 列表

姓名	性别	年龄
朱迪	女	16
吉米	男	15
杰夫	男	15

所学课程:

中文、数学、体育、物理

图 6-51 使用 template 节点输出 Web 页面内容流程执行结果

4. 输出 JSON 数据

template 节点不仅可以输出 Web 页面内容,也可以输出 JSON 数据,经常用于对接系统,特别是对方系统接口采用 JSON 数据格式的场景。输出 JSON 数据流程示意图如图 6-52 所示。

该流程中关键节点设置如表 6-54 所示。

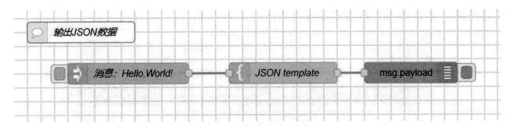

图 6-52　输出 JSON 数据流程示意图

表 6-54　输出 JSON 数据流程中关键节点设置

节点	inject 节点
设置	msg. payload = Hello, World! msg. topic = message
节点	template 节点

设置	```
	{
	    "key":"{{topic}}",
	    "value":"{{payload}}"
	}
	``
	→ 输出为　JSON

说明	设定 template 的输出为 JSON，录入的代码定义了一个 JSON 数据，包含 Mustache 语法。系统把整段代码赋给 msg.payload，再继续传下去
执行结果	调试窗口打印： 2022/12/26 下午9:37:53　node: baf2e48.2b97418 message : msg.payload : Object ▾object 　key: "message" 　value: "Hello, World!" 从流程执行结果可以看出，这里的 msg.payload 是一个对象，包含两个属性，分别是 key 和 value。其中，key 的值是 message，value 的值是 Hello, World!

5. 输出 YAML 数据

template 节点不仅支持 JSON 数据输出，也支持 YAML 数据输出。YAML 语法和其他高级语言类似，可以简单表达标量、散列表、清单等数据形态。YAML 提供了适合文本编辑的格式（比如：空白符号缩进），特别适合用来编辑数据结构、文件大纲、配置文件、系统日志等。它比较适合用来表达层次型数据结构，也可以表达关系型数据结构。

对于 template 节点输出 YAML 数据，Node-RED 有专门的节点解析处理，将在后续章节详细介绍。输出 YAML 数据流程示意图如图 6-53 所示。

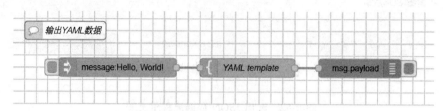

图 6-53　输出 YAML 数据流程示意图

该示例中 inject 节点的设置与输出 JSON 数据流程中的设置相同。template 节点设置如表 6-55 所示。

表 6-55　输出 YAML 数据流程中 template 节点设置

节点	template 节点
设置	key: {{topic}} value: {{payload}} →输出为　［ YAML ▾ ］
说明	上述代码意思是把 topic 值赋给变量 key，把 payload 值赋给变量 value。可以看出，YAML 格式表达比 JSON 格式表达更简便
执行结果	2022/12/26 下午9:41:26　node: 11fb2934.f5de27 message : msg.payload : Object ▾object 　key: "message" 　value: "Hello, World!"

从流程执行结果可以看出，这里的 msg.payload 是一个对象，包含两个属性（变量），分别是 key 和 value。其中，key 的值是 message，value 的值是"Hello, World!"。可以看出，这个结果与上一个示例的结果是一样的。这两个示例展示了 template 节点可以使用 JSON 和 YAML 格式输出数据，使用者可以选择自己熟悉的语法。

6.2.6　delay 节点

在物联网实际应用中，我们经常需要为消息流降速，或者需要匀速获取消息，这时候 delay 节点就可以派上用场。

当配置为延迟发送消息时，延迟间隔可以是一个固定值、一个范围内的随机值或动态变化值。

当配置为对消息进行限制时，消息将被阻塞在配置的时间段内。节点状态显示队列中当前的消息数。可以选择在中间消息到达时丢弃被阻塞的消息。

速率限制可应用于所有消息。我们可以根据 msg.topic 的值进行分组延迟。分组后，中间消息会被自动删除。在每个时间间隔，节点可以释放所有主题的最新消息，或释放下一个主题的最新消息。

1. 输入和输出

delay 节点的输入属性如表 6-56 所示。

表 6-56　delay 节点的输入属性

属性名称	含义	数据类型
	输入	
delay	设置要应用于消息的延迟时长（以 ms 为单位），需要将节点的行为设置为 "允许 msg. delay 复写延迟时长"	Number
reset	如果输入了 msg.reset，无论 msg.reset 为何值，都将立即清空该节点保留的所有未发送消息	—
flush	如果输入了 msg.flush，无论 msg.flush 为何值，都将立即发送该节点保留的所有未发送消息	—

delay 节点无输出属性。

2. 延迟消息

delay 节点最基本的应用场景就是设置消息发送的延迟，很多时候会应用在物联网数据采集场景中。有时，数据采集设备应答速率很低，并且需要数据返回后才能再次发送采集指令，这时就需要用到延时的功能。在同一条线路上采集多个传感器数据，需要每个指令发出的时候延迟相应时长，以避免同时发送指令造成线路响应失败。

延迟消息流程示意图如图 6-54 所示。

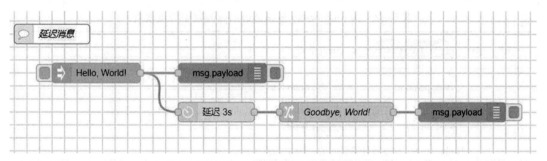

图 6-54　延迟消息流程示意图

delay 节点配置如图 6-55 所示。

这里的 "延迟每一条消息" 实际上应该描述为 "延迟消息" 更为准确，因为这个设置实际上只限制延迟的行为，而并不关心消息延迟多少条。这里设置的意思是，delay 节点每3 秒开一次闸，至于开一次闸放过去多少消息，取决于流程前序节点送过来多少消息。

触发此流程后，调试窗口打印出 Hello, World!，这是第一个 debug 节点输出的。过了 3 秒，调试窗口打印出 Goodbye, World!，这是第二个 debug 节点输出的。因为在它之前，change 节点已经把 payload 的值改变成了 Goodbye, World!。

图 6-55　delay 节点配置

3. 按 msg.delay 值来延迟消息

除了固定设置一个延迟时长，我们也可以通过传入 msg.delay 的值来动态指定延迟时长，流程示意图如图 6-56 所示。

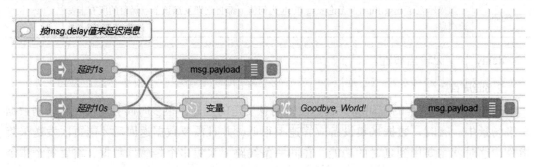

图 6-56　按 msg.delay 值来延迟消息流程示意图

此流程中节点设置如表 6-57 所示。

表 6-57　按 msg.delay 值来延迟消息流程中节点设置

节点	延时1s	inject 节点
设置	msg. payload = aᵤᵤᵤ delay 1s msg. delay = ⁰₉ 1000 Node-RED 是按毫秒计算时间的，1000 的意思就是 1s	
节点	延时10s	inject 节点
设置	msg. payload = aᵤᵤᵤ delay 10s msg. delay = ⁰₉ 10000 Node-RED 是按毫秒计算时间的，10000 的意思就是 10s	

（续）

节点	⏱ 变量	delay 节点		
设置	≣ 行为设置	延迟每一条消息 ∨		
		允许msg.delay复写延迟时长 ∨		
	⏱ 时长	5 ▲▼　秒 ∨		
	msg.delay 是 Node-RED 中专用于 delay 节点的属性，值可以通过 inject、change、function 等节点设置。Node-RED 会按 msg.delay 值来延迟消息的发送			
执行结果	触发"延时 1s"节点后，调试窗口打印出 delay 1s，这是 inject 节点赋给 payload 的值。过了 1s，调试窗口打印出 Goodbye,World!，这是 change 节点赋给 payload 的值，delay 把它按 msg.delay 值延迟了 1s，因为 inject 节点给 msg.delay 赋值是 1s　　接下来触发"延时 10s"节点，调试窗口打印出 delay 10s。过了 10s 后，调试窗口打印出 Goodbye, World!，因为 delay 节点把它按 msg.delay 值延迟了 10s			

4. 重置或冲洗待定消息

除去通过 delay 属性动态地设置延迟时长以外，我们也可以通过 reset 属性去重置以及通过 flush 属性去冲洗延迟设置，流程示意图如图 6-57 所示。

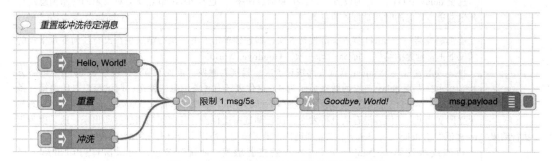

图 6-57　重置或冲洗待定消息流程示意图

其中，reset 和 flush 两个属性也是 delay 节点的专用属性。如果 delay 节点接收到 reset 属性值，不论 reset 为何值，delay 节点将清空它所有未发送的消息。如果 delay 节点接收到 flush 属性值，不论 flush 为何值，delay 节点将立即发送它储存待发的所有消息。此流程中节点设置如表 6-58 所示。

表 6-58　重置或冲洗待定消息流程中节点设置

节点	⇥ Hello, World!	inject 节点
设置	msg. payload　=　▼ ᵃz　Hello, World!	

（续）

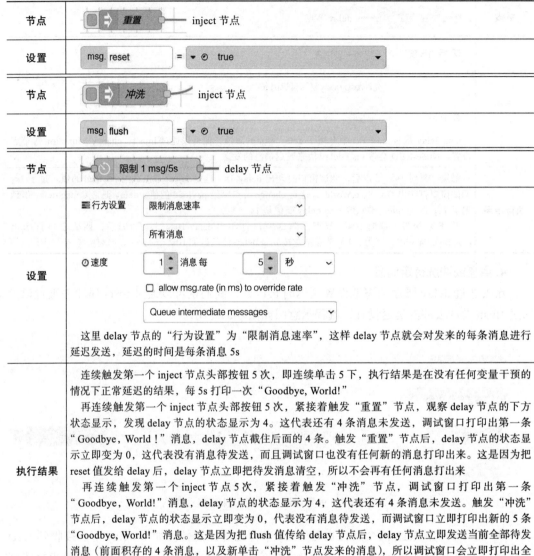

节点	重置 inject 节点
设置	msg. reset = true
节点	冲洗 inject 节点
设置	msg. flush = true
节点	限制 1 msg/5s delay 节点
设置	≣行为设置 限制消息速率 / 所有消息 / ⊙速度 1 消息 每 5 秒 / ☐ allow msg.rate (in ms) to override rate / Queue intermediate messages / 这里 delay 节点的"行为设置"为"限制消息速率"，这样 delay 节点就会对发来的每条消息进行延迟发送，延迟的时间是每条消息 5s
执行结果	连续触发第一个 inject 节点头部按钮 5 次，即连续单击 5 下，执行结果是在没有任何变量干预的情况下正常延迟的结果，每 5s 打印一次"Goodbye, World!" 再连续触发第一个 inject 节点头部按钮 5 次，紧接着触发"重置"节点，观察 delay 节点的下方状态显示，发现 delay 节点的状态显示为 4。这代表还有 4 条消息未发送，调试窗口打印出第一条"Goodbye, World！"消息，delay 节点截住后面的 4 条。触发"重置"节点后，delay 节点的状态显示立即变为 0，这代表没有消息待发送，而且调试窗口也没有任何新的消息打印出来。这是因为把 reset 值发给 delay 后，delay 节点立即把待发消息清空，所以不会再有任何消息打出来 再连续触发第一个 inject 节点 5 次，紧接着触发"冲洗"节点，调试窗口打印出第一条"Goodbye, World!"消息，delay 节点的状态显示为 4，这代表还有 4 条消息未发送。触发"冲洗"节点后，delay 节点的状态显示立即变为 0，代表没有消息待发送，而调试窗口立即打印出新的 5 条"Goodbye, World!"消息。这是因为把 flush 值传给 delay 节点后，delay 节点立即发送当前全部待发消息（前面积存的 4 条消息，以及新单击"冲洗"节点发来的消息），所以调试窗口会立即打印出全部"Goodbye, World!"，无需再为每条消息等待 5s

5. 限制消息速率

delay 节点除了具有延时功能以外，还有限速功能。限制消息速率流程示意图如图 6-58 所示。

该流程中的节点设置如表 6-59 所示。

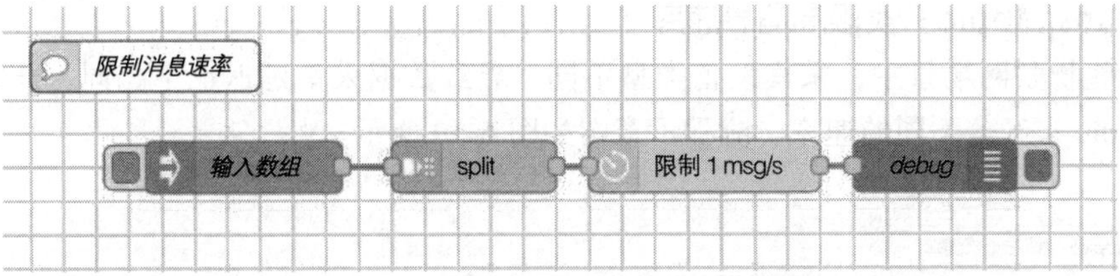

图 6-58　限制消息速率流程示意图

表 6-59　限制消息速率流程中的节点设置

节点	 　inject 节点
设置	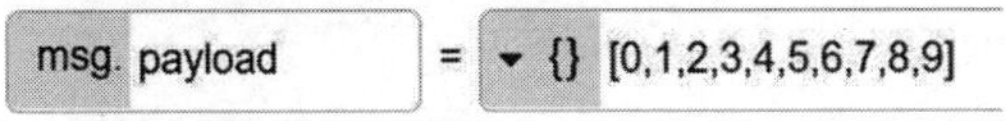 msg. payload　=　▼ {}　[0,1,2,3,4,5,6,7,8,9]
节点	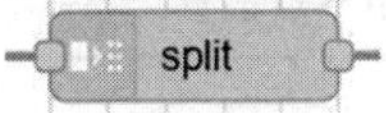 　split 节点
设置	split 节点的设置为默认设置。它的作用是把一个整块数据拆分为多个，可以拆分字符串、数组和对象。对于字符串，使用配置的拆分符号进行拆分；对于数组，它默认是将数组中的每个数据项拆分成单个消息，如果数据项是对象，拆分出来的就是对象，如果数据项是整数，拆分出来的就是整数；对于对象，它默认是将对象的每个键值对拆分成单个消息 由于前面 inject 节点设置 msg.payload 的值是一个 JSON 数组，如果不用 split 节点而直接用 debug 节点，会将整个数组内容一起打印出来，而这里用了 split 节点，说明希望控制数据流发送的速率，让数组内容逐个打印出来
节点	 　delay 节点
设置	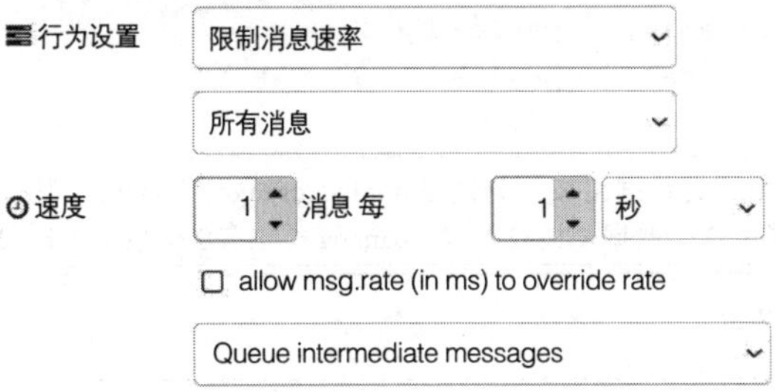 ▤ 行为设置　限制消息速率 ⌄ 　　　　　所有消息 ⌄ ⏱ 速度　1 ⬍ 消息 每　1 ⬍ 秒 ⌄ 　　　☐ allow msg.rate (in ms) to override rate 　　　Queue intermediate messages ⌄ 此节点"行为设置"设置为"限制消息速率"并应用于"所有消息"，然后"速度"设置为每秒发送 1 条消息，并且选择"Queue intermediate messages"（对中间消息进行排队）。这样设置的意思是，执行流程后，第一个数据会立即通过 delay 节点，只对从第二个数据开始的中间数据，才会按每秒一条的速率限速发送
执行结果	触发此流程，调试窗口会每秒打印一个数字 从流程执行结果可以看出，msg.payload 本来是一个 JSON 数组，有 10 个整数数据项，但是被拆分成了 10 条消息，并按每秒一条的速率被发送出来

6. 按 msg.topic 分类限制消息速率

在一些物联网场景中，采集设备类型不同，导致数据采集延迟也不相同，此时可以采用 msg.topic 来区分不同的速率，流程示意图如图 6-59 所示。

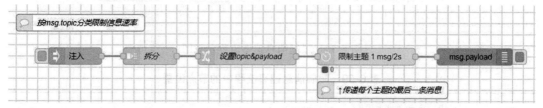

图 6-59　按 msg.topic 分类限制消息速率流程示意图

此流程中节点设置如表 6-60 所示。

表 6-60　按 msg.topic 分类限制消息速率流程中节点设置

节点	![注入] inject 节点
设置	```Msg.payload = [{ "topic": "apple", "payload": 1 }, { "topic": "apple", "payload": 2 }, { "topic": "apple", "payload": 3 }, { "topic": "orange", "payload": 1 }, { "topic": "orange", "payload": 2 }, { "topic": "orange", "payload": 3 }, { "topic": "banana", "payload": 1 }, { "topic": "banana", "payload": 2 }, { "topic": "banana", "payload": 3 }]```
说明	这个数组包含 9 个对象，由 3 类数据组成，分别是 apple、orange、banana。其中，apple 类有 3 个数据（1、2、3），orange 类有 3 个数据（1、2、3），banana 类也有 3 个数据（1、2、3）
节点	![拆分] split 节点
设置	split 节点的设置为默认设置，在这里的作用是把 msg.payload 的整个数组拆分成一个个对象，拆分之后的对象属性就是 msg.payload.topic 和 msg.payload.payload
节点	![设置topic&payload] change 节点
设置	设定 ▼ msg. topic to the value ▼ msg. payload.topic ☐ Deep copy value

（续）

设置	设定　⌄　　▾ msg. payload to the value　▾ msg. payload.payload 把 msg.payload.topic 的值赋给 msg.topic，把 msg.payload.payload 的值赋给 msg.payload，这样做的目的是让后面 delay 节点按 msg.topic 把消息分类并延迟传送
节点	⏱ 限制主题 1 msg/2s　——　delay 节点
设置	☰ 行为设置　限制消息速率　⌄ 　　　　每一个msg.topic　⌄ ⏱ 速度　1 消息 每 2 秒　⌄ 　　　　☐ allow msg.rate (in ms) to override rate 　　　　不传输中间消息　⌄ 　　　　依次发送每一个topic　⌄ 　将"行为设置"设置为"限制消息速率"和"每一个 msg.topic"，这样设置的作用是按 msg.topic 把消息分类再按消息类别限制传送速率。"速度"设置为每 2 秒传送 1 条消息，然后设置"不传输中间消息"，意思是对于 topic 值相同的消息，delay 节点不传送中间消息，只传送最后一条消息。最后一个设置是"依次发送每一个 topic"，意思是把每个 topic 消息排队依次发送，依次发送的速率就是每 2 秒发送 1 条消息，否则 delay 节点会一次性发送所有 topic 消息
执行结果	2023/1/16 11:13:31　node: 29d8beea.6b37f2 apple : msg.payload : number 3 2023/1/16 11:13:33　node: 29d8beea.6b37f2 orange : msg.payload : number 3 2023/1/16 11:13:35　node: 29d8beea.6b37f2 banana : msg.payload : number 3 　从流程执行结果的可以看出，流程按 topic 分类传送消息。这里 topic 分 3 类，分别是 apple、orange、banana，且每类 topic 只传送最后一条消息，中间消息就丢掉了。每 2 秒打印 1 条消息 　在 delay 节点设置中，最后一个设置参数是"依次发送每一个 topic"，而它还有另一个选项"发所有 topic"： 发所有topic　⌄ 依次发送每一个topic 发所有topic ● 依次发送每一个 topic：把每个 topic 消息排队依次发送，依次发送的速率就是同一个界面中用户设定的速率

(续)

执行结果	● 发所有 topic：一次性发送所有 topic 消息。Delay 节点会把所有 topic 消息作为一条消息发送 前面已经使用过"依次发送每一个 topic"参数，现在试试选择"发所有 topic"，看看它们有什么区别 流程如前，其他一切都不变，只把"依次发送每一个 topic"参数改为"发所有 topic"。单击 inject 节点头部按钮 2 秒以后，调试窗口一次性打印出下图所示的结果。因为前面设置 delay 节点的速度参数是每 2 秒一条消息，所以 delay 节点延迟了 2 秒才打印出这条消息 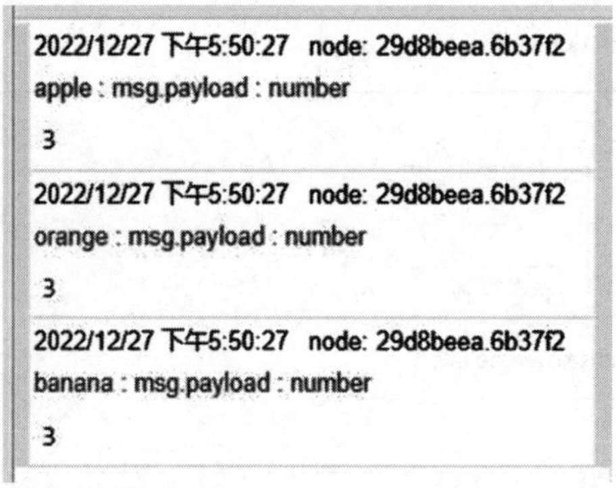 2022/12/27 下午5:50:27　node: 29d8beea.6b37f2 apple : msg.payload : number 3 2022/12/27 下午5:50:27　node: 29d8beea.6b37f2 orange : msg.payload : number 3 2022/12/27 下午5:50:27　node: 29d8beea.6b37f2 banana : msg.payload : number 3

6.2.7　trigger 节点

trigger 节点的存在为需要固定时间间隔发送指令的物联网操作提供了方便。比如发送指令让连接到 Raspberry Pi GPIO 引脚的 LED 灯闪烁（开后 250ms 关），或者发送一个指令开门（门禁开后 2s 自动关闭）等，如果用 delay 节点重复调用两次 function 节点来实现就稍显混乱且增加了程序出错的概率，trigger 节点是一个最佳的选择。

1. 输入和输出

trigger 节点的输入属性如表 6-61 所示。

表 6-61　trigger 节点的输入属性

输入		
属性名称	含义	数据类型
delay	设置要应用于消息的延迟（以 ms 为单位），仅当节点配置为"使用 msg.delay 覆盖延迟时间"时，此属性才有用	Number
reset	如果输入 msg.reset，无论 msg.reset 为何值，都将清除当前正在进行的任何超时或重复消息，且不会触发任何消息	—

trigger 节点无输出属性。

2. 节点配置

trigger 节点的配置属性如表 6-62 所示。

表 6-62　trigger 节点的配置属性

属性	描述
发送	该属性为收到前一个节点消息后，修改消息数据后发送，可以发送现有的消息，或者格式化后的数据，或者直接发送空数据，配置如下。 ● 现有消息对象 ● 无：空对象 ● flow（global、文字列、数字、布尔值、JSON、二进制流、时间戳、环境变量）
然后	该属性设置的意义是，设置发送消息后的处理动作。通过以下配置组合可完成 trigger 节点的核心二次发送逻辑。 ● 等待被重置：当输入符合重置条件（见下重置条件属性） ● 等待：在设置的时间如 x 毫秒（秒、分钟、小时）之后再次发送 ● 周期性发送：按照周期时间发送，如 x 毫秒（秒、分钟、小时），使用 msg.delay 覆盖延迟时间
重置触发节点 条件如果	● msg.reset 已设置：如果前序节点设置了这个属性，则重置 trigger 规则。 ● msg.payload 等于：如果前序节点设置了 payload 相应的值，则重置 trigger 规则
处理	● 所有消息：所有传来的消息都遵循 trigger 规则处理 ● 每个 msg.topic：传来的消息 msg.topic 值等于设置的值，则遵循 trigger 规则
名称	● trigger 节点名称

通过上述属性的配置组合，我们可以完成以下应用。

● 将发送的每个消息的 msg.payload 配置为各种值，包括不发送任何内容。例如，将初始消息设置为“无”，然后选择“将计时器与每个收到的消息一起扩展”选项，则该节点将充当看门狗计时器，仅在设置的间隔内未收到任何消息时才发送消息。

● 如果设置为字符串类型，则该节点支持 Mustache 模板语法。

● 如果启用了“使用 msg.delay 覆盖延迟时间”选项，则可以通过 msg.delay 覆盖发送消息之间的延迟。该值必须以毫秒为单位。

● 如果节点收到 reset 属性或与节点中配置的 msg.payload 相匹配的消息，则清除当前正在进行的 trigger 超时或重复设置，并且不会触发任何消息。

● 将节点配置为以固定的时间间隔重新发送消息，直到被收到的消息重置为止。

● 将节点配置为带有 msg.topic 的消息，只有这类消息才可以被触发。

3. 间隔输出

间隔输出可以用在 LED 灯规律闪烁场景中，流程示意图如图 6-60 所示。

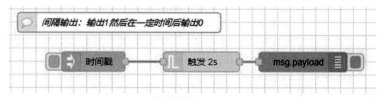

图 6-60　间隔输出流程示意图

此流程中关键节点设置如表 6-63 所示。

表 6-63　间隔输出流程中节点设置

节点	触发 2s　　trigger 节点		
设置	发送	a z 1	
	然后	等待	
		2　秒	
		☐ 如有新消息，延长延迟	
		☐ 使用msg.delay覆盖延迟时间	
	然后发送	a z 0	
执行结果	单击"部署"按钮后，手动触发 inject 节点，可以在 debug 节点侧边栏看到结果输出：先输出 1，2 秒后输出 0。此间隔输出方式可以应用到类似物联网 LED 灯的控制上，执行 1 表示开灯，然后间隔固定时间后执行 0 表示关灯，这样就可以实现一次有规律的 LED 灯开关操作		

4. 看门狗功能

看门狗是一种监控系统运行状况的手段。稳定运行的软件会在执行完特定指令后进行喂狗操作，若在一定周期内看门狗没有收到来自软件的喂狗信号，则认为系统故障，会进入中断处理程序或强制系统复位。此示例展示了看门狗实现流程，示意图如图 6-61 所示。

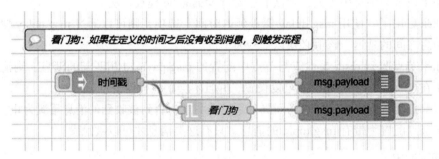

图 6-61　看门狗实现流程示意图

此流程中关键节点设置如表 6-64 所示。

表 6-64　看门狗流程中关键节点设置

节点	看门狗　　trigger 节点
设置	发送　　▼ 无

（续）

设置	然后	等待　　　　　　　　　　　　　　　∨
		5　秒　　　　　　∨
		☑ 如有新消息，延长延迟
		☐ 使用msg.delay覆盖延迟时间
	然后发送	▾ ^a_z timeout
	colspan	该 trigger 节点"发送"配置为无，然后等待 5 秒，同时选择了"如有新消息，延长延迟"的选项。这意味着只要消息持续到达，节点就不会做任何事情。在最后一条消息到达 5 秒后，它将发送"timeout"消息
执行结果		在示例流程中，顶部分支代表消息的正常流。数据同时被传送到有 trigger 节点的第二个分支上。 　单击"部署"按钮后，手动触发 inject 节点，可以在 debug 节点侧边栏看到结果输出。流程执行效果为及时输出 inject 节点发来的时间戳，如果在上一个消息收到 5 秒之内再触发 inject 节点则直接输出时间戳，但是如果在 5 秒后都没有收到任何消息，则由 trigger 节点触发发送 timeout 消息。这种模式是对需要持续输出数据的流程增加一个看门狗，意义在于看门狗在监视整个输出流，当数据没有按照计划的节奏传入的时候，就会输出 timeout 这样的内容，以表示前端数据流出现了问题

5. 占位输出

第一个 trigger 节点"触发 2s"可用于在经过一定时间间隔后检测消息是否未到达，而第二个 trigger 节点"周期性重发 2s"可以在固定时间间隔内发送占位消息。例如有一个传感器以固定时间间隔发送消息流，如果停止发送消息，你希望以相同的频率发送占位符消息。传感器数据可能用于填充一个仪表盘图表，如果传感器停止发送数据，该图表将停止更新，因此需要发送占位符消息，使图表以 0 值更新，以突出显示传感器已停止工作。此流程示意图如图 6-62 所示。

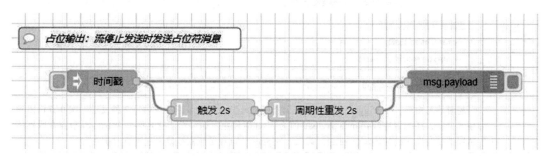

图 6-62　占位输出流程示意图

此流程中关键节点设置如表 6-65 所示。

表 6-65　占位输出流程中关键节点设置

节点	⫿ 触发 2s ▸ trigger 节点

(续)

设置	**发送**　`a_z reset` **然后**　等待 　　　　2 秒 　　　　☑ 如有新消息，延长延迟 　　　　☐ 使用msg.delay覆盖延迟时间 **然后发送**　`⊘ true` 　　　　☐ 发送第二条消息到单独的输出 **重置触发节点条件 如果:** • msg.reset已设置 • msg.payload等于 `可选填` **处理**　所有消息 该节点配置最初发送为"reset"，等待 2 秒，然后再发送超时消息。还选择"如有新消息，延长延迟"选项，这意味着只要消息持续到达，节点就不会做任何事情，流程就会停在这里。在最后一条消息到达 2 秒后如果没有输入，也就是 trigger 节点没有收到传感器来的新数据，将发送超时消息给下一节点。于是，流程就继续到下一节点
节点	[周期性重发 2s]　trigger 节点
配置	**发送**　`⁰₉ 0` **然后**　周期性重发 　　　　2 秒 　　　　☐ 使用msg.delay覆盖延迟时间 **重置触发节点条件 如果:** • msg.reset已设置 • msg.payload等于 `reset` **处理**　所有消息 超时消息由第一个 trigger 节点送到第二个 trigger 节点。此节点配置为每 2 秒发送一次 0 并输出到顶部分支，还配置在收到 msg.payload 值为 reset 时停止发送。由于这是第一个 trigger 节点在收到传感器消息时发送的初始消息 reset，第二个 trigger 节点在传感器恢复发送消息时被重置
执行结果	在示例流程中，顶部分支表示消息从一个 inject 节点到 debug 节点的正常流程。消息还会传递到 trigger 流的第二个分支上 单击"部署"按钮后，通过规律单击 inject 节点头部按钮来人工模拟传感器规律性发送数据的场景，可以在调试窗口看到，只要单击间隔不大于 2 秒，流程就输出时间戳；如果超过 2 秒未单击，那么流程就开始输出 0，并且每 2 秒固定输出一次 0；如果再次单击，流程又输出时间戳

6. 通过组合两个 trigger 节点来配置超时处理

通过使用两个 trigger 节点的组合，我们可以有效地实现超时处理。第一个 trigger 节点确保消息被立即处理，并在指定的时间内触发超时行为，如果在规定的时间内没有收到消息，第二个 trigger 节点根据消息的 ID 过滤掉重复的消息，确保只有具有特定 ID 的第一条消息会在流程中进一步传播。这样可以有效地处理超时情况并避免冗余处理。此示例流程示意图如图 6-63 所示。

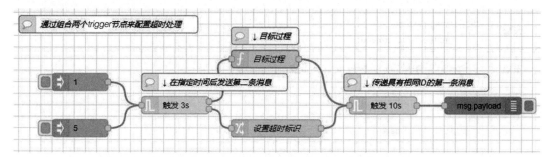

图 6-63　通过组合两个 trigger 节点来配置超时处理流程示意图

此流程中关键节点设置如表 6-66 所示。

表 6-66　通过组合两个 trigger 节点来配置超时处理流程中关键节点设置

节点	触发 3s　　trigger 节点	
配置	发送	▼ 现有信息对象
	然后	等待
		3　秒　　▼
		☐ 如有新消息，延长延迟
		☐ 使用 msg.delay 覆盖延迟时间
	然后发送	▼ ᵃz 0
		☑ 发送第二条消息到单独的输出
	重置触发节点条件 如果：
	• msg.reset 已设置
	• msg.payload 等于　可选填
	处理	所有消息　▼
	在第一个 trigger 节点设置面板中，选中"发送第二条消息到单独的输出"复选框，这样 trigger 节点将具有两个输出端口。当 trigger 节点接收到输入消息时，它将该消息输出到第一端口，并且在指定的时间段之后，将指定的消息输出到第二端口	
节点	ƒ 目标过程　　function 节点	

（续）

| 配置 | ```
var wait = msg.payload;
setTimeout(function() {
    msg.payload = "done:"+wait+"s";
    node.send(msg);
}, wait*1000);
``` |
节点	设置超时标识 —— change 节点
配置	设定：msg.payload 　　　to the value: timeout
节点	触发 10s —— trigger 节点
配置	发送　　　▼ ᵃ_z reset 然后　　　等待　　　　　　　　　　　▼ 　　　　　　2　秒　　　　　　▼ 　　　　☑ 如有新消息，延长延迟 　　　　☐ 使用msg.delay覆盖延迟时间 然后发送　　▼ ⊘ true　　　　　　　　　▼ 　　　　☑ 发送第二条消息到单独的输出 重置触发节点条件 如果： • msg.reset已设置 • msg.payload等于 可选填 处理　　　所有消息　　▼ 🏷 名称　　名称 指定第二个 trigger 节点来处理每个消息 ID（msg.msgid），这意味着仅发送具有相同 ID 消息中的第一个接收消息。为其指定的时间表示筛选消息的保留时间必须长于超时处理时间
执行结果	第一个 trigger 节点的设置面板中勾选了 "发送第二条消息到单独的输出" 复选框。根据这个配置，trigger 节点将拥有两个输出端口。当 trigger 节点接收到输入消息时，它会立即将消息输出到第一个输出端口，并在指定的时间间隔后将指定的消息输出到第二个输出端口 第二个 trigger 节点被指定为根据每个消息的 ID（msg._msgid）来处理。这意味着对于具有相同 ID 的多条消息，只有第一条收到的消息会被传输。为该节点指定的时间表示消息过滤的保留时间必须要比超时处理时间长

6.2.8　exec 节点

exec 节点可用来调用操作系统命令（如 Windows 下的 CMD 命令集、Linux 下的 Shell 命令集），以实现很多系统级功能，例如 Windows 下调用 exe 程序，Linux 下获取 CPU 温
```

度、获取当前系统网卡信息、判断是否连接 Wi-Fi 等。

默认情况下，使用 exec 节点来调用命令，等待命令完成后返回输出。exec 节点可以选择使用 spawn 模式运行，它会在命令运行时从 stdout 和 stderr 返回输出，通常一次指定一行命令。完成后，它将在第三个端口返回一个对象。例如，成功的命令应返回 {code：0}。

错误信息可能会在第三个端口 msg.payload 返回，例如 message 字符串，signal 字符串。运行的命令是在节点内定义的，带有附加 msg.payload 的选项和另外一组参数。带空格的命令或参数应该用引号引起来。

返回的有效负载通常是 String 类型，除非检测到非 UTF8 字符。在这种情况下，返回的有效负载会是 Buffer 类型。

exec 节点处于活动状态时，状态图标和 PID 可见。

发送 msg.kill 将停止一个活动进程。msg.kill 应该包含要发送的信号类型的字符串，例如 SIGINT、SIGQUIT 或 SIGHUP。如果设置为空字符串，则默认为 SIGTERM。

如果 exec 节点有多个进程在运行，还必须设置 msg.pid 并设置结束进程的 PID 的值。

如果超时字段提供了一个值，且在指定的秒数后进程尚未完成，该进程将自动终止。

提示：如果运行 Python 应用程序，可能需要使用 -u 参数来停止对输出进行缓存。

1. 输入和输出

exec 节点的输入和输出属性如表 6-67 所示。

表 6-67　exec 节点的输入和输出属性

	属性名称	含义	数据类型
输入	payload	通过配置节点可以将 payload 传来的值附加到执行命令中	String
	Kill	指定发送到现有的 exec 节点进程的 kill 信号类型	String
	Pid	要停止的现有 exec 节点进程的 ID	Number、String
输出	标准输出	命令执行后的输出，其中包含 RC 对象（仅在 exec 模式下）可以返回代码对象的副本	String、Object
	错误输出	命令的标准错误输出，当命令执行有错误时返回	String
	返回代码	一个包含返回代码以及 message、signal 属性的对象	Object

2. 节点配置

exec 节点配置界面参见图 6-64。

具体配置界面中的每个属性介绍如表 6-68 所示。

表 6-68　exec 节点配置属性

属性	描述
命令	填写具体需要执行的指令。注意：需要区分命令是否符合 Node-RED 所安装的操作系统类型，如 Windows 下使用 CMD 命令，Linux 下使用 Shell 命令

（续）

属性	描述
追加	将 msg 的其他属性（默认为 payload 属性）值拼接到命令后使用，同时可以输入额外的参数，继续拼接到整个命令后使用。通常，payload 传入命令中变化的部分，固定的参数都直接写入额外参数的文本框
输出	● 当命令完成时 - exec 模式：这是标准的命令执行模式，即一个命令执行后等待执行结果，然后结束 ● 当命令进行时 - spawn 模式：这是 Linux 系统特有的一个模式，即可以通过执行一个脚本把多条命令按照顺序和前后输入/输出结果编写到一个文件中执行，这样就不用等待一条命令完成后再手动执行另外的命令，可以形成自动化的效果
超时	设定命令执行后等待多长时间，超过这个时间，该节点状态变为 timeout
Hide console	Windows 下隐藏命令窗口
名称	exec 节点名称

图 6-64　exec 节点配置界面

3. 执行外部指令

exec 节点最直接的功能就是执行一个外部指令。执行外部指令流程示意图如图 6-65 所示。

exec 节点可以执行外部命令，并可以接收其标准输出作为第一条消息的 msg.payload，可以从第二条消息接收标准错误输出。命令的退出代码可以从第三个消息的 msg.payload 的 code 属性中获得。如果选中"追加 -msg.payload"复选框，输入消息的 msg.payload 值将附加到命令字符串。

此示例在中文版 Windows 上运行，执行 ipconfig 指令并返回筛选数据。各关键节点设置如表 6-69 所示。

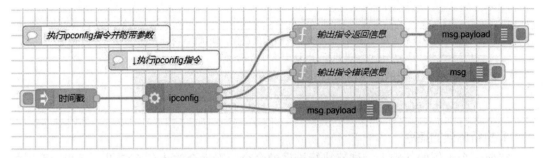

图 6-65　执行外部指令流程示意图

表 6-69　执行外部指令流程中关键节点设置

节点	exec 节点
设置	其中，额外参数配置为：|find "IPv4 地址"
节点	function 节点

设置	`var string = msg.payload;`
	`let gbk_str = iconvLite.decode(string, 'gbk'); //utf-8 解码`
	`msg.payload = gbk_str.toString();`
	`return msg;`
	以上代码的作用是进行编码转化，方便输出中文指令结果

节点	function 节点

设置	`var string = msg.payload;`
	`let gbk_str = iconvLite.decode(string,'gbk');`
	`var message = msg.rc.message;`
	`message = iconvLite.decode(message,'gbk');`
	`msg.rc.message = message;`
	`msg.payload = gbk_str;`
	`return msg;`
	以上代码的作用是进行编码转化，方便输出中文的错误消息

（续）

执行结果	设置完成以后，单击 inject 节点头部按钮触发流程，调试窗口打印出字符串：IPv4 地址 .... ：192.168.88.102。此执行结果和在 CMD 中执行结果一致
	``` C:\Users\He Zheng>ipconfig |find "IPv4 地址" IPv4 地址 . . . . : 192.168.88.102 ```

4. 执行错误的指令

在前一个示例的基础上，试着执行错误的命令，看看会输出什么结果，流程示意图如图 6-66 所示。

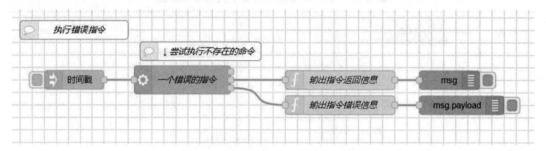

图 6-66 执行错误指令流程示意图

此流程中关键节点设置如表 6-70 所示。

表 6-70 执行错误指令流程中关键节点设置

节点	一个错误的指令 — exec 节点
设置	**命令**：/non/existing/command **追加**：☐ msg. payload 额外的输入参数 **输出**：当命令完成时 - exec模式 ⌄ **超时**：可选填 秒 **Hide console** ☐ 设置命令为：/non/existing/command
节点	*f* 输出指令返回信息 — function 节点

设置	```
	var string = msg.payload;
	let gbk_str = iconvLite.decode(string,'gbk');
	var message = msg.rc.message;
	message = iconvLite.decode(message,'gbk');
	``

（续）

设置	`msg.rc.message = message;`
	`msg.payload = gbk_str;`
	`return msg;`
	由于运行环境为中文版 Windows，因此需要使用代码来完成中文编码的转码，让输出结果为正确可读的中文

节点	![输出指令错误信息 function 节点]

设置	`var string = msg.payload.message;`
	`let gbk_str = iconvLite.decode (string,'gbk'); //UTF-8 解码`
	`msg.payload.message = gbk_str;`
	`return msg;`

执行结果	在 exec 节点的第二个输出端口和第三个输出端口分别输出错误消息和返回码 code 2022/12/20 下午3:18:36　node: 27992c1f.a1c964 msg : Object ▼object 　_msgid: "085fb9e408e3f82f" 　topic: "" ▶payload: "系统找不到指定的路径。↵" ▶rc: object 2022/12/20 下午3:18:36　node: 6e7ff001.2412◄▼ msg.payload : Object ▼object 　code: 1 ▶message: "Command failed: 　/non/existing/command↵系统找不到指定 　的路径。↵"

5. 在 spawn 模式下执行指令

spawn 模式是 Linux 下的 expect 工具执行指令的模式。expect 是一个根据脚本代码执行命令的工具。用户可以在需要时直接进行控制和交互，然后将控制权返回给脚本。简单来说，expect 工具可以控制、处理输入和输出流，对需要用户交互式输入数据的地方实现自动化处理。此示例展示了在 spawn 模式下执行指令的流程，示意图如图 6-67 所示。

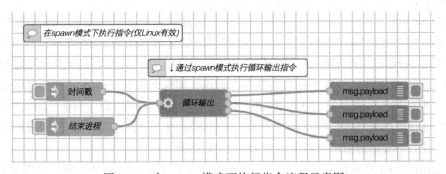

图 6-67　在 spawn 模式下执行指令流程示意图

此流程中节点设置方式如表 6-71 所示。

表 6-71　在 spawn 模式下执行指令流程中节点设置

节点	exec 节点	
设置	设置命令为：/bin/sh -c"while true; do echo Hello; sleep 2; done" 这段 expect 脚本的意思是循环输出字符串 Hello，然后休眠 2 秒再输出，一直循环直到进程终止	
节点	inject 节点	
设置	msg. kill = ▼ 时间戳 这里只需要让 msg.kill 属性存在就可以，值是什么并不重要	
执行结果	单击第一个 inject 节点头部按钮触发流程，输出结果就是调试窗口每隔 2 秒打印一个字符串 Hello，周而复始不停止 单击"结束进程"节点头部按钮触发流程，系统将自动结束当前进程，也就结束了循环，因为系统发现了 msg.kill 的存在	

6.2.9　filter 节点

filter 节点的功能是对输入的值进行条件过滤，去掉无效数据，用于传感器数据采集场景。filter 节点可以工作在 3 种模式下。

- REB 模式：filter 节点将阻止消息直到 msg.payload（或所选属性）值与前一个不同。如果需要，它可以忽略初始值，以便在开始时不发送任何内容。
- Deadband 模式：filter 节点将阻止消息发送直到该消息值变化大于或等于先前值的某区间为止。Deadband 值可以指定为固定数字或百分比，例如 10% 或 5%。如果使用 % 模式，仅当输入有效负载值与先前发送的值的差距等于或大于先前发送值的 Deadband 值时，节点才会发送输出。例如：如果上次发送的值为 100，Deadband 值设置为 10%，那么值 110 将通过，并且下一个值必须为 121（110 + 10% = 121）才能通过。如果你想同时操作多个输入范围相近的主题，这将非常有用。Deadband 只接收数字或可解析的字符串，如 18.4 C 或 $500。
- Narrowband 模式：如果输入值的变化大于或等于前一值的某区间，将阻止输入值。

它对于忽略故障传感器的异常值非常有用。

在 Deadband 和 Narrowband 模式下，输入值必须包含可解析的数字，并且输入值与原始值相差超过 $x\%$ 时发送。Deadband 和 Narrowband 模式都允许与先前的有效输出值进行比较，或者与先前的输入值进行比较，从而忽略任何超出范围的值。

💡 注意：

这是在每个 msg.topic 的基础上工作的，如果需要，也可以不使用 msg.topic 而改为基于别的属性工作。这意味着单个过滤器节点可以同时处理多个不同的主题。

1. 输入和输出

filter 节点的输入和输出属性如表 6-72 所示。

表 6-72　filter 节点的输入和输出属性

属性名称		含义	数据类型
输入	payload	REB 模式将接收数字、字符串和简单对象。其他模式必须提供可解析的数字	Number、String、Object
	topic	如果指定，filter 节点将基于每个主题对 payload 进行过滤。此属性可以在配置页面设置	String
	reset	如果设置，则为指定的 topic 清除所存储的值。如果没有设置，则针对所有 topic	—
输出	payload	直接输出来自输入的 payload 值	—

2. REB 模式

此示例展示了 REB 模式的实现，流程示意图如图 6-68 所示。

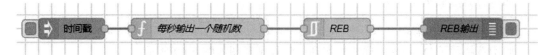

图 6-68　REB 模式流程示意图

此流程中关键节点设置如表 6-73 所示。

表 6-73　REB 模式流程中关键节点设置

节点	⨍ 每秒输出一个随机数 —— function 节点

设置	```setInterval(function(){
	    let number = Math.random();
	    msg.payload = Math.ceil(number * 100);
	    msg.topic = "block"
	    node.send(msg);```

（续）

设置	},1000);
说明	该节点会每秒发送一个 100 以内的整数，模拟传感器持续采集数据的过程
节点	REB ——— filter 节点

<table>
<tr><td rowspan="2">设置</td><td>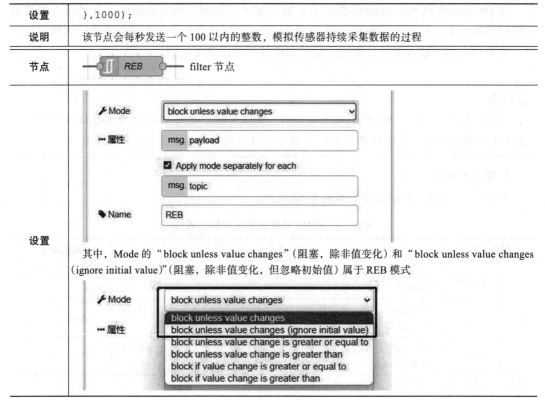</td></tr>
<tr><td>其中，Mode 的 "block unless value changes"（阻塞，除非值变化）和 "block unless value changes（ignore initial value）"（阻塞，除非值变化，但忽略初始值）属于 REB 模式</td></tr>
</table>

从调试窗口打印出的数据，我们知道 REB 模式只会输出和前一个节点不一样的数据，因此你不会看到连续两个一样的数据出现。用这种方式可以忽略传感器故障出现的异常数据，如传感器传来连续的 0。

3. Deadband 模式

此示例展示了 Deadband 模式的实现，流程示意图如图 6-69 所示。

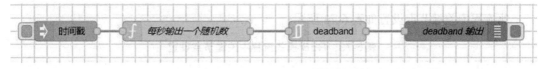

图 6-69　Deadband 模式流程示意图

此示例中，function 节点每秒输出一个随机数，和上一个示例一样，filter 节点设置如表 6-74 所示。

表 6-74　Deadband 模式流程中 filter 节点设置

节点	deadband filter 节点
设置	**Mode** block unless value change is greater or equal t ▾ 10　compared to last valid output value ▾ **属性** msg. payload ☑ Apply mode separately for each msg. topic **Name** Name 其中, Mode 的 "block unless value changes is greater or equal to"（阻塞，除非值的变化大于或等于）和 "block unless value changes is greater than"（阻塞，除非值的变化大于）都属于 Deadband 模式 **Mode** block unless value change is greater or equal t ▾ block unless value changes block unless value changes (ignore initial value)　▾ block unless value change is greater or equal to block unless value change is greater than block if value change is greater or equal to block if value change is greater than **属性** ☑ Apply mode separately for each

设置对比阈值为 10，对比内容为 "compared to last valid output value"（即和最后一个有效输出值对比），这样连续两个输出结果之间相差不会小于 10。执行 inject 节点后观察输出结果发现，此模式输出的连续两个值不会小于设置的阈值 10。

4. Narrowband 模式

此示例展示了 Narrowband 模式的实现，流程示意图如图 6-70 所示。

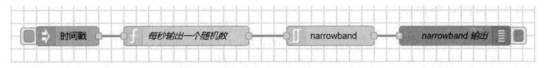

图 6-70　Narrowband 模式流程示意图

此示例中，function 节点每秒输出一个随机数，和上一个示例一样，filter 节点设置如表 6-75 所示。

设置对比阈值为 10，Start Value（初始值）为 50，对比内容为 "compared to last valid output value"（即和最后一个有效输出值对比），这样连续两个输出结果之间相差小于 10。执行 inject 节点后观察输出结果发现，此模式输出的连续两个值小于设置的阈值 10，连续的输出结果也是在更窄的范围，和 Deadband 模式相反。

表 6-75　Narrowband 模式流程中 filter 节点设置

节点	narrowband —— filter 节点
设置	其中，Mode 的"block if value change is greater or equal to"（阻塞，如果值的变化大于或等于）和"block if value changes is greater than"（阻塞，如果值的变化大于）都属于 narrowband 模式

6.3　网络类节点

6.3.1　HTTP 节点组

HTTP 节点组由 3 个节点组成，分别是 http in、http response、http request。它们协作可以实现 HTTP 请求和响应，将物联网数据通过 HTTP 方式推送到用户端。其中，http in 节点用来创建用于 Web 服务的 HTTP 地址。这样通过浏览器直接访问创建的 HTTP 地址，http in 节点将接收到浏览器输入的消息。http response 节点用来回应来自 http in 节点的请求。因此，这两个节点配对使用。http request 节点用来主动发起 HTTP 客户端请求，请求外部的一个 URL，并且获取返回的页面消息。

1. 输入和输出

http in 节点的输出属性如表 6-76 所示。

表 6-76　http in 节点的输出属性

属性名称	含义	数据类型
	输出	
payload	GET 请求包含任何查询字符串参数的对象，或者 HTTP 请求正文	Object
req	HTTP 请求对象包含有关请求消息的多个属性，具体如下。 Body：传入请求的正文，格式将取决于请求 Headers：包含 HTTP 请求标头的对象 query：包含任何查询字符串参数的对象 params：包含任何路由参数的对象 cookies：包含请求 Cookie 的对象 files：如果节点启用了文件上传，则为包含上传的文件的对象	Object
res	HTTP 响应对象，此属性不应直接使用。http response 节点记录了如何响应请求。该属性必须保留在传递给响应节点的消息上	Object

http response 节点的输入属性如表 6-77 所示。

表 6-77　http response 节点的输入属性

属性名称	含义	数据类型
	输入	
payload	响应正文	String
statusCode	如果设置，用作响应状态代码，默认值为 200	Number
headers	如果设置，将设置内容返到 HTTP 的包头中	Object
cookies	如果设置，可用于设置或删除 Cookie	Object

http request 节点的输入和输出属性如表 6-78 所示。

表 6-78　http request 节点的输入和输出属性

	属性名称	含义	数据类型
输入	url	如果未在节点中配置，则此可选属性可设置请求的 URL	String
	method	如果未在节点中配置，则此可选属性可设置请求的 HTTP 方法（必须是 GET、PUT、POST、PATCH 或 DELETE 之一）	String
	headers	设置请求的 HTTP 头	Object
	cookies	如果设置，则可用于发送带有请求的 Cookie	Object
	payload	内容为 HTTP 请求的正文	String
	rejectUnauthorized	如果设置为 false，则允许对使用自签名证书的 HTTPS 站点进行请求	Boolean
	followRedirects	如果设置为 false，则阻止遵循重定向（HTTP 301），默认情况下值为 true	Boolean
	requestTimeout	如果设置，将覆盖全局设置的 httprequestTimeout 参数	Number

(续)

	属性名称	含义	数据类型
输出	payload	响应的正文,可以将节点配置为以字符串形式返回主体或以 JSON 形式返回主体或以二进制 Buffe 形式返回主体	String Object Buffer
	statusCode	响应的状态码。如果请求无法完成,则返回错误码	Number
	headersobject	包含响应头的对象	Object
	responseUrl	如果在处理请求时发生重定向,此属性为最终重定向的 URL,否则为原始请求的 URL	String
	responseCookiesobject	如果响应包含 Cookie,则此属性是每个 Cookie 的"名称 / 值"键值对的对象	Object
	redirectList	如果请求被重定向了一次或多次,则累积的消息将被添加到此属性。location 是下一个重定向目标。Cookie 是从重定向源返回的 Cookie	Array

2. 创建 HTTP 响应

Node-RED 内部采用 express 组件来完成 HTTP 服务提供,因此可以动态地创建 HTTP 响应。HTTP 响应的含义是创建一个 HTTP 服务以及一条路由规则,然后在浏览器上就可以按照这个路由规则进行访问,访问后会进入 Node-RED 流程。这也是最常见的一种外部调用内部流程的方法。

第一个示例展示了如何创建 HTTP 响应,流程示意图如图 6-71 所示。

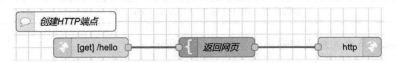

图 6-71　创建 HTTP 响应的第一个示例流程示意图

此流程中各节点设置如表 6-79 所示。

表 6-79　创建 HTTP 响应的第一个示例流程中节点设置

节点	[get] /hello —— http in 节点
作用	设置页面地址和请求方式
设置	**⊞ 请求方式**　GET ∨ **◉ URL**　/hello 设置含义为:通过 HTTP GET 请求从 /hello 这个 URL 进入的时候会触发该节点。 HTTP 请求方式有多种,Node-RED 支持了其中 5 种,分别是 GET、POST、PUT、DELETE、PATCH。关于这 5 种请求的作用描述,请参见表后的知识扩展

（续）

节点	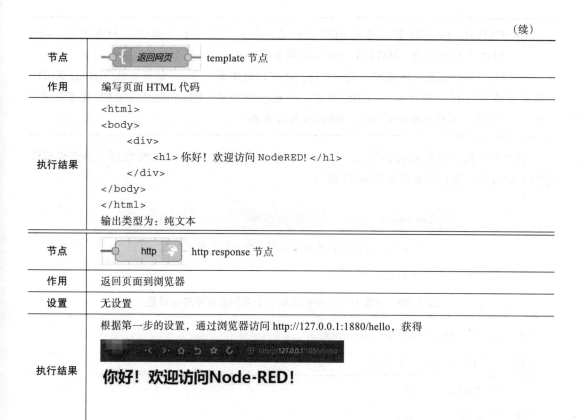 template 节点
作用	编写页面 HTML 代码

执行结果	`<html>`
	`<body>`
	    `<div>`
	       `<h1>` 你好！欢迎访问 NodeRED! `</h1>`
	    `</div>`
	`</body>`
	`</html>`
	输出类型为：纯文本

节点	http response 节点
作用	返回页面到浏览器
设置	无设置
执行结果	根据第一步的设置，通过浏览器访问 http://127.0.0.1:1880/hello，获得 **你好！欢迎访问Node-RED!**

💡 知识扩展

Node-RED 支持 5 种请求方式，分别是 GET、POST、PUT、DELETE、PATCH。

- GET：向服务端发送获取数据的请求，可以理解为数据库的 select 操作，查询数据，但不会修改、增加数据，不会改变被请求资源的内容。请求主体在地址栏，大家熟悉的 URL 访问就是 GET 请求。

- POST：向服务端发送数据，可以理解为数据库的 insert 操作。POST 方法是非幂等的，意思是对相同的数据，提交 POST 请求一次与提交 POST 请求多次的效果是不一样的，提交 POST 请求一次产生一条新数据，提交 POST 请求多次就产生多条新数据。

- PUT：向服务端发送数据。PUT 方法只允许完整替换文档。例如 PUT/A/1 的意思是替换 /A/1，如果已经存在就替换，没有就新增。PUT 方法是幂等的，意思是对相同的数据，PUT 多次与 PUT 一次的效果是一样的。因此，PUT 方法一般会用来整体更新一个已存在源。

- DELETE：用来删除某一个资源，就像数据库的 delete 操作一样。

- PATCH：PATCH 其实是对 PUT 的补充，用来对已存在资源进行局部更新，而 PUT 是完整更新。PATCH 方法不是幂等的。

同时，URL 配置的地址可以是 / 开始，也可以忽略第一个 /，访问地址是 Node-RED 编辑器的访问 IP ＋端口 ＋ / ＋ URL 配置，如 http://127.0.0.1:1880/hello。URL 设置不能以"#"开头，否则会路由到 Node-RED 编辑器界面。

第二个示例是建立 http in 节点" [get]/weather"，然后"返回 JSON 数据"节点模拟传感器返回数据，流程示意图如图 6-72 所示。

图 6-72　创建 HTTP 响应的第二个示例流程示意图

此流程中各节点设置如表 6-80 所示。

表 6-80　创建 HTTP 响应的第二个示例流程中节点设置

节点	![get]/weather] http in 节点
作用	设置页面地址和请求方式
设置	**请求方式** GET **URL** /weather 其含义为：通过 HTTP GET 请求从 /weather 这个 URL 进入的时候会触发该节点
节点	![返回JSON数据] template 节点
作用	编写页面代码

设置	``{``
	　　"温度"："32"，
	　　"湿度"："78%"
	``}``
	输出类型为：JSON

节点	![http] http response 节点
作用	返回页面到浏览器。在本例中，返回 JSON 数据给浏览器
执行结果	{"温度":"32","湿度":"78%"}

（续）

执行结果	
	当访问 http://127.0.0.1:1880/weather 地址时，浏览器返回传感器主动采集的数据。实际项目中，系统通过 AJAX 方式访问此链接，获取数据展示在网页中

3. HTTP 请求

和创建 HTTP 响应相反，HTTP 请求是直接请求已有的 URL，并把访问到的结果带回到流程中，通常也会结合 HTML 节点完成对内容的解析，以便获得更加准确的数据（后续 HTML 节点示例中有更为完整的示例展示）。这是物联网系统和信息化系统对接最常见的一种场景。下面通过两个示例来展示 HTTP 请求场景。第一个示例流程示意图如图 6-73 所示。

图 6-73　HTTP 请求示例一

本示例展现在 http 请求节点的设置面板中设置 URL，如表 6-81 所示。

表 6-81　HTTP 请求示例一流程中节点设置

节点	![http 请求] http request 节点
设置	**请求方式** GET **URL** http://127.0.0.1:1880/hello **内容** Ignore
执行结果	注意，无论是访问 Node-RED 自身创建的 HTTP 响应还是外部的 URL，配置 URL 必须为全 URL 路径，包括 IP、端口以及 URI。配置好后触发 inject 节点，调试窗口打印结果如下：

（续）

执行结果	 返回的内容就是上一节示例中创建的 HTTP 响应的页面内容

第二个示例展示了动态指定 URL 的方式，通常用于根据不同情况动态地获取 Web 数据，流程示意图如图 6-74 所示。

图 6-74　动态设置 HTTP 请求的 URL 示例流程示意图

URL 可以通过 msg.url 这个属性进行动态指定。此示例流程中节点设置如表 6-82 所示。

表 6-82　动态设置 HTTP 请求的 URL 示例二流程中节点设置

节点	⬛ ⇨ 时间戳 ⬛—— inject 节点
设置	msg. payload　=　▼ 时间戳 msg. url　=　▼ ᵃz http://127.0.0.1:1880/hello
执行结果	此流程执行结果和直接在该 inject 节点上指定 URL 一致。同时也可以在 function 节点中，直接通过代码来设置 msg.url 属性，实现更加灵活的控制

4. 处理查询参数

http in 节点在创建 HTTP 响应的时候除了去指定 URL 以外，其他参数都会内置到 req 对象中。正如本节开始所介绍的，req 对象包含了 HTTP 请求对象。

在该示例中，由第二个流程中的 http request 节点去请求第一个流程中的 http in 节点，再由第一个流程中的 http response 节点返回内容给 http request 节点，再进一步传给 debug 节点显示出来。该示例的流程示意图如图 6-75 所示。

为了便于理解，我们先看第一个流程中各关键节点的设置，如表 6-83 所示。

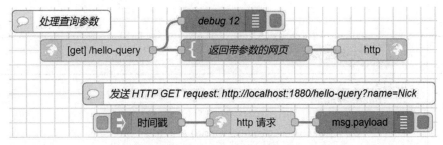

图 6-75　处理查询参数流程示意图

表 6-83　处理查询参数第一个流程中关键节点设置

节点	[get] /hello-query http in 节点
设置	■ 请求方式　GET ● URL　/hello-query 该设置的含义是：确立 http://localhost:1880/hello-query 响应地址，以提供给浏览器或 http request 节点请求调用 该示例的目的是处理查询参数，即访问 http://localhost:1880/hello-query 地址的时候携带参数，比如，http://localhost:1880/hello-query?name=Nick 地址中参数 name 的值是 Nick。那么，可以用什么方式在后续访问和使用参数 name 呢？我们在 http in 节点后加一个 debug 节点，看看调试窗口打印出什么
节点	处理查询参数　debug 12 [get] /hello-query　返回带参数的网页
设置	▤ 输出　　▼ 与调试输出相同 ⤬ 目标　　☑ 调试窗口 该设置的意思是在调试窗口打印出整个消息
执行结果	打开浏览器访问 http://localhost:1880/hello-query?name=Nick，后台触发第一个流程，"debug 12"节点在调试窗口打印以下内容： 2023/1/31 16:32:57　node: debug 12 msg : Object ▼object 　_msgid: "4dcb53e33d1753b9" ▶payload: *object* ▶req: *object* ▶res: *object* 进一步展开 payload、req、res，可以看到 payload.name 就是浏览器地址栏输入的参数 name 的值 Nick，req.query.name 也是这个值 Nick 因此，后续节点可以通过 req 对象来访问和使用 name 参数

(续)

节点	 返回带参数的网页 — template 节点

设置	```html
	<html>
	    <head></head>
	    <body>
	        <h1>你好! {{req.query.name}}!</h1>
	    </body>
	</html>
	``

执行结果	打开浏览器访问 http://localhost:1880/hello-query?name=Nick，显示如下： **你好! Nick!**

同样，我们也可以通过 http request 节点去请求这个带参数的 URL，获得一致的结果。这就是第二个流程的意义，节点设置如表 6-84 所示。

表 6-84　处理查询参数第二个流程中节点设置

节点	http 请求 — http request 节点
设置	请求方式　GET URL　http://127.0.0.1:1880/hello-query?name=Nick 内容　Ignore

执行结果	单击 inject 节点头部按钮触发流程，调试窗口打印结果如下：
	
	2022/12/20 下午8:27:22　node: f523b8e.b5c8c48
	msg.payload : string[82]
	▼ string[82]
	``html
	<html>
	    <head></head>
	    <body>
	        <h1>你好! Nick!</h1>
	    </body>
	</html>
	``

5. 处理 URL 参数

使用 HTTP 请求节点处理 URL 参数是常见的一个场景，就是当外部调用 URL 的时候，按照设置的规则在 URL 路径上加入参数，此时 http 请求节点可以获取这个参数，然后传给后面节点使用。示例流程示意图如图 6-76 所示。

和前一个处理查询参数示例类似，如果 URL 上有路由参数，只需要设置 http in 节点的 URL 路由规则范式，节点设置如表 6-85 所示。

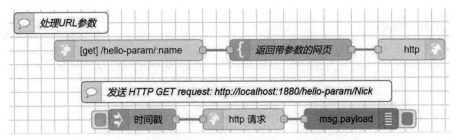

图 6-76　处理 URL 参数流程示意图

表 6-85　处理 URL 参数流程中节点设置

节点	[get] /hello-param/:name http in 节点
设置	▤ 请求方式　GET ◉ URL　/hello-param/:name
说明	其中，":name"的意思是这里的内容是参数，如输入 http://localhost:1880/hello-param/Nick， Nick 会被解析成 URL 路由参数，而不是作为 URL 来处理
节点	返回带参数的网页 template 节点

设置	`<html>`
	　　`<head></head>`
	　　`<body>`
	　　　　`<h1>你好！ {{req.params.name}}!</h1>`
	　　`</body>`
	`</html>`
	输出类型为：纯文本

说明	使用 req.params 获取路由参数
执行结果	打开浏览器输入 http://localhost:1880/hello-param/Nick，页面展现如下： ←　→　C　　　ⓘ 127.0.0.1:1880/hello-param/Nick **你好！ Nick!**

6. 访问 HTTP 请求头

有时候，你希望获取访问设置的 http in 节点的 header 信息，可以采用 req.headers 属性来获取。访问 HTTP 请求头流程示意图如图 6-77 所示。

和处理 URL 参数示例类似，http in 节点访问 URL 时也可以通过 req.headers 属性来访问请求头信息。本示例流程中关键节点设置如表 6-86 所示。

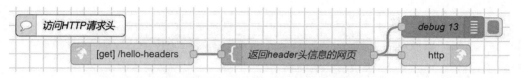

图 6-77　访问 HTTP 请求头流程示意图

表 6-86　访问 HTTP 请求头流程中关键节点设置

节点	![返回header头信息的网页] template 节点
设置	``` <html> <head></head> <body> <h1>User agent: {{req.headers.user-agent}}</h1> </body> </html> ```
执行结果	打开浏览器访问 http://127.0.0.1:1880/hello-headers，将得到以下结果： **User agent: Mozilla/5.0 (Windows NT 10.0; WOW64) AppleWebKit/537.36 (KHTML, like Gecko) Chrome/86.0.4240.198 Safari/537.36** 通过 req.headers 属性输出访问的 HTTP 头信息

除去访问头信息也可以设置头信息，由于一些网页需要在头信息中增加响应的参数，否则访问返回错误代码，比如：直接通过地址栏访问 https://httpbin.org/post，返回错误消息 Method Not Allowed（含义为访问被拒绝）。大部分有系统安全性设置的网页都无法直接访问，需要按照要求在头信息中增加相应配置。示例流程示意图如图 6-78 所示。

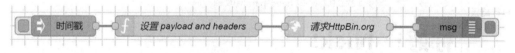

图 6-78　设置 HTTP 请求头示例流程示意图

💡 **注意：**

HttpBin 是一个专门用来测试 HTTP 请求的服务，可以方便开发者在线测试。

在该流程中，我们设置 X-Auth-User 和 X-Auth-Key 请求头，以调用公共 HttpBin 测试服务。关键节点设置如表 6-87 所示。

表 6-87　设置 HTTP 请求头示例流程中关键节点设置

节点	f 设置 *payload and headers* 　function 节点

设置	`msg.payload = "data to post";`
	`msg.headers = {};`
	`msg.headers['X-Auth-User'] = 'mike';`
	`msg.headers['X-Auth-Key'] = 'fred-key';`
	`return msg;`
	通过添加 msg.headers 对象来添加这些额外的消息字段，并在该对象中设置标头字段 / 值

节点	 请求HttpBin.org 　http request 节点
设置	 **☰ 请求方式**　POST **⊕ URL**　https://httpbin.org/post
执行结果	设置好以后，单击 inject 节点头部按钮触发流程，结果如下： 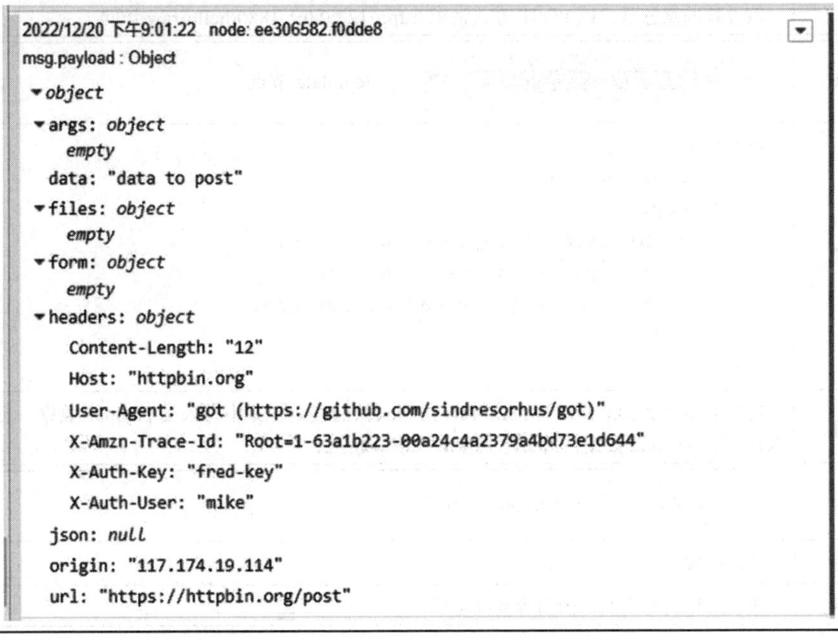 2022/12/20 下午9:01:22　node: ee306582.f0dde8 msg.payload : Object ▾object 　▾args: *object* 　　*empty* 　data: "data to post" 　▾files: *object* 　　*empty* 　▾form: *object* 　　*empty* 　▾headers: *object* 　　Content-Length: "12" 　　Host: "httpbin.org" 　　User-Agent: "got (https://github.com/sindresorhus/got)" 　　X-Amzn-Trace-Id: "Root=1-63a1b223-00a24c4a2379a4bd73e1d644" 　　X-Auth-Key: "fred-key" 　　X-Auth-User: "mike" 　json: *null* 　origin: "117.174.19.114" 　url: "https://httpbin.org/post"

7. 用 POST 方式提交数据和文件

POST 作为常用的请求方式，可以通过页面输入传递更多参数。更重要的是，POST 请求可以上传二进制文件内容（如图片、Word 文件等）。HTTP 节点使用 POST 方式很简单，http in 节点选择"请求方式"为"POST"即可。下面分别介绍用 POST 方式提交数据和文件。

用 POST 方式提交数据流程示意图如图 6-79 所示。

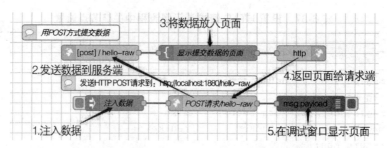

图 6-79 用 POST 方式提交数据流程示意图

此流程中节点设置如表 6-88 所示。

表 6-88 用 POST 方式提交数据流程中节点设置

节点	post请求/ hello-raw —— http in 节点
设置	请求方式：POST URL：/hello-raw 该设置的意思是，以 POST 方式请求 http://127.0.0.1:1880/hello-raw 访问
节点	显示提交数据的页面 —— template 节点

设置	`<html>`
	`    <head></head>`
	`    <body>`
	`        <h1>name: {{payload.name}}</h1>`
	`        <h1>age: {{payload.age}}</h1>`
	`        <h1>class: {{payload.class}}</h1>`
	`    </body>`
	`</html>`

说明	这是 http://127.0.0.1:1880/hello-raw 访问页面的代码，其中写入了 payload 数据，意思是如果服务端收到了 payload 数据，就会把它显示在该页面上
节点	http —— http response 节点
设置	默认设置
说明	该节点作用是返回页面内容到浏览器
节点	注入数据 —— inject 节点
设置	`msg.payload = {"name":"Nick","age":"4","class":"middle"}`
说明	向流程注入 payload 数据
节点	post请求/hello-raw —— http request 节点
设置	请求方式：POST

（续）

设置	URL：http://127.0.0.1:1880/hello-raw
说明	以 POST 方式请求 http://127.0.0.1:1880/hello-raw 访问，请求的同时把 payload 数据上传给服务端
节点	msg.payload　debug 节点
设置	输出：msg.payload 目标：调试窗口
说明	服务端返回的 http://127.0.0.1:1880/hello-raw 访问页面消息被默认赋给 payload，由 debug 节点打印到调试窗口
执行结果	单击 inject 节点头部按钮触发该流程，调试窗口显示： 2023/2/2 16:55:02　node: 7c2812c.c6ee7ec ▾ msg.payload : string[138] ▾ *string[138]* \<html> 　　\<head>\</head> 　　\<body> 　　　　\<h1>name: Nick\</h1> 　　　　\<h1>age: 4\</h1> 　　　　\<h1>class: middle\</h1> 　　\</body> \</html>

用 POST 方式提交文件流程示意图如图 6-80 所示。

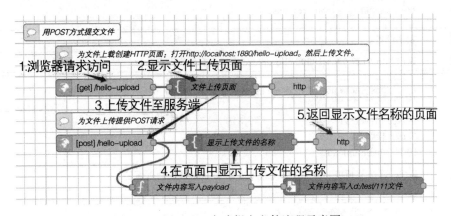

图 6-80　用 POST 方式提交文件流程示意图

此流程中关键节点设置如表 6-89 所示。

表 6-89　用 POST 方式提交文件流程中关键节点设置

节点	[get] /hello-upload　http in 节点
设置	请求方式：GET

（续）

设置	URL：/hello-upload
说明	以 GET 方式请求 http://127.0.0.1:1880/hello-upload 访问。这意味着允许通过浏览器地址栏输入网址请求页面信息
节点	⬡ 文件上传页面 ⬡ template 节点

设置	```html
	<html>
	    <head></head>
	    <body>
	        <form method="POST"enctype="multipart/form-data">
	            <div>
	                <label for="file">Select file to upload:</label>
	                <input type="file"id="file"name="file"/>
	            </div>
	            <div>
	                <button type="submit">OK</button>
	            </div>
	        </form>
	    </body>
	</html>
	``

说明	这是 http://127.0.0.1:1880/hello-upload 访问页面的代码。代码中以 POST 方式向服务端传送表单数据（一个文件）
节点	⬡ http 🌐 http response 节点
设置	默认设置
说明	返回 http://127.0.0.1:1880/hello-upload 页面内容给浏览器
节点	🌐 [post] /hello-upload ⬡ http in 节点
设置	请求方式：POST 勾选：接收文件上传 URL：/hello-upload
说明	以 POST 方式请求 http://127.0.0.1:1880/hello-upload 访问页面。 这意味着它将以 POST 方式向服务端传送数据
节点	⬡ 显示上传文件的名称 ⬡ template 节点

设置	```html
	<html>
	    <head></head>
	    <body>
	        <h1>Hello {{req.files.0.originalname}}</h1>
	    </body>
	</html>
	``

（续）

说明	重写了 http://127.0.0.1:1880/hello-upload 访问页面的代码，将刚刚上传的文件名称显示在该页面上
节点	 　function 节点

设置	`msg.payload = msg.req.files[0].buffer`
	`return msg;`
	通过 debug 节点，可以看到文件内容被写在 msg.req.files[0].buffer 中。所以，这里把 msg.req.files[0].buffer 赋给 payload，以便传递下去

节点	 　write file 节点
设置	文件名：path d:/test/111 行为：追加至文件 　　　勾选：向每个有效负载添加换行符（\n） 　　　勾选：创建目录（如果不存在） 编码：默认 名称：文件内容写入 d:/test/111 文件
执行结果	浏览器地址栏输入 http://127.0.0.1:1880/hello-upload，获得以下页面显示：  选择文件并单击 OK 按钮进行文件上传，上传的文件流信息将存放在 req.files 属性中，因此"显示上传文件的名称"节点可以通过代码 {{req.files.0.originalname}} 获取刚刚上传的文件名称，并显示在浏览器：  同时，我们可以在 d:/test/111 目录位置访问刚刚上传的文件

8. 处理 Cookie

处理 Cookie 也是 Web 系统中常见的场景。此示例展示了如何格式化、增加、清除 Cookie，流程示意图如图 6-81 所示。

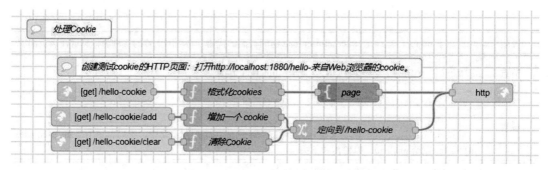

图 6-81 处理 Cookie 流程示意图

此示例提供了 3 个 HTTP 响应。

● /hello-cookie：返回列出当前设置的 Cookie 的页面。

● /hello-cookie/add：添加一个新的 Cookie 并重定向回 /hello-cookie。

● /hello-cookie/clear：清除示例创建的所有 Cookie 并重定向回 /hello-cookie。

该 msg.req.cookies 属性是一个键 / 值对对象，其中包含在当前请求上设置的 Cookie：

```
var mySessionId = msg.req.cookies['sessionId'];
```

为了在响应中设置 Cookie，应该将 msg.req.cookies 属性设置为类似键 / 值对的对象。该值可以是一个通过字符串来设置默认的 cookie 的值，也可以是一个 json 对象。以下示例设置了两个 Cookie：一个通过 name 来调用 nick，另一个通过 session 来调用 1234，并且过期时间设置为 15min。

```
msg.cookies = {
    name: 'nick',
    session: {
        value: '1234',
        maxAge: 900000
    }
}
```

要删除 Cookie，请将其值设置为 null。关于 Cookie 的 URL 编码，流程中 http request 节点将接收 encode: false，避免在请求发送时对 Cookie 值进行 URL 编码：

```
msg.cookies = {
  myCookie : {
      Path : "/",
      value : "ysjLVJA==",
      encode : false
  }
}
```

6.3.2　MQTT 节点组

MQTT（Message Queuing Telemetry Transport，消息队列遥测传输）它是 ISO 标准下的一种轻量级发布 / 订阅消息的传递协议。它适用于低功率传感器等场景。

下面简单介绍了 MQTT 协议的使用指南。

（1）发布和订阅

多个客户端连接到代理（即服务端）并订阅感兴趣的主题。在物联网应用中，这些客户端可能是数据展现端、使用端或存储端。

多个客户端连接到代理（即服务端）并向主题发布消息。在物联网应用中，这些客户端可能是各种传感器。

客户端订阅主题并处理这些信息，比如将信息存入数据库、转发至 Twitter，或者形成一个简单的文本文件。

（2）主题

MQTT 的主题是分层次结构的，使用斜杠 (/) 作为分隔符。这与文件系统目录结构的设计思路一致。例如，表现温度的主题可能是 sensors/floor1/temperature。

客户端可以订阅该主题，订阅之后只会收到该主题的消息；或者可以订阅通配符（有两个通配符可用，即 + 或 #）。+ 是单个层次结构的通配符，表示所有。例如 sensors/+/temperature 表示客户端要订阅所有楼层的温度信息。# 是所有剩余层级的通配符。这意味着它必须是订阅主题中的最后一个字符。

（3）服务质量

服务质量 (QoS) 定义 broker/client，尝试确保接收消息的努力程度。MQTT 定义了 3 个级别的 QoS。更高级别的 QoS 更可靠，但涉及更高的延迟并具有更高的带宽要求。

● 0：broker/client 只传递一次消息，没有确认。

● 1：broker/client 将至少传递一次消息，需要确认。

● 2：broker/client 将使用四步握手，将消息传递一次。

（4）保留消息

所有消息都可以设置为保留，即使所有的订阅者都已经收到某消息，代理也会保留该消息。如果有客户端新订阅了某主题，该主题消息将被发送到客户端。如果一个主题不经常更新，且没有保留消息，那么新订阅的客户端可能要很长时间才能收到消息。如果有保留消息，新订阅的客户端将很快收到消息。

（5）清洁会话和持久连接

在客户端与代理连接时，如果在客户端设置 clean session 为 false，则连接被视为持久连接。在这种设置下，即使客户端断开连接，它拥有的任何订阅也将保留，并且任何后续的 QoS 1 或 QoS 2 消息也将保留，直到再次连接上。如果 clean session 设置为 true，在客户端断开连接时将删除所有订阅。

（6）遗嘱

遗嘱是客户端希望代理在客户端意外断开连接时发送的消息。遗嘱消息有主题、QoS 和保留状态，与其他消息一样。

在 Node-RED 中，MQTT 节点组包括两个节点，分别为 mqtt in 和 mqtt out。这组节点的作用是连接 MQTT 代理（mqtt 服务端）、订阅（mqtt in）或者发布（mqtt out）。

mqtt in 节点在订阅 MQTT 主题的时候可以使用 MQTT 通配符（＋表示一个级别，＃表示多个级别）。使用该节点首先需要建立与 MQTT 代理的连接。几个 mqtt in 节点和 mqtt out 节点可以共享相同的 MQTT 代理连接。

mqtt out 节点以 msg.payload 设置发布消息的内容，如果包含 Object，则会在发送之前将其转换为 JSON 字符串。如果它包含二进制 Buffer 内容，消息将按原样发布。

可以在节点中配置所使用的主题，如果想留为空白，则可以通过 msg.topic 进行设置。

同样，可以在节点中配置 QoS 和保留值，如果想保留为空白，则可以分别由 msg.qos 和 msg.retain 设置。要清除先前存储在代理中的主题，请设置保留标志并向该主题发布空消息。

💡 注意：

MQTT 代理是实现 MQTT 协议的服务端。Node-RED 的 MQTT 节点组不会实现代理的功能，仅仅是连接代理完成消息的订阅和发布。因此在使用 MQTT 节点组之前，我们需要独立安装本地 MQTT 代理或者连接云端的 MQTT 代理服务。

1. 输入和输出

mqtt in 节点的输出属性如表 6-90 所示。

表 6-90　mqtt in 节点的输出属性

输出		
属性名称	含义	数据类型
payload	订阅的消息，如果不是二进制 Buffer 内容，就是字符串	String、Buffer
topic	订阅的 MQTT 主题，使用 "/" 作为层次结构分隔符，可以使用 MQTT 通配符	String
qos	服务质量，0 表示最多传递一次，1 表示最少传递一次，2 表示只传递一次	Number
retain	值为 true 时，表示消息已保留且可能是旧的	Boolean

mqtt out 节点的输入属性如表 6-91 所示。

表 6-91 mqtt out 节点的输入属性

输入		
属性名称	含义	数据类型
payload	要发布的消息。如果未设置此属性，则不会发送任何消息。要发送空白消息，请将此属性设置为空字符串	String、Buffer
topic	要发布的 MQTT 主题，使用"/"作为层次结构分隔符，可以使用 MQTT 通配符	String
qos	服务质量，0 表示最多一次，1 表示最少一次，2 表示只一次	Number
retain	设置为 true 表示将消息保留在代理上，默认值为 false。 要清除先前存储在代理中的主题，请设置 retain 为 true 并向该主题发布空消息	Boolean

2. 配置 mqtt-broker

mqtt in 和 mqtt out 节点都需要配置如何连接 mqtt-broker（服务端），具体为单击节点配置中服务端后面的铅笔按钮，如图 6-82 所示。

图 6-82 配置 mqtt-broker

然后出现关联节点 mqtt config 的设置界面，如图 6-83 所示。

图 6-83 关联节点 mqtt config 的设置界面

表 6-92 是属性配置说明。

表 6-92　mqtt-broker 属性配置说明

属性	描述
服务端	<ul><li>配置 mqtt-broker 服务端的 IP 地址、端口</li><li>Connect automatically 使用自动连接</li><li>是否使用 TLS 安全连接</li></ul>
Protocol	选择和服务端通信的协议版本：<ul><li>MQTT V3.1</li><li>MQTT V3.1.1</li><li>MQTT V5.1</li></ul>
客户端 ID	MQTT 通信需要客户端有自己的 ID，此处可以填写固定名称作为 ID，也可以不填写，让系统自动生成一个 ID
Keepalive 计时	和服务端之间的保活计时秒数，默认为 60 秒，即 60 秒发送一次保活消息，让服务端确认客户端还处于订阅或者发布状态
Session	使用新的会话
安全	在安全这个选项卡中，可以填写 mqtt-broker 所需要的用户名和密码，以供连接使用
消息	在消息这个选项卡中，可以配置在几种状态下自动发送消息的内容：<ul><li>连接时发送的消息</li><li>断开连接前发送的消息</li><li>意外断开连接时发送的消息</li></ul>

一个公开可用的 mqtt-broker：test.mosquitto.org。

关于 test.mosquitto.org 的说明如下。

这是一个公开可用的 Eclipse Mosquitto MQTT 服务器 / 代理。

服务器侦听以下端口。

1883：MQTT，未加密，未验证。

1884：MQTT，未加密，经过身份验证。

8883：MQTT，加密，未认证。

8884：MQTT，加密，需要客户端证书。

8885：MQTT，加密，认证。

8886：MQTT，加密，未认证。

8887：MQTT，加密，服务器证书故意过期。

8080：基于 WebSocket 的 MQTT，未加密，未验证。

8081：基于 WebSocket 的 MQTT，已加密，未经身份验证。

8090：基于 WebSocket 的 MQTT，未加密，经过身份验证。

8091：基于 WebSocket 的 MQTT，加密，认证。

加密端口支持带有 x509 证书的 TLS v1.3、TLS v1.2 或 TLS v1.1，并且需要客户端支持才能连接。对于端口 8883 和 8884，你应该使用证书颁发机构文件 mosquitto.org.crt

（PEM 格式）或 mosquitto.org.der（DER 格式）来验证服务器连接。端口 8081 和 8886 有 Let's Encrypt 证书，所以你应该使用系统 CA 证书或适当的 Let's Encrypt CA 证书进行验证。端口 8884 要求客户端提供证书以验证其连接。你可以生成自己的证书。

身份验证和主题访问

未经身份验证的客户端有权发布所有主题。客户端还可以订阅除文字 #topic 之外的所有主题。

使用用户名通配符连接将允许对 # 的订阅，成功 20 秒，然后自动删除。这允许发现感兴趣的主题。

经过身份验证的侦听器需要用户名 / 密码。

rw / readwrite：对主题层次结构的读 / 写访问。

ro / readonly：只读访问 #topic 层次结构。

wo / writeonly：只写访问 #topic 层次结构。

如果使用 test.mosquitto.org 作为 mqtt-broker，则 mqtt 节点的配置就需要遵照上述规则。本节中的 mqtt 节点示例均使用 test.mosquitto.org 作为 mqtt-broker。

3. 发布和订阅单个主题

发布和订阅一个单独的主题是 MQTT 节点最为常见的功能。本节示例表现了 MQTT 节点发布和订阅消息的全过程，流程如图 6-84 所示。

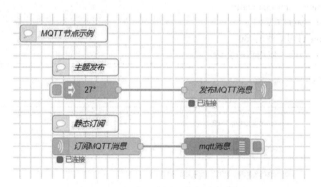

图 6-84　发布和订阅单个主题流程

流程中关键节点设置，如表 6-93 所示。

表 6-93　发布和订阅单个主题流程中关键节点设置

节点	发布MQTT消息 已连接 mqtt out 节点
设置	🌐 服务端　test.mosquitto.org:1883

（续）

设置	**≣ 主题** sensors/bxgateway001/temperature/10001 **⊗ QoS** 2 **⟳ 保留** 是 **🏷 名称** 发布MQTT消息
说明	单击"铅笔"按钮，进入服务端设置界面 向服务端的指定主题发布消息，可以理解为向服务端的指定目录写入消息
节点	发布MQTT消息))) ■ 已连接 mqtt out 节点的服务端设置
设置	**连接** 安全 消息 **♥ 服务端** test.mosquitto.org 端口 1883 ☑ Connect automatically ☐ 使用 TLS **⚙ Protocol** MQTT V3.1.1 **🏷 客户端ID** 留白则自动生成 **♥ Keepalive计时(秒)** 60 **i Session** ☑ 使用新的会话
说明	服务端：test.mosquitto.org 端口：1883 勾选 Connect automatically Protocol：MQTT V3.1.1 Keepalive 计时（秒）：60 Session：勾选"使用新的会话"
节点	订阅MQTT消息))) ■ 已连接 mqtt in 节点
设置	**♥ 服务端** test.mosquitto.org:1883 ✎ **Action** Subscribe to single topic **≣ 主题** sensors/bxgateway001/temperature/10001 **⊗ QoS** 2 **➡ 输出** 自动检测 (已解析的JSON对象、字符串或buffer) **🏷 名称** 订阅MQTT消息
说明	单击"铅笔"按钮，进入服务端设置界面。设置方法与 mqtt out 节点的服务端设置相同 从服务端订阅消息，可以理解为从服务器的某目录复制消息
执行结果	"27°"节点设置 msg.payload 为 27°，模拟传感器传来的温度采集数据 27°，由 mqtt out 节点发布到服务端的 sensors/bxgateway001/temperature/10001 主题中，再由 mqtt in 节点收取服务端

（续）

执行结果	sensors/bxgateway001/temperature/10001 主题中的最新消息。此时，单击"27°"节点头部发布一次主题，稍后你在 debug 栏看到以下消息： 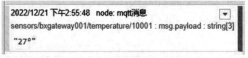 该输出是订阅流程获得消息后输出到 debug 栏

此示例展示了订阅和发布的全流程。另外，你也可以按照使用通配符的方式订阅以下主题获取同样的结果：

```
sensors/+/temperature/+
```

这表示不管哪个网关机器和传感器设备，只要是温度消息均订阅获取。通过这样灵活的通配符使用可以很轻松地获取某种类型、某个楼层、某个网关下的各种维度传感器数据，为物联网应用提供基础通信能力。

4. 动态订阅

该示例展示除了静态设定订阅主题以外，也可以动态设置（通过 msg.topic 设置）订阅主题。流程示意图如图 6-85 所示。

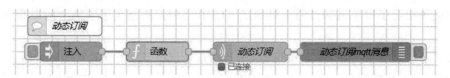

图 6-85　动态订阅流程示意图

该流程中关键节点设置如表 6-94 所示。

表 6-94　动态订阅流程中关键节点设置

节点	
节点	function 节点

设置	`msg.action="subscribe";`
	`msg.topic ="sensors/bxgateway001/temperature/10001";`
	`return msg;`

说明	这里定义了 msg.action 和 msg.topic，传给 mqtt in 节点使用。设置 msg.topic 值为需要订阅的主题
节点	mqtt in 节点
设置	服务端　test.mosquitto.org:1883 Action　Dynamic subscription

（续）

设置	☛ 输出	自动检测 (字符串或buffer) ⌄
		This option is depreciated. Please use the new auto-detect mode.
	🏷 名称	动态订阅
说明	Action 设置为 Dynamic subscription，mqtt in 节点增加了一个输入端口	
执行结果	单击"注入"节点头部按钮触发流程，同样可以订阅 sensors/bxgateway001/temperature/10001 主题中的消息： 2022/12/21 下午4:12:31 node: 动态订阅mqtt消息 sensors/bxgateway001/temperature/10001 : msg.payload : string[3] "27°"	

6.3.3 UDP 节点组

Internet 的传输层有两个主要协议：无连接的是 UDP（User Datagram Protocol，用户数据报协议），面向连接的是 TCP。两者互为补充。UDP 是 OSI（Open System Interconnection，开放式系统互联）参考模型中一种无连接的传输层协议，用于需要在计算机之间传输数据的网络应用。UDP 适合用于网络视频会议、音频和多媒体应用等。UDP 位于 IP 层之上。IP 层的报头指明了源主机和目的主机地址，UDP 层的报头指明了主机上的源端口和目的端口。

UDP 节点组由 udp in 节点和 udp out 节点组成。这组节点是通过 UDP 协议进行消息发送和监听（接收）消息的。udp out 节点始终作为客户端，支持发送 UDP 消息、广播消息和组播消息三种模式。udp in 节点始终作为服务端，支持监听 UDP 消息和组播消息两种模式。需要注意的一点是，在某些操作系统上需要有 root 权限才能使用和监听低于 1024 的端口。

1. 输入和输出

udp in 节点的输出属性如表 6-95 所示。

表 6-95 udp in 节点的输出属性

输出		
属性名称	含义	数据类型
payload	接收到的 UDP 消息或组播消息。在 msg.payload 中生成 Buffer、字符串或 Base64 编码的字符串	Buffer、String、Base64 编码的 String
ip	接收到的消息的 IP 地址	String
port	接收到的消息的端口	Number

udp out 节点的输入属性如表 6-96 所示。

表 6-96　udp out 节点的输入属性

输入		
属性名称	含义	数据类型
payload	UDP 发送或广播的内容，支持组播	Buffer、String、Base64 编码的 String
ip	向设置的 IP 地址发送、组播、广播 UDP 消息，如果选择广播，则将地址设置为本地广播 IP 地址，也可以尝试使用全局广播地址 255.255.255.255 注意：如果在节点配置中有所指定，则静态配置优先于 msg.ip 的设置	String
port	发送、组播、广播 UDP 消息的具体端口。 注意：如果在节点配置中有所指定，则静态配置优先于 msg.port 的设置	Number

2. 发送和接收 UDP 数据包

发送和接收 UDP 数据包是最基本的功能，一般是通过 UDP 协议和网络设备进行数据传输，实现控制等功能。此示例流程示意图如图 6-86 所示。

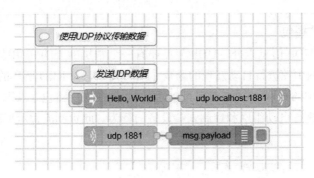

图 6-86　发送和接收 UDP 数据包流程示意图

该流程中关键节点设置如表 6-97 所示。

表 6-97　发送和接收 UDP 数据包流程中关键节点设置

节点	udp localhost:1881　udp out 节点		
设置	📧 发送一个　udp消息　到端口 1881 ≡ 地址　localhost　ipv4 绑定到任意本地端口		
说明	向 UDP 服务端发送数据。 udp out 节点是客户端，所以它要指明数据发到哪里，即服务端的地址和端口。发送的消息来自 msg.payload。"绑定到任意本地端口"的含义是单向发送，即此节点发送到对端后结束连接		

（续）

节点	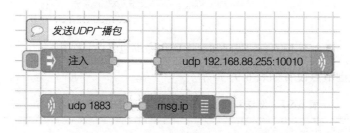 udp 1881	udp in 节点		
设置	◆» 监听	udp消息 ⌄		
	◆» 端口	1881	使用	ipv4 ⌄
	⌷» 输出	字符串 ⌄		
说明	接收来自 UDP 客户端的数据。udp in 节点作为服务端，地址就是本机地址，所以这里不需要指明地址，只需指明端口			
执行结果	注意，单击发送 UDP 信息后你会在调试窗口立即获取反馈消息，但是这并不是一个流程触发后的顺序执行结果，而是发送后，另外一个流程监听到相应端口（1881）的消息后的输出结果。如果在真实的应用环境中，监听角色与发送角色并不在同一个机器上。这个过程并不是一瞬间完成的，而是有一定网络延时，所以要清晰地理解这是完全不同的两个流程执行的结果 2022/12/21 下午4:58:21 node: d98b60d3.7331e msg.payload : string[13] "Hello, World!"			

3. 发送 UDP 广播包

除了指定发送 UDP 信息以外，UDP 节点还有一个常用的 UDP 应用就是发送 UDP 广播包，特别是在物联网中控进行自动发现的场景。当网关（Node-RED 所在的设备）和物联网中控处于同一个网络中的时候，UDP 节点可以通过发送 UDP 广播包来获取具体物联网中控的 IP 地址，以便后续进行自动组网和控制末端设备的行为。此示例流程示意图如图 6-87 所示。

图 6-87　发送 UDP 广播包流程示意图

此示例使用了的物联网中控在它的对接文档中做出以下约定。

中控自动发现
向同网段广播地址的 10010 端口发送广播消息：
{
"request":{"version":1,"serial_id":123,"from":"00000001","to":
"FFFFFFFF","request_id":1001,"ack":1,"arguments":null}
}

该网段所有中控接收到此消息后回复如下：

```
{
    "result":{
        "version":  1,
        "serial_id":  123,
        "from":"306E5163",
        "to":"00000001",
        "request_id":1001,
        "code": 0,
        "data": {
            "name":"&#25511;&#21046;&#22120;1",
            "firmware_ver":"v3.3.2.6",
            "conf_ver":"9AFD2991"
        }
    }
}
```

基于上面的技术标准，此流程中 udp out 节点设置如表 6-98 所示。

表 6-98　发送 UDP 广播包流程中 udp out 节点设置

节点	udp 192.168.88.255:10010　　udp out 节点
设置	✉ 发送一个 [广播消息 ▼] 到端口 [10010]　　≣ 地址 [192.168.88.255] [ipv4 ▼]　　[绑定到本地端口 ▼] [1883]　　☐ 是否解码 Base64 编码的信息？

💡 注意：

广播地址的最后一段一般为 255，那是因为子网掩码通常都是 255 默认设置，但是一旦网络有特殊设置就需要通过计算公式获得。广播地址计算方法如下。

广播地址＝IP 地址（二进制）or 子网掩码按位取反（二进制）

举例：

十进制		二进制
IP 地址	192.168.1.115	11000000.10101000.00000001.01110011

子网掩码 255.255.252.0	11111111.11111111.11111100.00000000
子网掩码按位取反	00000000.00000000.00000011.11111111
广播地址 192.168.3.255	11000000.10101000.00000011.11111111

广播返回"绑定到本地端口"为"1883"，含义是，当广播发出以后，有中控设备获得广播的数据，判断为自动发现指令，将返回消息到本机地址的 1883 端口。

本流程中 udp in 节点设置如表 6-99 所示。

表 6-99　发送 UDP 广播包流程中的 udp in 节点设置

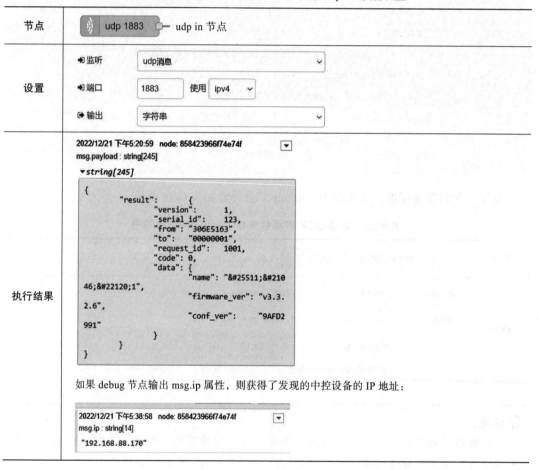

6.3.4　TCP 节点组

TCP 节点组由 tcp in 节点、tcp out 节点和 tcp request 节点组成，用于完成 TCP 的消息发送和接收工作。

TCP（Transmission Control Protocol，传输控制协议）是一种面向连接的、可靠的、基

于字节流的传输层通信协议。应用程序在使用 TCP 之前必须先建立 TCP 连接。TCP 通过校
验、序列号、确认应答、重发控制、连接管理以及窗口控制等机制实现可靠性传输。

　　tcp in 节点从 TCP 端口接收消息，可以连接到远程 TCP 端口。接收到的消息成为 msg.
payload 的值。tcp in 节点既可以是监听角色（服务端），也可以是连接角色（客户端）。一个
监听角色可以连接多个连接角色（一对多），而一个连接角色不能连接多个监听角色。TCP
是一对一通信服务。这里的一对一通信指的是每个 TCP 连接只能有两个端点。但是，一个
TCP 服务端可以与多个 TCP 客户端分别建立连接。

　　tcp out 节点向 TCP 端口发送消息，可以连接到远程 TCP 端口。它既可以是监听角色，
也可以是连接角色，或者回复从 tcp in 节点收到的信息（响应 TCP）。当它是响应 TCP 时，
tcp out 节点执行 "从哪里接收就回复到哪里" 的策略，因此不需要指定端口，会直接发送
消息到 tcp in 的端口。

　　tcp out 节点仅发送 msg.payload 值。如果 msg.payload 是包含二进制数据的 Base64 编
码的字符串，Base64 解码选项将导致它在发送之前转换回二进制。

　　每一个客户端和服务端的连接都会产生一个独立的 Session。Node-RED 把它存放在
msg._session 属性中。它以唯一 ID 的形式保存客户端的地址端口消息。如果存在 msg._
session，tcp out 节点会把 msg.payload 值发送到消息来源的客户端；如果不存在 msg._
session，tcp out 节点会把 msg.payload 值发送到所有连接的客户端。在实际应用中，如果希
望来自某个客户端的消息在加工后仍然只有该客户端可见，tcp out 节点只修改 msg.payload
值然后发送消息，这时 msg._session 仍然存在，所以该消息只会发给来源的客户端；如果
希望来自某个客户端的消息在加工后对所有客户端可见，tcp out 节点需要发送一个新生
成的数据（比如 newmsg，newmsg 中包含 payload 值）。由于是新生成的一个数据，因此
msg._session 就不存在了，所以该消息会发给所有的客户端。注意：在某些系统上，你可能
需要 root 权限来访问低于 1024 的端口。

　　tcp request 节点永远是连接角色（即客户端角色），连接到 TCP 服务器，将 msg.payload
值发送到服务器 TCP 端口，并接
收服务器 TCP 端口回复的消息，接
收到的回复消息仍然存放在 msg.
payload 中。不同于 tcp in 和 tcp out
的长连接状态，tcp request 节点可
以随用随连随关，即要用的时候才
连接，用完即关，设置界面如图
6-88 所示。

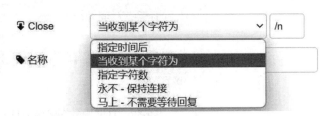

图 6-88　tcp request 节点关闭连接的设置界面

　　关闭连接设置解释如下。

- 指定时间后：从第一个答复到达起等待指定的时间后关闭连接。
- 当收到某个字符为：将在收到某个指定的字符后关闭连接。

- 指定字符数：当收到指定数量的字符后关闭连接。
- 永不：永不关闭连接，即保持连接。
- 马上：发送数据之后立即取消连接，无需等待答复。

另外，TCP 响应将在 msg.payload 中作为 Buffer 输出，因此你需要对它进行 toString() 操作。同时，如果要使用 msg.host 和 msg.port 设置 TCP 服务器 IP 和端口，那么在 tcp request 节点设置界面就应将 TCP 服务器和端口留空。

1. 输入和输出

TCP 节点组的输入和输出属性如表 6-100 所示。

表 6-100　TCP 节点组的输入和输出属性

输入和输出		
属性名称	含义	数据类型
payload	发送或接收的 TCP 内容。如果 payload 是包含二进制数据的 Base64 编码的字符串，Base64 解码选项将导致它在发送之前转换回二进制。如果不存在 msg._session，payload 将发送到所有连接的客户端	Buffer、String、Base64 编码的 String
host	向 host 地址发送消息或从 host 地址接收消息	String
port	向端口发送消息或从端口接收消息	Number

2. TCP 服务端输出消息

该示例是 Node-RED 作为 TCP 服务端，向 TCP 客户端输出消息，流程示意图如图 6-89 所示。

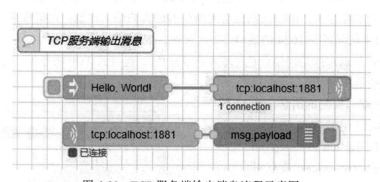

图 6-89　TCP 服务端输出消息流程示意图

该流程中关键节点设置如表 6-101 所示。

表 6-101　TCP 服务端输出消息流程中关键节点设置

节点		
节点	tcp:localhost:1881 1 connection	tcp out 节点

（续）

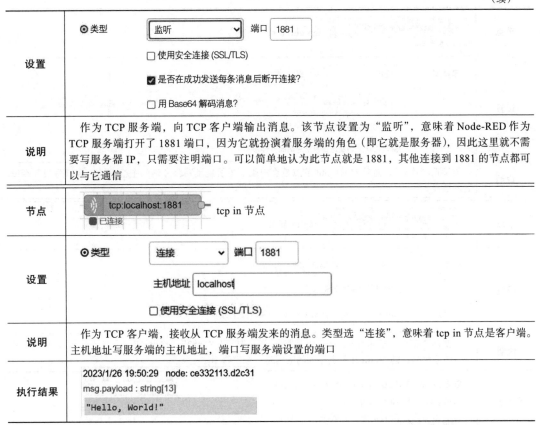

设置	◉ 类型　监听　端口 1881 □ 使用安全连接 (SSL/TLS) ☑ 是否在成功发送每条消息后断开连接? □ 用 Base64 解码消息?
说明	作为 TCP 服务端，向 TCP 客户端输出消息。该节点设置为"监听"，意味着 Node-RED 作为 TCP 服务端打开了 1881 端口，因为它就扮演着服务端的角色（即它就是服务器），因此这里就不需要写服务器 IP，只需要注明端口。可以简单地认为此节点就是 1881，其他连接到 1881 的节点都可以与它通信
节点	tcp:localhost:1881　tcp in 节点 ■ 已连接
设置	◉ 类型　连接　端口 1881 主机地址 localhost □ 使用安全连接 (SSL/TLS)
说明	作为 TCP 客户端，接收从 TCP 服务端发来的消息。类型选"连接"，意味着 tcp in 节点是客户端。主机地址写服务端的主机地址，端口写服务端设置的端口
执行结果	2023/1/26 19:50:29　node: ce332113.d2c31 msg.payload : string[13] "Hello, World!"

3. TCP 服务端输入消息

　　此示例与前一个示例相反，由 TCP 客户端输出消息，再由 TCP 服务端接收消息，流程示意图如图 6-90 所示。

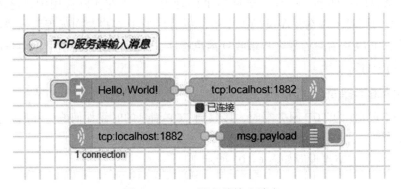

图 6-90　TCP 服务端输入消息

此流程中关键节点设置如表 6-102 所示。

表 6-102   TCP 服务端输入消息流程中关键节点设置

节点	 tcp:localhost:1882 已连接 tcp out 节点
设置	⊙类型 连接 ▽ 端口 1882 主机地址 localhost □使用安全连接 (SSL/TLS) ☑是否在成功发送每条消息后断开连接?
说明	类型选"连接",意味着 tcp out 节点是客户端。主机地址写服务端的主机地址,端口写服务端设置的端口
节点	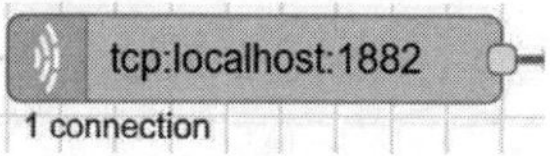 tcp:localhost:1882 1 connection tcp in 节点
设置	⊙类型 监听 ▽ 端口 1882 □使用安全连接 (SSL/TLS) ➥输出 单一 ▽ 字符串 ▽ 有效负载
说明	类型选"监听",意味着 tcp in 节点是服务端。端口写"1882"。输出"单一""字符串"。这里选"单一"的原因是,前面 inject 节点注入的数据是一个字符串
执行结果	**2023/1/26 20:12:22 node: 6b8be121.32be9** msg.payload : string[13] "Hello, World!"

以上两个示例分别展示了 tcp in 节点作为监听和连接角色,以及 tcp out 节点作为监听和连接角色的消息输入和输出模式。这样在同一个流程中观察 TCP 服务端和客户端的通信模式是很有意思的一件事,也有利于对 TCP 的理解。因为在实际应用中,通常 TCP 客户端和服务端不会同时出现在程序员的工作中,不是写 TCP 客户端向远程服务器收发消息程序,就是写 TCP 服务端向远程客户端收发消息程序,而远程的那一端很可能是由别的程序员维护的异构平台或系统。

4. 向 TCP 客户端回复消息

当 Node-RED 作为 TCP 服务端时,接收到 TCP 消息的时候如何响应和回复?流程示意图如图 6-91 所示。

此流程中各关键节点设置如表 6-103 所示。

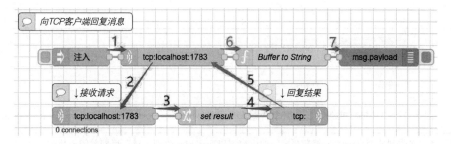

图 6-91　向 TCP 客户端回复消息流程示意图

表 6-103　向 TCP 客户端回复消息流程中关键节点设置

节点	tcp:localhost:1783　tcp request 节点	
设置	**⊕ 服务器** localhost　　　　　　 **端口** 1783 　　　□ 使用安全连接 (SSL/TLS) **➡ 返回** Buffer **⬇ Close** 当收到某个字符为　　　\n	
说明	节点作用：永远作为客户端，与服务端连接，向服务端发送请求，并接收服务端的回复 服务器：填写服务端的端口和服务端主机地址 返回：Buffer。这里因为返回的消息是 Buffer 类型，所以需要后续的 buffer to string 转换节点 Close：选"当收到某个字符为"并填写"\n"，意思是当收到换行符时关闭连接	
节点	Buffer to String　function 节点	
设置	msg.payload = msg.payload.toString(); return msg;	
说明	将收到的消息从 Buffer 类型转成 String 类型	
节点	tcp:localhost:1783　tcp in 节点	
设置	**⊙ 类型** 监听　　　　　　 **端口** 1783 　　　□ 使用安全连接 (SSL/TLS) **➡ 输出** 字串流　　 字符串　　 有效负载 　　　分隔符号 !	
说明	节点作用：作为服务端，接收客户端请求，并将接收的消息往下一节点传送 类型选"监听"，说明它是服务端；端口设置为 1783 输出选"字串流""字符串"，分隔符号填入"!"。这里选"字串流"的原因是前面 inject 节点注入的数据是表达式格式。分隔符号填入"!"，是指以"!"标志消息结束	

（续）

节点	set result	change 节点
设置	≡ 设定 ˅ ▼ msg. payload to the value ▼ J: "回复: " & payload & "\n" •••	
说明	将收到的消息设置为带有 "\n" 的内容，以便客户端收到 "\n" 后即关闭连接	
节点	tcp:	tcp out 节点
设置	⊙ 类型 响应 TCP ˅	
说明	节点作用：把消息发送给发起请求的客户端 类型选 "响应 TCP"，则它输出的消息会指定传给发请求的客户端	
执行结果	2023/1/26 20:46:26　node: 33df08b.753e9f8 msg.payload : string[17] ▸ "回复: Hello, World↵"	

6.3.5　WebSocket 节点组

WebSocket 与 HTTP 一样，都是属于应用层的网络数据传输协议，都基于 TCP。WebSocket 相比 HTTP 最大的特点是：允许服务端主动向客户端推送数据（HTTP 1.1 中客户端只能通过轮询的方式获取服务端数据）。

WebSocket 定义客户端和服务端只需要完成一次握手，两者之间就可以建立持久性连接，并进行双向数据传输。WebSocket 握手阶段采用 HTTP 来传输数据，完成握手后，单独建立一条 TCP 通信通道，之后数据都是基于 TCP 直接传输。

凡是需要实时互动的 Web 应用一般都会使用到 WebSocket，比如即时通信、直播、游戏、在线协作等。

在 Node-RED 中，WebSocket 节点组由 websocket in 节点和 websocket out 节点组成。与 TCP 节点组一样，websocket in 节点和 websocket out 节点也都可以通过监听或者连接的模式对外提供 WebSocket 数据传送。

默认情况下，websocket in 节点从 WebSocket 接收的数据位于 msg.payload 中。

默认情况下，websocket out 节点的 msg.payload 将通过 WebSocket 发送。侦听器可以配置为以 JSON 格式的字符串发送或接收整个消息对象。如果到达此节点的消息是从 websocket in 节点开始的，该消息将发送回触发流程的客户端；否则，消息将广播给所有连接的客户端。这与 TCP 节点的处理机制相同。换句话说，如果要广播从 websocket in 节点开始的消息，应该删除流中的 msg._session 属性；如果要私信，应该保留 msg._session 属性。websocket in 和 websocket out 节点配置界面中，"路径"右侧都有"铅笔"按钮 🖉 以配置 websocket client（客户端）或 websocket listener（监听器）。当选择 websocket client（客户端）时，节点将 WebSocket 客户端连接到指定的 URL；当选择 websocket listener（监听器）时，节点使用指定的 URL 创建 WebSocket 服务器端点。

1. WebSocket 客户端输出消息

本示例展示了如何通过 WebSocket 客户端输出消息，流程示意图如图 6-92 所示。

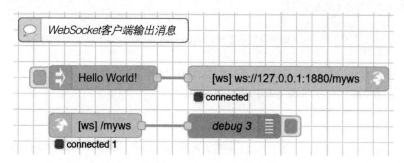

图 6-92　WebSocket 客户端输出消息流程示意图

此流程中关键节点设置如表 6-104 所示。

表 6-104　WebSocket 客户端输出消息流程中关键节点设置

节点	[ws] ws://127.0.0.1:1880/myws　connected　websocket out 节点	
设置	⊙ 类型	连接
	🔖 URL	ws://127.0.0.1:1880/myws　🖉
说明	节点作用：作为客户端，向服务端发送消息 类型选"连接"，意味着该节点是客户端角色 设置 URL 时，必须先单击 🖉 按钮进入 websocket client 配置界面才能录入 ws://127.0.0.1:1880/myws。该设置的意思是：连接 WebSocket 服务器 127.0.0.1 的 1880 端口下路径为 /myws 的服务	
节点	[ws] /myws　connected 1　websocket in 节点	
设置	⊙ 类型	监听
	🔖 路径	/myws　🖉
说明	节点作用：作为服务端，接收客户端发来的消息并展示 类型选"监听"，意味着该节点是服务端角色	

(续)

说明	路径设置时，必须先单击 ✏ 按钮进入 websocket listener 配置界面才能录入 /myws。该设置的意思是：监听路径为 /myws 的服务，WebSocket 服务端的默认地址和端口分别是 127.0.0.1 和 1880 端口
执行结果	设置好后，单击"部署"按钮，websocket in 和 websocket out 节点下面会出现连接状态显示。 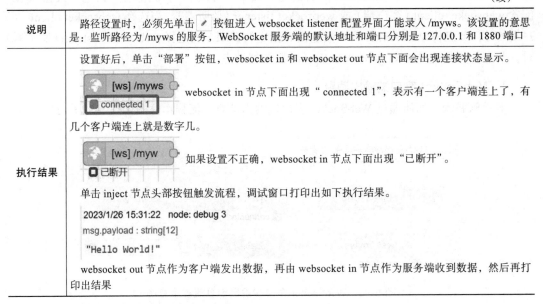 websocket in 节点下面出现"connected 1"，表示有一个客户端连上了，有几个客户端连上就是数字几。 如果设置不正确，websocket in 节点下面出现"已断开"。 单击 inject 节点头部按钮触发流程，调试窗口打印出如下执行结果。 2023/1/26 15:31:22　node: debug 3 msg.payload : string[12] "Hello World!" websocket out 节点作为客户端发出数据，再由 websocket in 节点作为服务端收到数据，然后再打印出结果

2. WebSocket 和前台页面交互示例

该流程通过对 msg._session 的判断来选择是消息群发还是单独发送，流程示意图如图 6-93 所示。

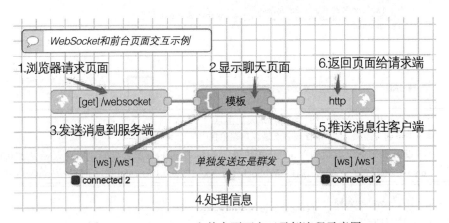

图 6-93　WebSocket 和前台页面交互示例流程示意图

流程中各关键节点设置如表 6-105 所示。

表 6-105　WebSocket 和前台页面交互示例流程中关键节点设置

节点	模板　template 节点
设置	`<html>`

(续)

设置	

```html
<head>
  <script>
    // 生成一个 WebSocket 客户端，并建立与服务端的连接
    var ws = new WebSocket("ws://127.0.0.1:1880/ws");
    // 服务端连接打开的时候
    ws.onopen = function(evt) {
      changeContent("连接建立成功!")
    };
    // 收到服务端推送来的消息
    ws.onmessage = function(evt) {
      changeContent("收到:" + evt.data)
    };
    // 服务端连接关闭的时候
    ws.onclose = function(evt) {
      changeContent("连接关闭.");
    };
    // 向服务端发送消息
    function sendMsg(){
      ws.send("有人发送消息!");
    }
    // 客户端关闭连接
    function closeWebSocket(){
      changeContent("连接关闭");
      ws.close()
    }
    // 修改页面上 Content 区域的内容
    function changeContent(msg){
      document.getElementById("content").innerHTML += msg+"</br>";
    }
  </script>
</head>
<body>
  <div id="content"></div>
  <button onclick="sendMsg()">发送消息</button>
  <button onclick="self.location.reload()">重新连接</button>
  <button onclick="closeWebSocket()">关闭连接</button>
</body>
</html>
```

输出类型为：纯文本

说明	实现前台页面构建。作为 WebSocket 客户端，与服务端通信

节点	[ws] /ws　websocket out 节点
	connected 1

（续）

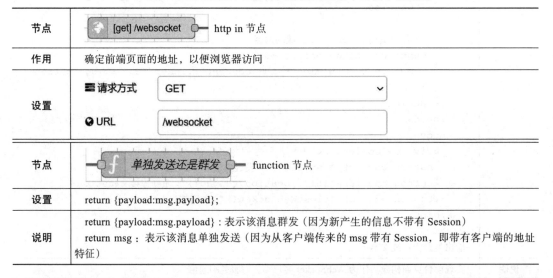

设置	⊙ 类型 监听 ▌路径 /ws
说明	节点作用：作为 WebSocket 服务端，向客户端（也就是前台页面）发送消息 类型选"监听"，意味着该节点是服务端角色 设置路径时，必须先单击 ✎ 按钮才能录入 /ws。该设置的意思是：监听路径为 /ws 的服务
节点	[ws] /ws websocket in 节点 connected 1
设置	⊙ 类型 监听 ▌路径 /ws
说明	节点作用：作为 WebSocket 服务端，从客户端（也就是前台页面）接收消息 类型选"监听"，意味着该节点是服务端角色 设置路径时，必须先单击 ✎ 按钮才能录入 /ws。该设置的意思是：监听路径为 /ws 的服务

该流程中其他节点设置如表 6-106 所示。

表 6-106　WebSocket 和前台页面交互流程中其他节点设置

节点	[get] /websocket http in 节点
作用	确定前端页面的地址，以便浏览器访问
设置	▤ 请求方式 GET ◉ URL /websocket
节点	ƒ 单独发送还是群发 function 节点
设置	return {payload:msg.payload};
说明	return {payload:msg.payload}：表示该消息群发（因为新产生的信息不带有 Session） return msg：表示该消息单独发送（因为从客户端传来的 msg 带有 Session，即带有客户端的地址特征）

　　单击"部署"按钮，然后触发流程。这个流程不同于前面的那些用 inject 头部按钮触发的示例流程，它是靠前端页面操作来触发。浏览器地址栏输入 http://127.0.0.1:1880/websocket，只要页面出现了，即触发了流程。流程结果展现如表 6-107 所示。

表 6-107　WebSocket 和前台页面交互流程结果展现

结果展现	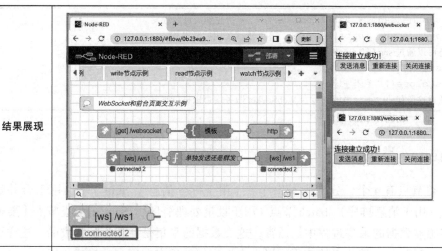
说明	有多少个浏览器打开了 http://127.0.0.1:1880/websocket 页面，就显示有多少个连接
结果展现	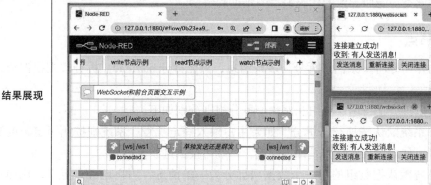
说明	打开浏览器一，单击"发送消息"，浏览器一和浏览器二同时出现了"收到：有人发送消息"。这是因为 function 节点中写的代码是：return {payload:msg.payload}，它成功地破坏了浏览器一在发给服务端的消息中带有的浏览器一的地址信息，因此服务端回应的消息就是群发，所以所有的客户端都会收到回应的消息。这就是群聊软件的实现原理

WebSocket 和前台页面交互示例中前台页面的代码编写在 template 节点中，代码说明如表 6-108 所示。

表 6-108　WebSocket 和前台页面交互示例中前台页面的代码说明

节点	{模板} template 节点
说明	节点中的 HTML 代码是使用 HTML5 的最新内置特性 websocket 完成的，直接在 HTML 代码中增加 var ws = new WebSocket("ws://127.0.0.1:1880/ws"); 就可以建立 WebSocket 连接，然后通过 WebSocket 事件接收消息以及获取连接和关闭状态： ws.onopen = function(evt) {} //连接成功后触发

(续)

说明	ws.onmessage = function(evt) {} // 接收到消息后触发
	ws.onclose= function(evt) {} // 连接关闭后触发
	还可以通过 send 和 close 方法发送和关闭消息给后台：
	ws.send(msg) // 发送消息
	ws.close() // 关闭连接
	通过这段代码，前台页面和后台 WebSocket 服务端可以进行正常通信了

6.4　Sequence 类节点

Sequence 类节点有 4 个，分别为 split 节点（用于拆分消息）、join 节点（用于合并消息）、sort 节点（用于消息排序）、batch 节点（用于批量处理消息）。Sequence 类节点主要使用在物联网传感器数据的采集过程中。通常，这类数据的采集是持续不断完成的，这样形成了数据序列。Sequence 类节点的使用可以大大地方便处理数据序列的格式化工作，也大大降低了因实现此类功能而导致的代码编写的难度和数量。

6.4.1　split 节点

split 节点的作用是将一条消息拆分为多条消息，只能拆分 payload。拆分规则根据消息类型不同而不同。

split 节点可以拆分字符串、数组和对象，拆分规则分别如下。

- 字符串。系统默认按换行符拆分。如果用户输入固定长度，系统则按此固定长度拆分字符串。如果输入的数据是二进制流，系统可按二进制流拆分。
- 数组。系统默认把数组的每一个数据项拆分为一条消息，用户也可自定义，比如把数组的每两个数据项拆分为一条消息。
- 对象。系统默认把对象的每个键值对拆分为一条消息，默认把每个值赋给新消息的payload 属性。用户也可选择同时把每个键赋给新消息的某个属性。

1. 输入和输出

split 节点的输入和输出属性如表 6-109 所示。

表 6-109　split 节点的输入和输出属性

	属性名称	含义	数据类型
输入	payload	节点的行为由 msg.payload 的类型决定。 - String、Buffer：使用指定的字符（默认值为 \n）、缓冲区序列或固定长度将消息拆分 - Array：消息被拆分为单个数组元素或固定长度的数组 - Object：为对象的每个键 / 值对发送一条消息	String、Buffer、Array、Object

（续）

	属性名称	含义	数据类型
输出	parts	此属性包含新消息与原始消息关联的消息。如果将此属性传递给 join 节点，则可以将序列重组为拆分前的单个消息。该属性具有以下配置。 ● id：一组消息的标识符 ● index：组中的位置 ● count：已知组中的消息总数 ● type：消息的类型：String、Array、Object、Buffer ● ch：用于将消息拆分为字符串或数组的数据 ● key：对于对象，创建此类消息的属性的键 ● len：使用固定长度值拆分消息时，每段子消息的长度	Object

2. 用指定字符来拆分文本

此示例展示了如何利用一段文本中有规律的字符进行内容拆分，比如通过换行（换行在计算机中也是一个特殊字符）进行拆分。这类场景经常出现在物联网数据采集或者数据对接中。此流程示意图如图 6-94 所示。

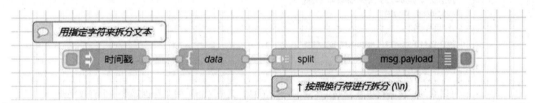

图 6-94　用指定字符来拆分文本流程示意图

此流程中各关键节点设置如表 6-110 所示。

表 6-110　用指定字符来拆分文本流程中关键节点设置

节点	{ data ── template 节点
作用	数据准备
设置	**模板** 　1　苹果 　2　橘子 　3　香蕉 输出类型为：纯文本
说明	这里表达的数据其实是一个带换行符（\n）的字符串："苹果 \n 橘子 \n 香蕉 \n"
节点	split ── split 节点
作用	拆分前一节点传来的字符串

(续)

设置	**字符串 / Buffer** 拆分使用 ▾ ᵃ₂ \n ☐ 作为消息流处理
说明	如果用 "\n" 进行拆分，可分别得到 3 条消息
执行结果	2022/12/14 下午4:57:43　node: 14228ff.ae24f7 msg.payload : string[2] "苹果" 2022/12/14 下午4:57:43　node: 14228ff.ae24f7 msg.payload : string[2] "橘子" 2022/12/14 下午4:57:43　node: 14228ff.ae24f7 msg.payload : string[2] "香蕉" 当然，你也可以将设置改为按照字符数量来拆分。在 split 节点的配置界面设置"字符串 /Buffer"-"拆分使用"为"固定长度"-"4"，其他配置保持不变。输出结果如下： 2022/12/14 下午6:49:35　node: debf23bb.c0245 msg.payload : string[4] ▸"苹果↵橘" 2022/12/14 下午6:49:35　node: debf23bb.c0245 msg.payload : string[4] ▸"子↵香蕉" 可以看到，该字符串被分成 4 个字符一个消息，其中 "\n" 回车符也算作一个有效字符

按照指定字符来拆分消息，通常在采集数据的场景，所采集的数据是一个有特殊规则的字符串，比如从串口设备中获取数据，这样就可以快速设置来拆分和加工，最后得到经过格式化的有效数据。

3. 拆分数组

如果流程传来的是一个数组，则通过拆分数组来完成数据准备。示例流程示意图如图 6-95 所示。

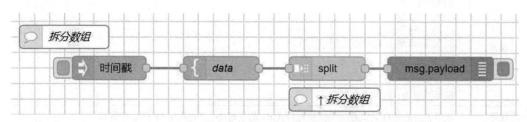

图 6-95　拆分数组示例流程示意图

此流程中，各关键节点作用及设置如表 6-111 所示。

表 6-111　拆分数组流程中各关键节点作用及设置

节点	{data}　template 节点
作用	数据准备
设置	模板 1 [2 "苹果", 3 "橘子", 4 "香蕉" 5] 输出类型为：JSON
说明	这是模拟前序流程传入的数组消息。这里表达的数据是一个字符串数组
节点	split　split 节点
作用	拆分前一节点传来的数组
设置	数组 拆分使用　固定长度 1
说明	split 节点遇到数组输入的时候会自动开启数组拆分模式，将数组每个元素都拆分成一条消息输出
执行结果	2022/12/14 下午8:54:56　node: bee5b6a2.a955a8 msg.payload : string[2] "苹果" 2022/12/14 下午8:54:56　node: bee5b6a2.a955a8 msg.payload : string[2] "橘子" 2022/12/14 下午8:54:56　node: bee5b6a2.a955a8 msg.payload : string[2] "香蕉"

4. 将对象拆分为键值对

如果流程传来的是一个对象，则通过拆分对象来完成数据准备，示例流程示意图如图 6-96 所示。

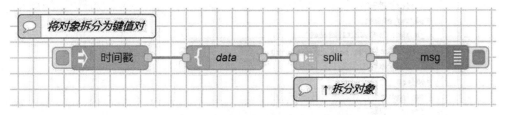

图 6-96　拆分对象示例流程示意图

此流程中各关键节点设置如表 6-112 所示。

表 6-112 拆分对象流程中关键节点设置

节点	template 节点
作用	数据准备

设置	模板
	
	``
	1 ▾ {
	2 "苹果": 80,
	3 "橘子": 100,
	4 "香蕉": 50
	5 ▴ }
	``
	
	输出类型为：JSON

说明	模拟前序流程传入的 JSON 对象消息
节点	split 节点
作用	拆分前一节点传来的对象数据
设置	对象 每个键值对作为单个消息发送 ☑ 复制键到 msg. topic
说明	由于前序节点传来的数据是一个 JSON 对象，因此 split 节点遇到 JSON 对象输入的时候会自动开启对象拆分模式，将对象的每个键值对都拆分成一条消息输出
执行结果	2022/12/14 下午9:03:23 node: fc9fe458.50fd18 苹果 : msg : Object ▾ object payload: 80 topic: "苹果" ▸ parts: object _msgid: "0bbba30928779d4c" 2022/12/14 下午9:03:23 node: fc9fe458.50fd18 橘子 : msg : Object ▾ object payload: 100 topic: "橘子" ▸ parts: object _msgid: "6d3a42202889b6e9" 2022/12/14 下午9:03:23 node: fc9fe458.50fd18 香蕉 : msg : Object ▾ object payload: 50 topic: "香蕉" ▸ parts: object _msgid: "5eed3fc747468501"

5. 串口数据重排模式

在 split 节点设置界面，如果勾选了"作为消息流处理"，split 节点就处于串口数据重排模式。例如，发送换行符终止命令的串行设备可能会传递一条消息，并在其末尾带有部分命令。 在数据重排模式下，此节点将拆分一条消息并发送每个完整的段。如果末尾有部分片段，该节点将保留该片段，并将其添加到收到的下一条消息之前。在此模式下运行时，该节点将不会设置 msg.parts.count 属性，因为流中期望的消息数是未知的。这意味着它不能与自动模式下的 join 节点一起使用。

在上节示例中，在 split 节点的配置界面设置"字符串 /Buffer"为"作为消息流处理"，其他配置保持不变。重新部署后执行，输出结果如表 6-113 所示。

表 6-113　串口数据重排模式流程输出结果

第一次单击 inject 节点	2022/12/14 下午7:03:21　node: 14228ff.ae24f7 msg.payload : string[2] "苹果" 2022/12/14 下午7:03:21　node: 14228ff.ae24f7 msg.payload : string[2] "橘子"
说明	当第一次触发的时候，输入数据"苹果 \n 橘子 \n 香蕉"会按照最后一个换行符之前是串口数据，之后是特殊命令的规则分开，最后变为 数据体:"苹果 \n 橘子" 命令体:"香蕉" 然后再对数据体进行拆分，因此得到第一次的输出结果是: "苹果" "橘子"
再次单击 inject 节点	2022/12/14 下午7:03:53　node: 14228ff.ae24f7 msg.payload : string[4] "香蕉苹果" 2022/12/14 下午7:03:54　node: 14228ff.ae24f7 msg.payload : string[2] "橘子"
说明	当再次触发并按照规则拆分后，命令体加到分解出来的第一个消息前面并输出: "香蕉苹果" "橘子"

6.4.2　join 节点

join 节点可以看作 split 节点的逆向操作，它是把多条消息合并为一条消息。join 节点收到消息后先将消息暂时存储下来，然后按照设置的条件将收到的消息合并起来再发送出去，通常和 split 节点配对使用，但不是必须和 split 节点配对使用。常见的应用是，用 split 节点对数据拆分，然后筛选、归类数据，再用 join 节点对数据重新组合。在自动模式下，如果 join 节点与 split 节点配对使用，那么 split 节点拆分前的数据是什么类型，join 节点合并后的数据也是什么类型。

join 节点支持 3 种合并模式，分别是自动模式、手动模式、缩减序列模式。

- 自动模式：自动模式使用传入消息的 parts 属性来确定应如何连接序列。这使它可以自动逆转 split 节点的操作。
- 手动模式：手动地以各种方式合并消息序列。
- 缩减序列模式：对消息列中的所有消息使用表达式，以将其简化为单个消息。

1. 输入和输出

join 节点的输入属性如表 6-114 所示。

表 6-114　join 节点的输入属性

属性名称	含义	数据类型
输入		
parts	使用自动模式时，所有的消息都应包含此属性。split 节点会生成此属性，但也可以手动进行设置。该属性具有以下配置。 ● id：消息组的标识符 ● index：组中的位置 ● count：已知组中的消息总数 ● type：消息的类型，包括 String、Array、Object、Buffer ● ch：用于将消息拆分为字符串或数组 ● key：对于对象，创建此消息的属性的键 ● len：使用固定长度值拆分消息时，每段子消息的长度	Object
complete	如果设置，节点将以其当前状态输出消息	Any

join 节点没有特定输出属性，它的输出就是合并后的消息。

2. 自动连接模式

join 节点提供了一个自动连接的模式。在自动模式下，它使用 msg.parts 属性来决定要加入的消息序列，可以分别与 split 节点、cvs 节点、switch 节点配对，并自动将已被拆分的消息进行合并。此示例展示了这三种情况，流程示意图如图 6-97 所示。

通过 split 节点后再合并消息流程中节点设置如表 6-115 所示。

表 6-115　通过 split 节点后再合并消息流程中节点设置

节点	template 节点
作用	数据准备
设置	Apple Orange Banana

（续）

设置	Kiwi 输出类型为：纯文本
说明	这是按 \n 换行符分隔的字符串数据
节点	▣ split ▢— split 节点
作用	拆分前一节点传来的字符串数据
设置	**字符串 / Buffer** 拆分使用　　▾ ᵃ_z \n ☐ 作为消息流处理
说明	split 节点自动按字符串规则拆分消息，分解为 4 条消息
节点	▣ 连接 ▢— join 节点
作用	合并消息
设置	模式　　自动
说明	此模式假定此节点与 split 节点相连，或者接收到的消息有正确配置的 msg.parts 属性。自动模式下，join 节点使用 msg.parts 属性将消息合并
执行结果	2022/12/15 下午4:51:26　node: 8defdbb8.aa9c08 msg.payload : string[24] ▸ "Apple↵Orange↵Banana↵Kiwi"

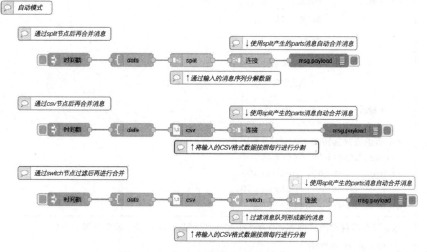

图 6-97　自动连接模式流程示意图

自动模式是直接将多条消息拼接为一个字符串输出，没法做更多的细节设置。而且输入是字符串类型，合并后结果也为字符串类型。

通过 csv 节点后再合并消息流程中节点设置如表 6-116 所示。

表 6-116 通过 csv 节点后再合并消息流程中节点设置

节点	 { data } template 节点	
作用	数据准备	
设置	name,price Apple,100 Orange,80 Banana,120 Kiwi,50 输出类型为：纯文本	
说明	这是一个 CSV 格式数据。表格有两列：第一列是名称，第二列是价格。数据有 4 行，即 4 条	
节点	 1,2 CSV csv 节点	
作用	将 csv 字符串转换为键值对对象	
设置	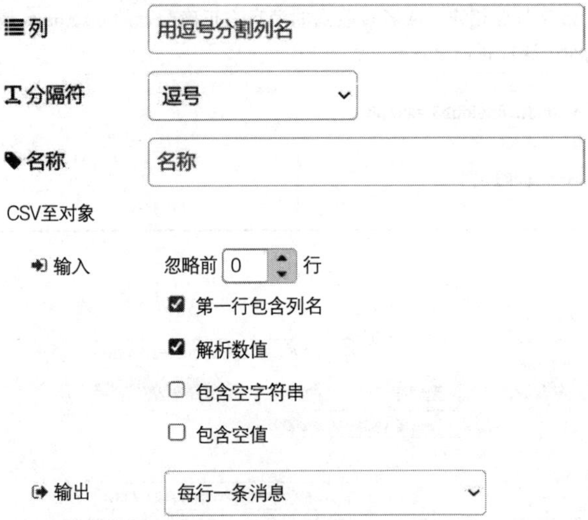 ☰ 列 用逗号分割列名 ⊥ 分隔符 逗号 ∨ 🏷 名称 名称 CSV至对象 ↪ 输入 忽略前 [0] 行 ☑ 第一行包含列名 ☑ 解析数值 ☐ 包含空字符串 ☐ 包含空值 ↪ 输出 每行一条消息 ∨	
说明	csv 节点将数据转为 4 条对象： {name:"Apple", price:100}, {name:"Orange", price:80}, {name:"Banana", price:120}, {name:"Kiwi", price:50}	
执行结果	join 节点的自动模式将 csv 节点产生的 parts 消息自动合并，输出结果如下： msg.payload : array[4] ▾array[4] ▾0: object	

（续）

	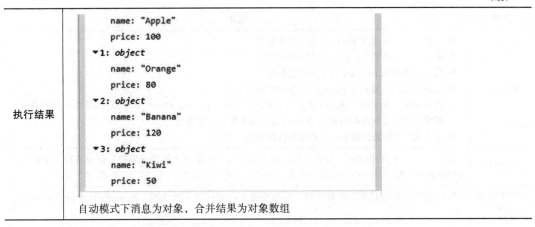
执行结果	
	自动模式下消息为对象，合并结果为对象数组

通过 switch 节点过滤后再进行合并流程中节点设置如表 6-117 所示。

表 6-117　通过 switch 节点过滤后再进行合并流程中节点设置

节点	switch — switch 节点
设置	msg.payload.price >= 100
执行结果	经过以上过滤条件，输出结果如下： 2022/12/15 下午5:03:04 node: 967a8991.a09208 msg.payload : array[2] ▼array[2] 　▼0: object 　　　name: "Apple" 　　　price: 100 　▼1: object 　　　name: "Banana" 　　　price: 120 此时，price 小于 100 的被过滤掉，剩下的合并到了一个数组中

3. 手动连接模式

手动连接模式是在 join 节点设置界面中，选择模式为"手动"。选择了手动模式后可以配置其他不同的手动参数来达到不同的输出效果。手动模式设置界面如图 6-98 所示。

手动模式下的其他参数介绍如表 6-118 所示。

表 6-118　手动模式下的其他参数介绍

属性	描述
合并每个	这里需要用户输入 msg 的属性名称，表示需要合并哪些数据流
输出为	这里定义输出的数据类型，有字符串、Buffer、数组、键值对对象、合并对象等几个选项。这里指定输出数据类型后，join 节点就不按合并前的数据类型来合并了，而是按这里指定的类型来合并

（续）

属性	描述
输出为	• 字符串：合并每个 payload 为字符串数据 • Buffer：合并每个 payload 为 Buffer 数据 • 数组：将每个 payload 合并为数组数据 • 键值对对象：将每个 payload 合并为键值对对象 • 合并对象：如果每个 payload 为一个键值对对象，merged object 会将 payload 合并为拥有多个键值对的对象（合并对象）。拥有的键值对个数由设置指定 输出消息的其他属性都取自发送结果前的最后一条消息
合并符号	输出为"字符串 /Buffer"时有此项，指合并后每个数据项之间的分隔符。可以选择文字列或二进制流两种类型。合并符号由用户依自己习惯自行定义，可以填写","";""-"等符号
使用此值作为键	输出为"键值对对象"时有此项。可以设置 msg 的任意属性为键。Node-RED 推荐设置为 msg. topic
发送消息	设置在什么条件下发送消息。发送消息的条件有以下几种 • 达到一定数量的消息时。用户可以自定义 join 节点合并了多少消息时才把消息发送出去。发送之后，join 节点清空，又开始接收并合并消息，达到设置数量时又发送，循环往复 ■ 如果输出是对象，可以勾选"和每个后续的消息"，意思是达到此计数后的合并消息与后续每条消息都合并为一条消息输出 • 第一条消息的若干时间后。join 节点收到第一条消息多长时间后把合并的消息发送出去。发送之后，join 节点清空，又开始接收并合并消息，达到设置时间后又发送，循环往复 • 在收到存在 msg.complete 的消息后。如果收到存在 msg.complete 的消息，join 节点立即把合并的消息发送出去。发送之后，join 节点清空，又开始接收并合并消息，收到存在 msg. complete 的消息后又发送，循环往复如果收到带有 msg.reset 属性的消息，已收到的消息将被删除而不发送，同时重置消息列数 如果这里没有定义发送消息的条件，join 节点会一直接收和合并消息，直到消息流结束，再一次性发送出合并后的消息

图 6-98　手动模式设置界面

以上手动配置的"发送消息"参数通过以下 3 个简单示例进行展示，流程示意图如图 6-99 所示。

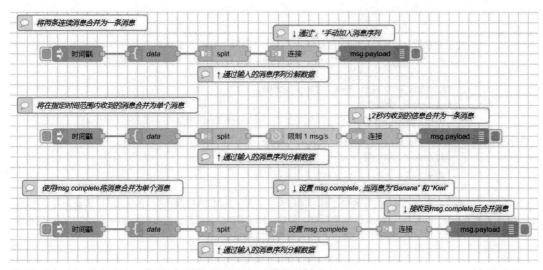

图 6-99　手动连接模式流程示意图

　　三个示例都是通过"data"节点设置数据，然后通过 split 节点模拟拆分成多条消息，再通过"连接"节点进行合并。

　　三个流程中的"连接"节点设置如表 6-119 所示。

表 6-119　手动连接模式流程中"连接"节点设置

节点	第一个流程中的"连接"节点
设置	发送信息： • 达到一定数量的消息时　　　　　　　[2] 　□ 和每个后续的消息
执行结果	拆分出来的消息为 4 条，按照每 2 条进行合并的最终结果显示如下： 2022/12/15 下午2:27:25　node: e3e636ab.5c5068 msg.payload : string[12] 　"Apple,Orange" 2022/12/15 下午2:27:25　node: e3e636ab.5c5068 msg.payload : string[11] 　"Banana,Kiwi" 这种手动按数量进行合并的模式常用于物联网数据采集中输入固定数据格式的场景
节点	第二个流程中的"连接"节点
设置	发送信息： • 达到一定数量的消息时　　　　　　　[数量] • 第一条消息的若干时间后　　　　　　　[2]

（续）

执行结果	此示例在拆分出 4 条消息发送后增加了一个"限制 1msg/s"的延时节点，即 4 条消息将按照每秒 1 条发送。当"连接"节点设置为第一条消息收到 2 秒后合并，则获得以下输出： 2022/12/15 下午2:49:11 node: 659414e8.e901fc msg.payload : string[19] 　"Apple,Orange,Banana" 2022/12/15 下午2:49:14 node: 659414e8.e901fc msg.payload : string[4] 　"Kiwi" 第一条消息"Apple"收到 2 秒后进行合并输出，此时正好接收完"Banana"。因此合并前三项："Apple，Orange，Banana"，然后剩余最后一项"Kiwi"，最后进行输出。这种手动按照时间进行合并的模式常用于物联网数据采集中输入频率固定的场景
节点	第三个流程中的"连接"节点
设置	发送信息： • 达到一定数量的消息时　　　　数量 • 第一条消息的若干时间后　　　　秒 • 在收到存在 `msg.complete` 的消息后 由于前一节点有 msg.complete 传来，所以这里不需要另行设置发送消息条件
执行结果	经过这段代码，合并的时机是在 payload 等于"Orange"或者 payload 等于"Kiwi"的时候，按照目前的顺序，当第二条消息"Orange"送达的时候就是第一次触发 msg.complete=true 的时候。此时马上进行合并和输出，因此输出为"Apple，Orange"和"Banana，Kiwi" 2022/12/15 下午3:02:04 node: d1a98ee5.3a55 msg.payload : string[12] 　"Apple,Orange" 2022/12/15 下午3:02:04 node: d1a98ee5.3a55 msg.payload : string[11] 　"Banana,Kiwi"

　　手动连接模式下除了输出字符串消息以外，也可以输出数组、对象。以下 4 个示例展示数组、对象消息的输出方式，流程示意图如图 6-100 所示。

　　示例一：将两个连续消息合并到数组类型单个消息中。

　　"data"节点准备数据，通过 split 节点分解为 4 条消息，然后在"连接"节点的设置中配置输出为"数组"，最终结果如图 6-101 所示。

　　示例二：使用 topic 和 payload 将两个连续消息合并到对象类型单个消息中。

　　此示例流程中节点设置如表 6-120 所示。

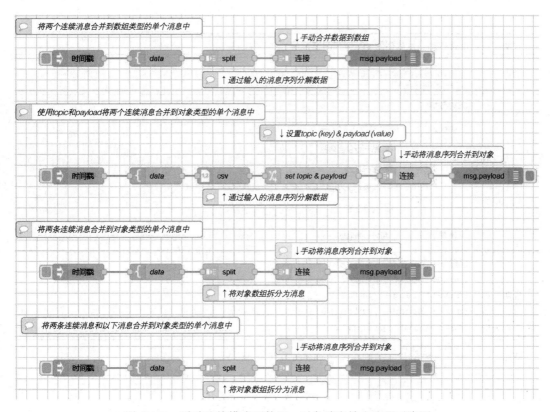

图 6-100　手动连接模式下数组、对象消息输出流程示意图

```
2022/12/15 下午3:27:24  node: 758b3990.2442c8
msg.payload : array[2]
▶ [ "Apple", "Orange" ]
2022/12/15 下午3:27:24  node: 758b3990.2442c8
msg.payload : array[2]
▶ [ "Banana", "Kiwi" ]
```

图 6-101　手动连接模式下数组消息输出流程执行结果

表 6-120　使用 topic 和 payload 将两个连续消息合并到对象类型单个消息示例流程中节点设置

节点	![data节点] template 节点
设置	name,price Apple,100 Orange,20 Banana,80 Kiwi,120 输出类型为：纯文本

（续）

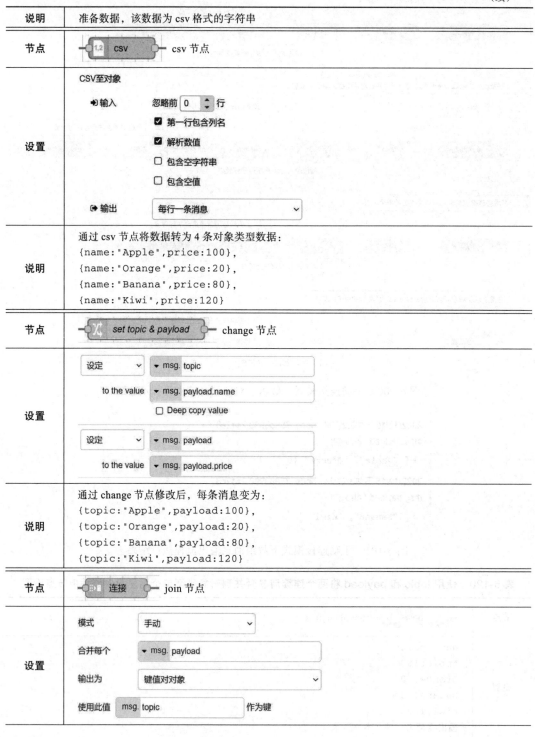

说明	准备数据，该数据为 csv 格式的字符串

节点 — csv 节点

设置 — CSV至对象

输入　忽略前 0 行
☑ 第一行包含列名
☑ 解析数值
☐ 包含空字符串
☐ 包含空值

输出　每行一条消息

说明 — 通过 csv 节点将数据转为 4 条对象类型数据：
{name:"Apple",price:100},
{name:"Orange",price:20},
{name:"Banana",price:80},
{name:"Kiwi",price:120}

节点 — set topic & payload — change 节点

设置 —
设定　▼ msg. topic
to the value　▼ msg. payload.name
☐ Deep copy value

设定　▼ msg. payload
to the value　▼ msg. payload.price

说明 — 通过 change 节点修改后，每条消息变为：
{topic:"Apple",payload:100},
{topic:"Orange",payload:20},
{topic:"Banana",payload:80},
{topic:"Kiwi",payload:120}

节点 — 连接 — join 节点

设置 —
模式　手动
合并每个　▼ msg. payload
输出为　键值对对象
使用此值　msg. topic　作为键

（续）

设置	发送信息: • 达到一定数量的消息时　　　　　　　　 2 　　☐ 和每个后续的消息
执行结果	2022/12/15 下午3:56:34　node: 8442c86.2559838 Orange : msg.payload : Object ▸ { Apple: 100, Orange: 20 } 2022/12/15 下午3:56:34　node: 8442c86.2559838 Kiwi : msg.payload : Object ▸ { Banana: 80, Kiwi: 120 } 输出键值对对象是指可以指定具体的"键"和"值"为 msg 的哪个属性，然后按照要求合并输出，适用于对输出结果有格式要求的场景

示例三：将两条连续消息合并到对象类型的单个消息流程中，节点设置如表 6-121 所示。

表 6-121　将两条连续消息合并到对象类型的单个消息流程中节点设置

节点	{ data }　template 节点
设置	```[{"name": "Apple"}, {"price": 100}, {"name": "Orange"}, {"price": 20}, {"name": "Banana"}, {"price": 80}, {"name": "Kiwi"}, {"price": 120}]``` 输出类型为：JSON
说明	准备数据，数据为对象数组
节点	▮▮ split　split 节点
设置	默认
说明	通过 split 节点拆分出 8 条消息，每条消息为一个对象: {"name": "Apple"}, {"price": 100}, {"name": "Orange"}, {"price": 20}, {"name": "Banana"}, {"price": 80},

（续）

说明	{"name": "Kiwi"}, {"price": 120}
节点	▭ 连接 ▭ —— join 节点
设置	模式　　　　手动　　　　　　　　∨ 合并每个　▾ msg. payload 输出为　　　合并对象　　　　　　　∨ 发送信息： • 达到一定数量的消息时　　　　2 　　□ 和每个后续的消息
执行结果	输出 4 个对象： 2022/12/15 下午4:14:27　node: df61f87d.0a7c38 msg.payload : Object ▸{ name: "Apple", price: 100 } 2022/12/15 下午4:14:27　node: df61f87d.0a7c38 msg.payload : Object ▸{ name: "Orange", price: 20 } 2022/12/15 下午4:14:27　node: df61f87d.0a7c38 msg.payload : Object ▸{ name: "Banana", price: 80 } 2022/12/15 下午4:14:28　node: df61f87d.0a7c38 msg.payload : Object ▸{ name: "Kiwi", price: 120 }

　　示例四：将两条连续消息和以下消息合并到对象类型的单个消息流程中，节点设置如表 6-122 所示。

表 6-122　将两条连续消息和以下消息合并到对象类型的单个消息流程中节点设置

节点	▭ { data ▭ —— template 节点
设置	[　　{"name": "Apple"}, 　　{"price": 100}, 　　{"order": 5}, 　　{"order": 1}, 　　{"order": 20}] 输出类型为：JSON

（续）

说明	准备数据，数据为对象数组
节点	 split 节点
设置	默认
说明	通过 split 节点将拆分出 5 条消息： {"name": "Apple"}, {"price": 100}, {"order": 5}, {"order": 1}, {"order": 20}
节点	 join 节点
设置	 模式　　　　　　手动 合并每个　　　　▼ msg. payload 输出为　　　　　合并对象 发送信息： ● 达到一定数量的消息时　　　3 ☑ 和每个后续的消息 设置每 3 条消息合并，并且是和每个后续的消息，意思是前 2 条消息保持不动，并和每个后续的消息组成 3 条消息，然后合并成一条并发送
执行结果	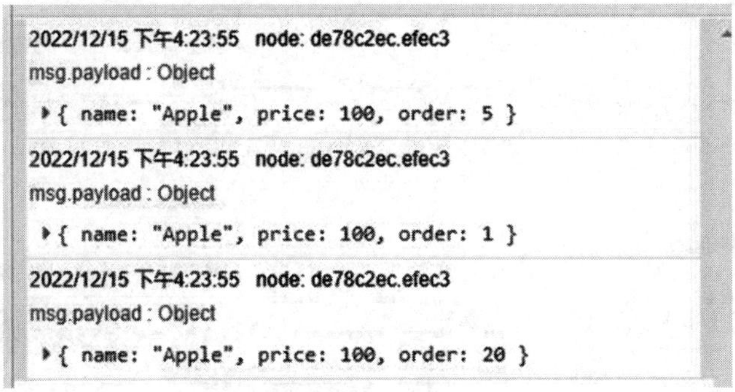 2022/12/15 下午4:23:55 node: de78c2ec.efec3 msg.payload : Object ▶ { name: "Apple", price: 100, order: 5 } 2022/12/15 下午4:23:55 node: de78c2ec.efec3 msg.payload : Object ▶ { name: "Apple", price: 100, order: 1 } 2022/12/15 下午4:23:55 node: de78c2ec.efec3 msg.payload : Object ▶ { name: "Apple", price: 100, order: 20 }

4. 缩减序列模式

缩减序列模式是将表达式应用于组成消息列的每条消息，并使用聚合值组成一条消息，示例流程示意图如图 6-102 所示。

以下为表达式使用规则和示例。

（1）初始值

累加值的初始值（$A）。

（2）聚合表达式

序列中的每个消息调用的 JSONata 表达式。结果将作为累加值传递到表达式的下一个调用。表达式中可以使用以下特殊变量。

- $A：累加值。
- $I：消息在序列中的索引。
- $N：序列中的消息数。

（3）最终调整式子

可选的 JSONata 表达式在将聚合表达式应用于序列中的所有消息之后应用。表达式中可以使用以下特殊变量。

- $A：累加值。
- $N：消息在序列中的索引。

默认情况下，按顺序从序列的第一条消息到最后一条消息应用聚合表达式，也可以选择以相反的顺序应用聚合表达式。

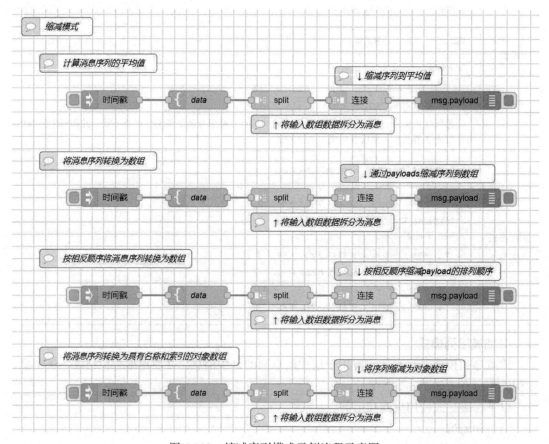

图 6-102　缩减序列模式示例流程示意图

以下通过 4 个示例介绍了如何通过不同配置完成消息流缩减。

示例 1：计算消息序列平均值，流程中节点设置如表 6-123 所示。

表 6-123　计算消息序列平均值流程中节点设置

节点	template 节点
设置	[1, 2, 3, 4, 5, 6, 7, 8, 9, 10] 输出类型为：JSON
说明	准备数据：一个数字数组
节点	split 节点
设置	默认
说明	对 msg 进行拆分，拆分后成为 10 条消息
节点	join 节点
设置	模式　　　缩减序列 Reduce 表达式　$A+payload 初始值　　　0 Fix-up exp　$A/$N $A 为累加值，初始值是 0，当 10 条消息发送到此节点的时候，会逐一通过 $A+payload 的方式进行累加，当 10 条消息发送完毕后，通过 $A/$N（$N 为消息数量）来输出最终结果。这种设置用于取平均数：（1+2+3+4+5+6+7+8+9+10）/ 10
执行结果	最终输出结果为 5.5： 2022/12/15 下午7:49:38　node: 50977eaf.0490b msg.payload : number **5.5**

示例 2：将消息序列转换为数组，流程中节点设置如表 6-124 所示。

表 6-124　将消息序列转换为数组流程中节点设置

节点	template 节点
设置	Apple Orange Banana Kiwi

（续）

设置	输出类型为：纯文本
说明	将包含换行符的字符串赋值给 payload
节点	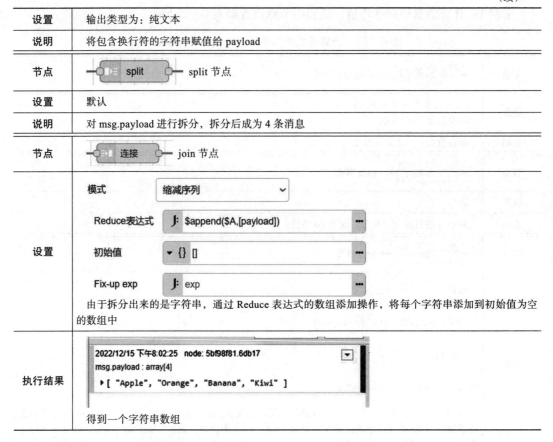 split 节点
设置	默认
说明	对 msg.payload 进行拆分，拆分后成为 4 条消息

节点	连接 —— join 节点
设置	模式　　　　　缩减序列 ⌄ Reduce表达式　$append($A,[payload]) 初始值　　　▼ {} [] Fix-up exp　　exp 由于拆分出来的是字符串，通过 Reduce 表达式的数组添加操作，将每个字符串添加到初始值为空的数组中
执行结果	2022/12/15 下午8:02:25　node: 5bf98f81.6db17 msg.payload : array[4] ▶ ["Apple", "Orange", "Banana", "Kiwi"] 得到一个字符串数组

示例 3：按相反顺序将消息序列转换为数组，和上一个示例完全相同的设置，只是"连接"节点设置稍有变化，流程中"连接"节点设置如表 6-125 所示。

表 6-125　按相反顺序将消息序列转换为数组流程中"连接"节点设置

节点	连接 —— join 节点
设置	模式　　　　　缩减序列 ⌄ Reduce表达式　$append($A,[payload]) 初始值　　　▼ {} [] Fix-up exp　　exp ☑ 反向求值(从后往前)

（续）

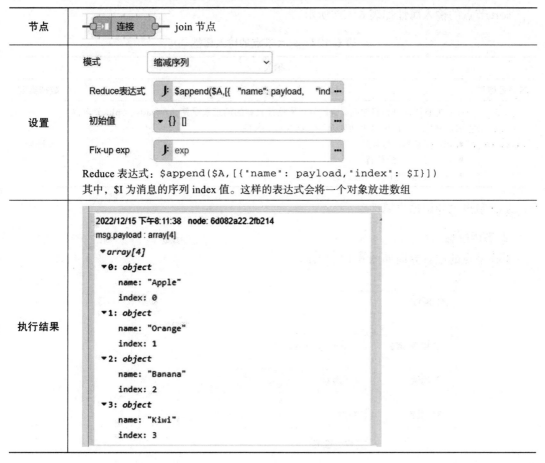

示例 4：将消息序列转换为具有名称和索引的对象数组，和上一个示例相同的数据准备，"连接"节点做以下设置，如表 6-126 所示。

表 6-126　将消息序列转换为具有名称和索引的对象数组流程中"连接"节点设置

因此，根据实际数据需求，配置不同的 Reduce 表达式，合理使用 $A、$N、$I 三个变量，完成数据的格式化工作。

6.4.3　sort 节点

sort 节点是对消息属性或消息序列进行排序的节点。当配置为对消息属性进行排序时，

sort 节点将对指定消息属性所指向的数组数据进行排序；当配置为对消息序列进行排序时，sort 节点将对消息重新排序。需要注意的是，在此节点的使用过程中，消息在内存中存储，通过指定要累积的最大消息数，可以防止意外的高内存使用。sort 节点默认设置是不限制消息数量，如需要设置，则修改 settings.js 文件中 nodeMessageBufferMaxLength 属性即可。

排序可以是升序，也可以是降序。对于数字，可以通过复选框指定数字顺序。排序键可以是元素值，也可以是 JSONata 表达式来对属性值进行排序，还可以是 message 属性或 JSONata 表达式来对消息序列进行排序。

1. 输入和输出

sort 节点的输入属性如表 6-127 所示。

表 6-127 sort 节点的输入属性

输入		
属性名称	含义	数据类型
parts	在对消息序列进行排序时，sort 节点依赖接收到的消息来设置 msg.parts。split 节点将生成此属性，但也可以手动创建。它具有以下属性。 • id：消息组的标识符 • index：组中的位置 • count：群组中的消息总数	Object

sort 节点无特定输出属性。

2. 节点配置

sort 节点的配置界面如图 6-103 所示。

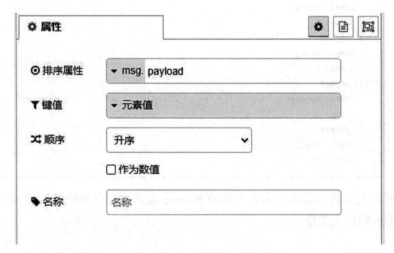

图 6-103 sort 节点的配置界面

此节点配置属性描述如表 6-128 所示。

表 6-128　sort 节点配置属性描述

属性	描述
排序属性	● 指定 msg 的属性值：前序节点传来的是 msg 属性值 ● 消息队列：前序节点通过 split 节点拆分出来的消息队列
键值	排序键还可以是 msg 属性或 JSONata 表达式，以对消息序列进行排序
顺序	● 升序 ● 降序 对于数字，可以通过复选框指定数字顺序
名称	sort 节点名称

3. 数组排序

sort 节点的数组排序都是在输入数据本身就是数组的格式下进行排序，示例流程示意图如图 6-104 所示。

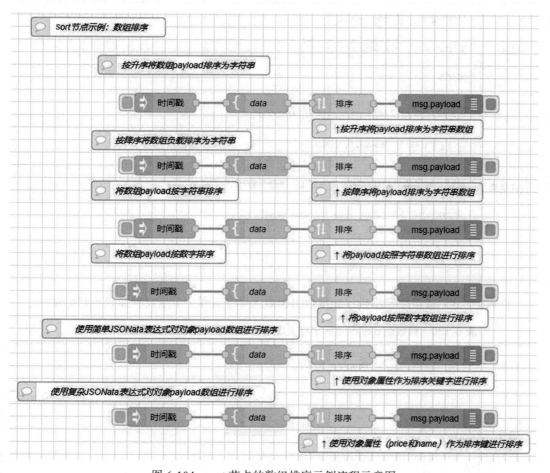

图 6-104　sort 节点的数组排序示例流程示意图

按升 / 降序将 payload 排序为字符串流程中节点设置如表 6-129 所示。

表 6-129　按升 / 降序将 payload 排序为字符串流程中节点设置

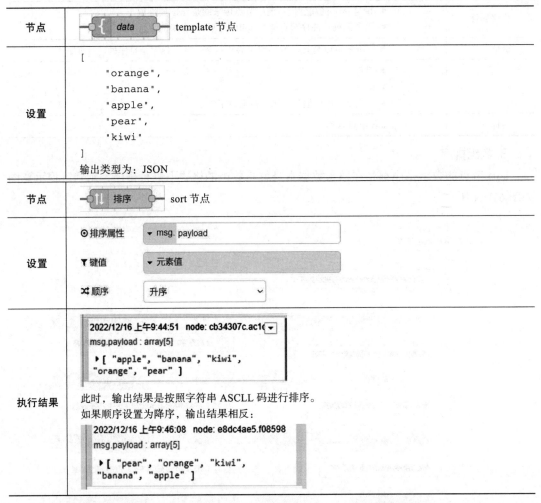

节点	template 节点
设置	```[
"orange",
"banana",
"apple",
"pear",
"kiwi"
]``` 输出类型为：JSON
节点	sort 节点
设置	排序属性　▼ msg. payload 键值　▼ 元素值 顺序　升序
执行结果	2022/12/16 上午9:44:51 node: cb34307c.ac1c msg.payload : array[5] ▶ ["apple", "banana", "kiwi", "orange", "pear"] 此时，输出结果是按照字符串 ASCLL 码进行排序。 如果顺序设置为降序，输出结果相反： 2022/12/16 上午9:46:08 node: e8dc4ae5.f08598 msg.payload : array[5] ▶ ["pear", "orange", "kiwi", "banana", "apple"]

将数组 payload 按字符串排序和将数组按数字排序流程中节点设置如表 6-130 所示。

表 6-130　将数组 payload 按字符串排序和将数组按数字排序流程中节点设置

节点	template 节点
设置	```[
"1024",
"86",
"256",
"100",
"9"```

（续）

设置	] 输出类型为：JSON
说明	准备数据，数据是一个字符串数组
节点	排序 —— sort 节点
设置	⊙ 排序属性　▼ msg. payload ▼ 键值　▼ 元素值 ⤬ 顺序　升序
执行结果	此时，虽然元素变成了数字字符串，但依然会按照字符串进行排序，输出结果如下： 2022/12/16 上午9:50:12　node: ca74a53e.90fc08 msg.payload : array[5] ▸["100", "1024", "256", "86", "9"] 但是，如果此时将"排序"节点设置增加"作为数值"的勾选： ⊙ 排序属性　▼ msg. payload ▼ 键值　▼ 元素值 ⤬ 顺序　升序 ☑ 作为数值 排序前节点会把每个元素转化为数字，然后按照数字大小进行排序，结果如下： 2022/12/16 上午9:52:31　node: 45738f07.16416 msg.payload : array[5] ▸["9", "86", "100", "256", "1024"]

使用简单 JSONata 表达式对对象 payload 数组进行排序，流程中节点设置如表 6-131 所示。当输入数据为对象数组的时候，排序元素需要指定属性作为键值或者使用表达式进行高级排序。

表 6-131　使用简单 JSONata 表达式对对象 payload 数组进行排序流程中节点设置

节点	data —— template 节点
设置	[　　{"name": "orange","price": 80}, 　　{"name": "banana","price": 250}, 　　{"name": "apple","price": 100}, 　　{"name": "pear","price": 150},

（续）

设置	`{"name": "kiwi","price": 320 }`
	`]`
	输出类型为：JSON

说明	这里准备的数据是一个对象数组
节点	 sort 节点
设置	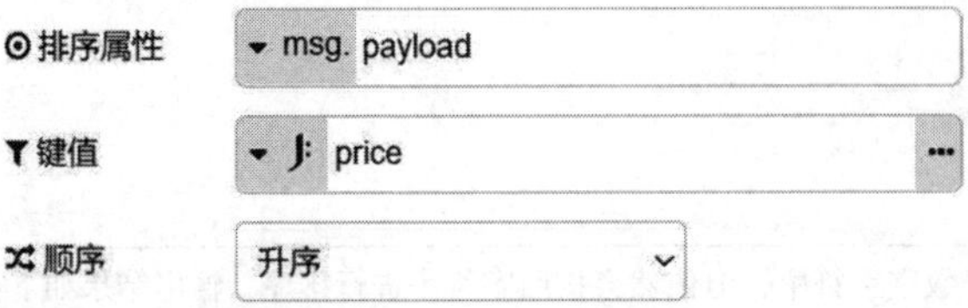 此时，指定排序是按照 price 属性的值进行排序的。由于对象中 price 属性是数字类型，因此直接使用数字进行升序排序
执行结果	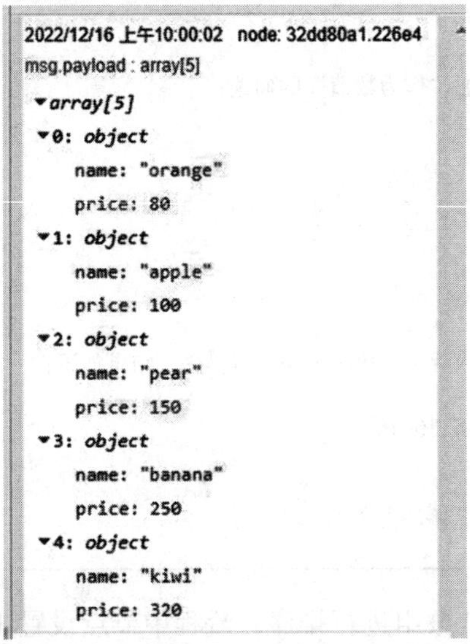

使用复杂 JSONata 表达式对对象数组进行排序，流程中节点设置如表 6-132 所示。

表 6-132　使用复杂 JSONata 表达式对对象数组进行排序流程中节点设置

节点	 template 节点

设置	`[`
	`    {"name": "orange","price": 100},`
	`    {"name": "banana","price": 200},`
	`    {"name": "apple","price": 100},`
	`    {"name": "pear","price": 200},`

（续）

设置	`{"name": "kiwi","price": 200}`
	`]`
	输出类型为：JSON

节点	↑↓ 排序 —— sort 节点
设置	◎ 排序属性　▼ msg. payload ▼ 键值　▼ J: `$substring("0000" & $string(price), -4) & n` ⋯ ⤧ 顺序　升序 其中的表达式是：`$substring("0000" & $string(price), -4) & name` 该表达式的含义为：`$substring("0000" & $string(price), -4)` 部分是把每个元素的 price 属性改变为四位的字符串，如 100 变成 "0100"，200 变成 "0200"，然后再和属性 name 进行 联合排序
执行结果	2022/12/16 上午10:08:48　node: 6a4af14a.cafc4 msg.payload : array[5] ▼ array[5] 　▼ 0: object 　　　name: "apple" 　　　price: 100 　▼ 1: object 　　　name: "orange" 　　　price: 100 　▼ 2: object 　　　name: "banana" 　　　price: 200 　▼ 3: object 　　　name: "kiwi" 　　　price: 200 　▼ 4: object 　　　name: "pear" 　　　price: 200

此结果是在 name 属性排序前提下并行加入 price 属性的排序结果，因此 banana 排在了 orange 之后。此类复杂的表达式可以应用到各种数据要求的排序场景中。

4. 消息队列

如果"排序"节点输入的是消息队列，则可对此消息队列进行排序处理。此组示例的数据准备和数组排序示例一致，只是在"排序"节点前，增加了 split 节点，通过 split 节点对消息进行拆分，模拟出消息队列输出。"排序"节点设置中排序属性都选择为"消息队列"，最后输出结果和数组排序示例完全一致。这组示例展示了消息队列排序的场景，流程示意图如图 6-105 所示。

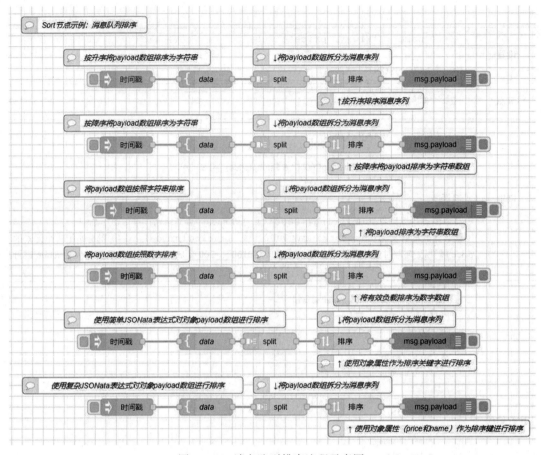

图 6-105　消息队列排序流程示意图

6.4.4　batch 节点

batch 节点的作用是根据各种规则创建消息序列，主要是配合前面的 split 节点、join 节点和 sort 节点使用，通常是经过前面流程将消息序列按照要求拆分、合并、排序后，再根据新的规则重新创建新的消息序列，特别适用于物联网传感器数据采集后的清理分类排序并重建场景。

该节点将在内存缓存消息，以便跨序列工作。运行时设置 nodeMessageBufferMax-Length 可用于限制节点将缓存多少消息。

1. 节点配置
batch 节点配置界面如图 6-106 所示。

batch 节点配置属性描述如表 6-133 所示。

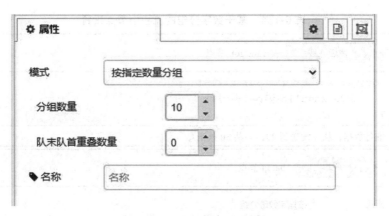

图 6-106　batch 节点配置界面

表 6-133　batch 节点配置属性描述

属性	描述
模式	有 3 种创建消息序列的模式。 ● 按指定数量分组：将消息分组为给定长度的序列 　■ 分组数量：按照多少数量一组进行重建 　■ 队末队首重叠数量：指定在一个序列的末尾应重复多少消息。 ● 按时间间隔分组：对在指定时间间隔内到达的消息进行分组。如果在该时间间隔内没有消息到达，该节点可以选择发送空消息 ● 按主题分组：通过串联输入序列来创建消息序列。每条消息必须具有 msg.topic 属性和标识其序列的 msg.parts 属性。该节点配置有 topic 值列表，以标识所连接的顺序序列
名称	batch 节点名称

2. 基于数字分组

按数量对连续消息进行分组，示例流程示意图如图 6-107 所示。

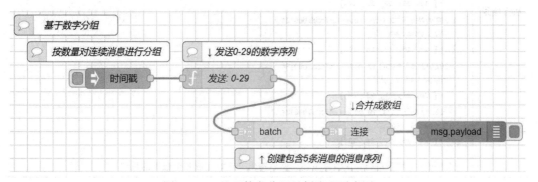

图 6-107　基于数字分组示例流程示意图

此流程中节点设置如表 6-134 所示。

表 6-134   基于数字分组的流程中节点设置

节点	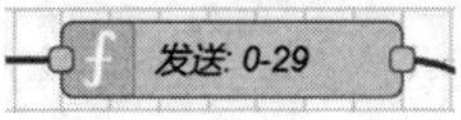 ![发送 0-29] function 节点

设置	`for(var x = 0; x < 30; x++) {`
	`    node.send({payload: x});`
	`}`

说明	准备数据，从 0 发送到 29，一共 30 条消息
节点	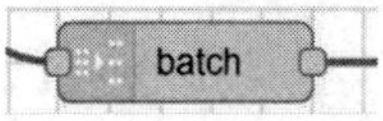 batch 节点
设置	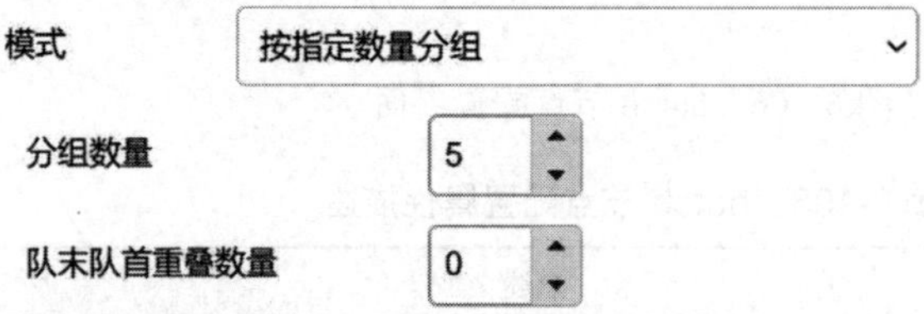 模式 按指定数量分组 分组数量 5 队末队首重叠数量 0
节点	 连接 join 节点
设置	模式：自动
执行结果	自动合并为数组输出： 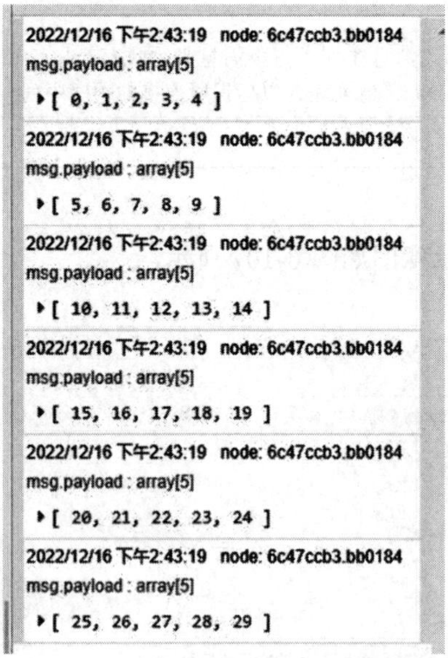 2022/12/16 下午2:43:19 node: 6c47ccb3.bb0184 msg.payload : array[5] ▸ [0, 1, 2, 3, 4] 2022/12/16 下午2:43:19 node: 6c47ccb3.bb0184 msg.payload : array[5] ▸ [5, 6, 7, 8, 9] 2022/12/16 下午2:43:19 node: 6c47ccb3.bb0184 msg.payload : array[5] ▸ [10, 11, 12, 13, 14] 2022/12/16 下午2:43:19 node: 6c47ccb3.bb0184 msg.payload : array[5] ▸ [15, 16, 17, 18, 19] 2022/12/16 下午2:43:19 node: 6c47ccb3.bb0184 msg.payload : array[5] ▸ [20, 21, 22, 23, 24] 2022/12/16 下午2:43:19 node: 6c47ccb3.bb0184 msg.payload : array[5] ▸ [25, 26, 27, 28, 29] 按照每 5 个数字进行一次消息重建，然后输出，正好完成 6 个数组的重建

将 5 条连续消息分组，重叠 1 条消息示例展示了连续消息分组的时候进行重叠处理的场景，流程示意图如图 6-108 所示。

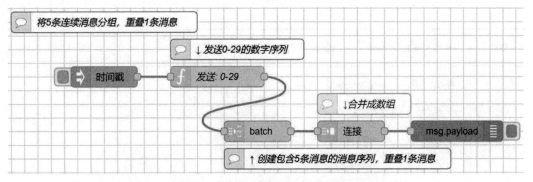

图 6-108　基于数字分组的数据重叠处理流程示意图

该流程中除了将 batch 节点的设置 "队末队首重叠数量" 改为 "2"，其余节点设置与上一流程完全一样，节点设置信息如表 6-135 所示。

表 6-135　基于数字分组的数据重叠处理流程中节点设置

节点	batch 节点
设置	模式　　按指定数量分组 分组数量　　5 队末队首重叠数量　　2
执行结果	输出结果变为： [0, 1, 2, 3, 4] [3, 4, 5, 6, 7] [6, 7, 8, 9, 10] [9, 10, 11, 12, 13] [12, 13, 14, 15, 16] [15, 16, 17, 18, 19] [18, 19, 20, 21, 22] [21, 22, 23, 24, 25] [24, 25, 26, 27, 28]

3. 基于时间分组

此示例展示了将 5s 内收到的消息分为一组，流程示意图如图 6-109 所示。

此流程中节点设置如表 6-136 所示。

表 6-136　基于时间分组流程中节点设置

节点	function 节点
设置	和前面示例一样，程序自动发送 30 条消息，这是在做数据准备

（续）

节点	限制 1 msg/s　delay 节点
设置	☰行为设置　限制消息速率 所有消息 ⊙速度　1　消息每　1　秒 ☐ allow msg.rate (in ms) to override rate Queue intermediate messages
节点	batch　batch 节点
设置	模式　按时间间隔分组 时间间隔　5　秒 ☐ 无数据到达时发送空消息
节点	连接　join 节点
设置	模式：自动
执行结果	2022/12/16 下午3:36:21　node: e4d07fa1.78c16 msg.payload : array[5] ▶ [0, 1, 2, 3, 4] 2022/12/16 下午3:36:26　node: e4d07fa1.78c16 msg.payload : array[5] ▶ [5, 6, 7, 8, 9] 2022/12/16 下午3:36:31　node: e4d07fa1.78c16 msg.payload : array[5] ▶ [10, 11, 12, 13, 14] 2022/12/16 下午3:36:36　node: e4d07fa1.78c16 msg.payload : array[5] ▶ [15, 16, 17, 18, 19] 2022/12/16 下午3:36:41　node: e4d07fa1.78c16 msg.payload : array[5] ▶ [20, 21, 22, 23, 24] 2022/12/16 下午3:36:46　node: e4d07fa1.78c16 msg.payload : array[5] ▶ [25, 26, 27, 28, 29]

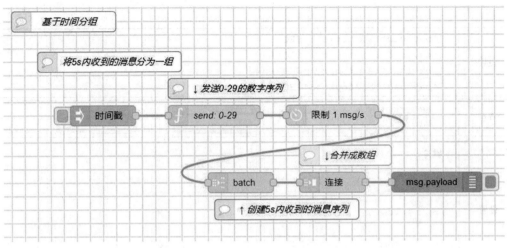

图 6-109　基于时间分组的流程示意图

4. 级联模式

级联模式可用于组合输入消息序列以创建新的消息序列。我们可以使用分配给序列中每个消息的主题来指定序列的顺序和多次指定消息序列。

重复数据示例流程示意图如图 6-110 所示。

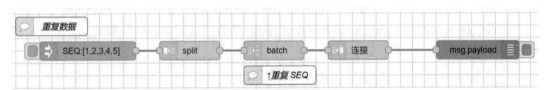

图 6-110　重复数据示例流程示意图

此流程中节点设置如表 6-137 所示。

表 6-137　级联模式下重复数据流程中节点设置

节点	![inject节点 SEQ:[1,2,3,4,5]] inject 节点	
设置	msg. payload = {} [1,2,3,4,5]	
	msg. topic = SEQ	
节点	![split节点] split 节点	
设置	默认设置 它会将消息拆分成 5 条独立的消息: `{"payload":1,"topic":"SEQ"}`	

(续)

设置	{"payload":2,"topic":"SEQ"} {"payload":3,"topic":"SEQ"} {"payload":4,"topic":"SEQ"} {"payload":5,"topic":"SEQ"}
节点	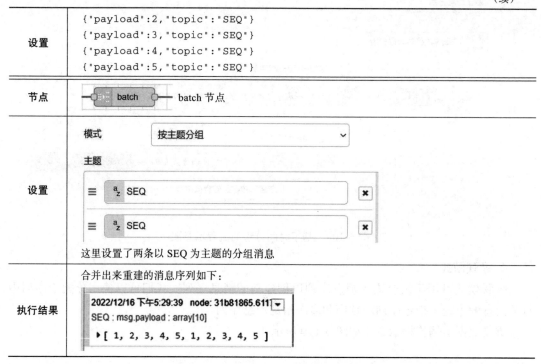 batch 节点
设置	模式　　　　　按主题分组 主题 ≡　a_z SEQ　　　　　✖ ≡　a_z SEQ　　　　　✖ 这里设置了两条以 SEQ 为主题的分组消息
执行结果	合并出来重建的消息序列如下: 2022/12/16 下午5:29:39　node: 31b81865.611▼ SEQ : msg.payload : array[10] ▶ [1, 2, 3, 4, 5, 1, 2, 3, 4, 5]

凹形数据示例展示了通过 switch 节点过滤正 / 负数并进行单独的序列重组，流程示意图如图 6-111 所示。

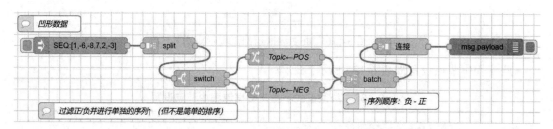

图 6-111　级联模式下凹形数据流程示意图

此流程中节点设置如表 6-138 所示。

表 6-138　级联模式下凹形数据流程中节点设置

节点	SEQ:[1,-6,-8,7,2,-3] —— inject 节点
设置	msg. payload　=　▼ {} [1,-6,-8,7,2,-3]　　… msg. topic　=　▼ a_z SEQ

（续）

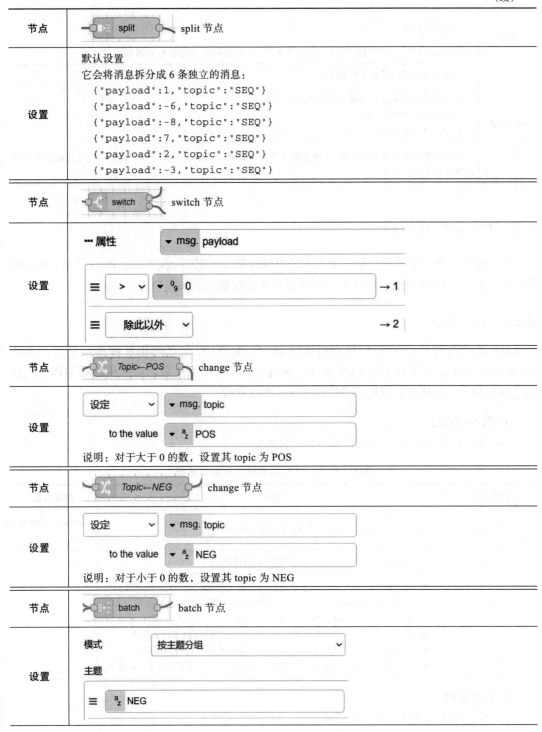

节点	split 节点

设置	默认设置
	它会将消息拆分成 6 条独立的消息：
	`{"payload":1,"topic":"SEQ"}`
	`{"payload":-6,"topic":"SEQ"}`
	`{"payload":-8,"topic":"SEQ"}`
	`{"payload":7,"topic":"SEQ"}`
	`{"payload":2,"topic":"SEQ"}`
	`{"payload":-3,"topic":"SEQ"}`

节点	switch 节点
设置	属性　msg. payload 　> 　%₉ 0　→ 1 　除此以外　→ 2
节点	change 节点（Topic←POS）
设置	设定　msg. topic to the value　ᵃ𝘻 POS 说明：对于大于 0 的数，设置其 topic 为 POS
节点	change 节点（Topic←NEG）
设置	设定　msg. topic to the value　ᵃ𝘻 NEG 说明：对于小于 0 的数，设置其 topic 为 NEG
节点	batch 节点
设置	模式　按主题分组 主题 　ᵃ𝘻 NEG

（续）

设置	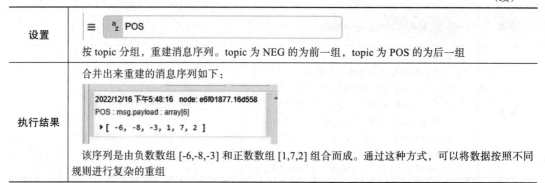
	按 topic 分组，重建消息序列。topic 为 NEG 的为前一组，topic 为 POS 的为后一组
执行结果	合并出来重建的消息序列如下： 2022/12/16 下午5:48:16 node: e6f01877.16d558 POS : msg.payload : array[6] ▶ [-6, -8, -3, 1, 7, 2] 该序列是由负数数组 [-6,-8,-3] 和正数数组 [1,7,2] 组合而成。通过这种方式，可以将数据按照不同规则进行复杂的重组

6.5　Parser 类节点

Parser 类节点用于对各种格式的文本信息进行转化，包括 csv 节点、html 节点、json 节点、xml 节点、yaml 节点。每种节点都可以解析相应格式的文本信息。

6.5.1　csv 节点

csv 节点提供了 CSV 格式的字符串及其 JavaScript 对象之间相互转换的功能。由于 Excel 可以方便地打开和制作 CSV 文件，因此 csv 节点被用在将物联网传感器数据格式化后生成表格文件的场景，以便用户使用 Excel 离线查阅。

1. 输入和输出

csv 节点的输入和输出属性如表 6-139 所示。

表 6-139　csv 节点的输入和输出属性

属性名称		含义	数据类型
输入	payload	可以是 JavaScript 对象、数组或 CSV 字符串	Array、String、Object
	reset	当出现这个属性时，对象至 CSV 的输出将停止	Any
输出	payload	● 如果输入是字符串，csv 节点将尝试将其解析为 CSV，并为每行创建键 / 值对的 JavaScript 对象。然后，csv 节点将在每行发送一条消息，或者发送一条包含对象数组的消息 ● 如果输入是 JavaScript 对象，csv 节点将尝试构建 CSV 字符串 ● 如果输入是简单值的数组，csv 节点将构建单行 CSV 字符串 ● 如果输入是数字数组或对象数组，csv 节点会创建多行 CSV 字符串	String

2. 节点配置

csv 节点配置界面如图 6-112 所示。

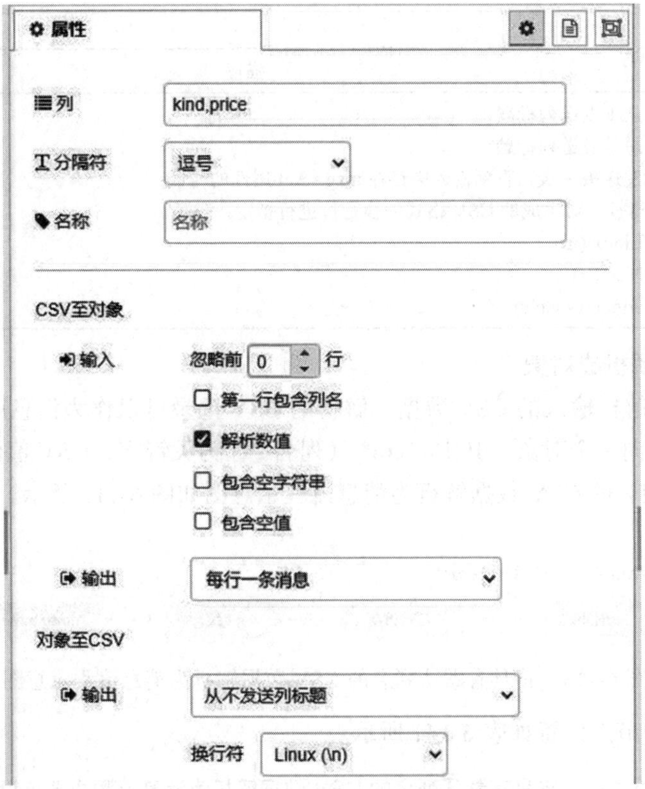

图 6-112　csv 节点配置界面

csv 节点配置属性描述如表 6-140 所示。

表 6-140　csv 节点配置属性描述

属性	描述
列	列模板可以是包含列名称的由有序逗号分隔的字符串，如：kind,price 表示列头为 kind 和 price。将 CSV 转换为对象时，列名将用作属性名称，也可以从 CSV 的第一行中获取列名称。转换为 CSV 时，列模板用于标识从对象中提取的属性以及提取的顺序。如果输入是数组，列模板仅用于有选择地生成一行列标题。只要正确设置 parts 属性，csv 节点就可以接收多部分输入。如果想输出多个消息，可设置其 parts 属性以形成完整的消息序列。注意：列模板必须用逗号分隔，即使数据中已经有了其他分隔符
分隔符	用哪种符号作为分隔符来转化 CSV 格式，默认是逗号，也可以选择以下符号：tab、空格、分号、冒号、井号、其他（用户自己输入）
名称	csv 节点的名称
CSV 至对象	● 输入：可以对输入进行配置，包括忽略前几行、第一行包含列名、解析数值、包含空字符串、包含空值 ● 输出：可以选择"每行一条消息""仅一条消息 [数组]"
对象至 CSV	输出：对输出格式进行设置，包括：

（续）

属性	描述
对象至 CSV	<ul><li>从不发送列标题</li><li>总是发送列标题</li><li>发送头一次，直到输入中存在 msg.reset 属性的时候</li></ul>换行符：对生成的 CSV 格式的换行符进行指定，包括：<ul><li>Linux (\n)</li><li>Mac (\r)</li><li>windows (\n\r)</li></ul>

3. CSV 数据解析成对象

csv 节点可以解析输入的 CSV 数据。解析的 CSV 记录可以作为消息序列发送。每个消息的 payload 都指向一个对象，其中"col*"（列名）作为关键字，CSV 值作为值。

将具有默认列名的 CSV 数据解析为消息流程示意图如图 6-113 所示。

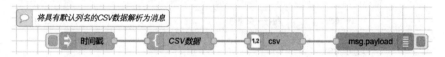

图 6-113　将具有默认列名的 CSV 数据解析为消息流程示意图

该示例流程中节点设置如表 6-141 所示。

表 6-141　将具有默认列名的 CSV 数据解析为消息流程中节点设置

节点	CSV数据　template 节点
设置	苹果，100，四川 橘子，120，云南 香蕉，80，海南 输出类型为：纯文本
说明	准备 CSV 格式的字符串
节点	1,2 CSV　csv 节点
设置	CSV至对象 输入　忽略前 [0] 行 　□ 第一行包含列名 　☑ 解析数值 　□ 包含空字符串 　□ 包含空值 输出　每行一条消息 ⌄

（续）

执行结果	{"col1":"苹果","col2":100,"col3":"四川"} {"col1":"橘子","col2":120,"col3":"云南"} {"col1":"香蕉","col2":80,"col3":"海南"} csv 节点将解析的每行数据形成一次输出，包含每个列的值，并且解析了数字类型的属性，但由于没有赋列名，因此由系统自动赋默认列名为 col1、col2 等，形成了上面的结果

使用默认列名作为数组分析 CSV 流程示意图如图 6-114 所示。

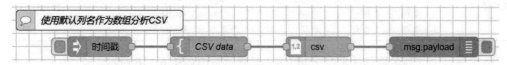

图 6-114 使用默认列名作为数组分析 CSV 流程示意图

该示例中只有 csv 节点的设置略有变化，其他节点设置与前一示例相同，如表 6-142 所示。

表 6-142 使用默认列名作为数组分析 CSV 的流程中 csv 节点设置

节点	csv 节点
设置	CSV 至对象 ➡ 输入　　忽略前 [0] 行 　　　　☐ 第一行包含列名 　　　　☑ 解析数值 　　　　☐ 包含空字符串 　　　　☐ 包含空值 ➡ 输出　　仅一条消息 [数组] ˅
执行结果	csv 节点设置中"输出"选择"仅一条消息 [数组]"，则将输出结果合并为一条数据： [{"col1":"苹果","col2":100,"col3":"四川"},{"col1":"橘子","col2":120,"col3":"云南"},{"col1":"香蕉","col2":80,"col3":"海南"}]

将指定列名的 CSV 数据解析为消息流程示意图如图 6-115 所示。

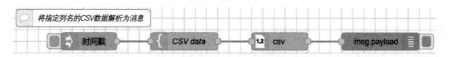

图 6-115 将指定列名的 CSV 数据解析为消息流程示意图

该示例流程中数据准备与前一示例完全相同，但是 csv 节点设置中增加了列设置，对"列"设置了具体的名称（类别、价格、产地），如表 6-143 所示。

表 6-143　将指定列名的 CSV 数据解析为消息的流程中节点的设置

节点	 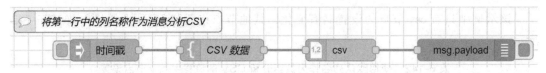 csv 节点
设置	☰列　类别,价格,产地 在前一示例设置基础上增加了列设置
执行结果	输出的 col* 会替换为指定的列名，结果如下： { " 类别 " : " 苹果 " , " 价格 " : 100 , " 产地 " : " 四川 " } { " 类别 " : " 橘子 " , " 价格 " : 120 , " 产地 " : " 云南 " } { " 类别 " : " 香蕉 " , " 价格 " : 80 , " 产地 " : " 海南 " }

将第一行中的列名称作为消息分析 CSV 流程示意图如图 6-116 所示。

![将第一行中的列名称作为消息分析CSV 流程图，包含 时间戳 → CSV 数据 → csv → msg.payload 节点]

图 6-116　将第一行中的列名称作为消息分析 CSV 流程示意图

该示例展示了在输入的 CSV 数据中已经带有列名，csv 节点会使用第一行中的列名称作为对象的键名。在 " CSV 数据 " 节点中将 " 输出为： " 设置为 " 纯文本 " ，在 csv 节点设置中勾选 " 第一行包含列名 " ，可以得到指定列名的输出结果，如图 6-117 所示。

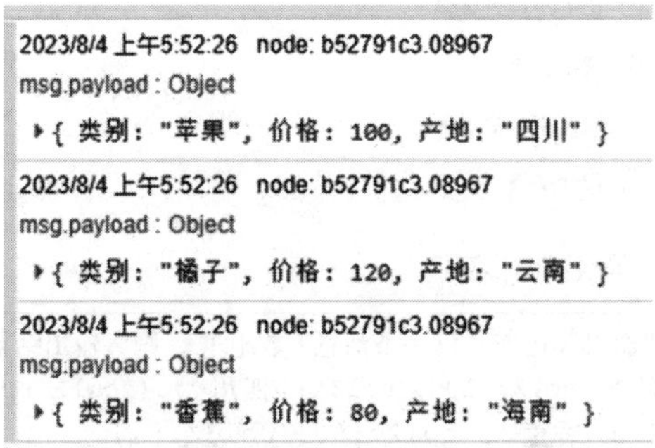

```
2023/8/4 上午5:52:26  node: b52791c3.08967
msg.payload : Object
▶{ 类别："苹果"，价格：100，产地："四川" }

2023/8/4 上午5:52:26  node: b52791c3.08967
msg.payload : Object
▶{ 类别："橘子"，价格：120，产地："云南" }

2023/8/4 上午5:52:26  node: b52791c3.08967
msg.payload : Object
▶{ 类别："香蕉"，价格：80，产地："海南" }
```

图 6-117　将第一行中的列名称作为消息分析
CSV 的执行结果

4. 将 JavaScript 对象转换为 CSV

将 JavaScript 对象转换为 CSV 示例流程示意图如图 6-118 所示。

其流程中节点设置如表 6-144 所示。

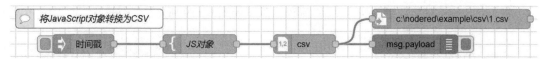

图 6-118　将 JavaScript 对象转换为 CSV 示例流程示意图

表 6-144　将 JavaScript 对象转换为 CSV 流程中节点设置

节点	JS对象 — template 节点

设置	{
	　"品类"："苹果"，
	　"价格"：100，
	　"产地"："四川"
	}
	输出类型为：JSON

节点	1,2 CSV — csv 节点
设置	≡列　品类,价格,产地 对象至CSV ➜ 输出　发送头一次，直到 msg.reset ⌄ 　　换行符　Linux (\n) ⌄ 该设置的含义是，对于列名只发送头一次，直到收到 msg.reset 属性，csv 节点会再发送一次列名
节点	c:\nodered\example\csv\1.csv — write file 节点
设置	▮文件名　▾ path c:\nodered\example\csv\1.csv ⤬ 行为　追加至文件 ⌄ ☑ 向每个有效负载添加换行符（\n）？ ☑ 创建目录（如果不存在）？
执行结果	直接输出结果到 c:\nodered\example\csv\1.csv 文件，多触发几次流程，再用 Excel 打开： A B C 1　品类　价格　产地 2　苹果　　100 四川 3 4　苹果　　100 四川 5 6　苹果　　100 四川 　由于列名只发送头一次，所以多次输入都只有数据写入，不会重复写入列名，这符合我们将每次采集的数据往表中添加的需求

将 JavaScript 对象数组转换为 CSV 流程示意图如图 6-119 所示。

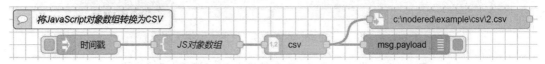

图 6-119　将 JavaScript 对象数组转换为 CSV 流程示意图

该示例中只在 template 节点将输入对象改为 JavaScript 对象数组，其他节点设置与前一示例相同，如表 6-145 所示。

表 6-145　将 JavaScript 对象数组转换为 CSV 的流程中节点设置

节点	{ JS对象数组 — template 节点

设置	`[`
	　`{"品类": "苹果", "价格": 100, "产地": "四川"},`
	　`{"品类": "橘子", "价格": 120, "产地": "云南"},`
	　`{"品类": "香蕉", "价格": 80, "产地": "海南"}`
	`]`

执行结果	直接输出结果到 c:\nodered\example\csv\2.csv 文件，多触发几次流程，再用 Excel 打开： 　　　　 A　　 B　　 C 　1　品类　价格　产地 　2　苹果　　100　四川 　3　橘子　　120　云南 　4　香蕉　　 80　海南 　5 　6　苹果　　100　四川 　7　橘子　　120　云南 　8　香蕉　　 80　海南 　9 　10　苹果　　100　四川 　11　橘子　　120　云南 　12　香蕉　　 80　海南 由于列名只发送一次，因此多次输入数据不会影响表格整体结构，这符合我们将每次采集的数据往表中添加的需求

将 JavaScript 对象数组转换为带有列名头的 CSV 流程示意图如图 6-120 所示。

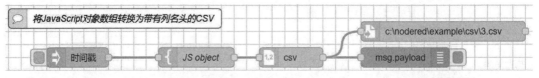

图 6-120　将 JavaScript 对象数组转换为带有列名头的 CSV 流程示意图

本示例中只需要将 csv 节点的"输出"改为"总是发送标题"，其他设置与前一示例相同，如表 6-146 所示。

表 6-146　将 JavaScript 对象数组转换为带有列名头的 CSV 流程中节点设置

节点	![1.2 CSV]　csv 节点		
设置	对象至CSV ⬅ 输出　　[总是发送列标题 　　∨] 换行符　　[Linux (\n) 　∨]		
执行结果	直接输出结果到 c:\nodered\example\csv\3.csv 文件，多触发几次流程，再用 Excel 打开
		A	B	C
1	品类	价格	产地
2	苹果	100	四川
3	橘子	120	云南
4	香蕉	80	海南
5			
6	品类	价格	产地
7	苹果	100	四川
8	橘子	120	云南
9	香蕉	80	海南
10			
11	品类	价格	产地
12	苹果	100	四川
13	橘子	120	云南
14	香蕉	80	海南

可以发现，每一次输入的数据都带有列名，也就是说每一次输出都是一个完整的表格。这适合每一次收集物联网传感器数据后输出为可以用 Excel 打开的表格文件场景，以便查看和发送 | | |

在输入消息中指定列名流程示意图如图 6-121 所示。

图 6-121　在输入消息中指定列名流程示意图

列名也可以使用 msg.columns 属性在流程中动态指定，这样更加符合数据动态变化的场景要求。在此方式下，需要在 csv 节点之前通过 change 节点设置 msg.columns = "品类，价格，产地"，得到的输出结果和前一示例是一样的。

6.5.2　html 节点

html 节点的作用是使用 CSS 选择器从 msg.payload 中保存的 html 文档中提取元素。同时，它也支持 CSS 选择器和 jQuery 选择器的组合。该节点是通过 http request 节点获取一段访问指定的 URL 所返回的 HTML 代码，然后利用选择器从中返回具体的数据和数字。它应用在无法通过物联网传感器获取数据时，从第三方 BS 系统中获取数据的场景，俗称"网络爬虫"。

💡 **注意：**

该节点支持 CSS 和 jQuery 选择器的组合，具体信息请查看：
https://github.com/fb55/CSSselect#user-content-supported-selectors。

1. 输入和输出

html 节点的输入和输出属性如表 6-147 所示。

表 6-147　html 节点的输入和输出属性

属性名称		含义	数据类型
输入	payload	从中提取元素的 html 字符串	String
	select	如果未在编辑面板中配置，可以将选择器设置为 msg.select 属性	String
输出	payload	结果可以是有效负载中包含匹配元素的数组的单条消息；也可以是多条消息，每条消息都包含匹配元素。发送多条消息时，需要为消息设置 parts	Array、String

2. 获取官网菜单

此示例是利用 html 节点在 Node-RED 官网获取其菜单内容，流程示意图如图 6-122 所示。

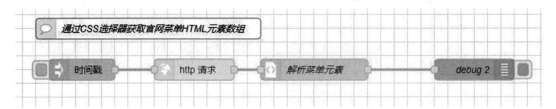

图 6-122　获取 Node-RED 官网菜单内容流程示意图

本示例是通过 html 节点获取 Node-RED 官网（https://www.nodered.org）菜单信息并通过数组方式输出。官网界面如图 6-123 所示。

Node-RED 官网的菜单在顶部，需要先找到这部分 HTML 代码的 Selector 选择器表达式。打开浏览器开发工具（以 Google 浏览器为例，使用 F12 或者快捷键 Ctrl+Shift+I），如图 6-124 所示。

打开开发工具后，通过 ⌖ 在页面上选择菜单 Home，获取 HTML 代码片段，如图 6-125 所示。

HTML 代码片段如下：

```
<ul class="navigation">
    <li class="current"><a href="/">home</a></li>
    <li><a href="/about/">about</a></li>
    <li><a href="/blog/">blog</a></li>
```

```
    <li><a href="/docs/">documentation</a></li>
    <li><a href="https://discourse.nodered.org/">forum</a></
    li>
    <li><a href="https://flows.nodered.org/">flows</a></li>
    <li><a href="https://github.com/node-red">github</a></li>
</ul>
```

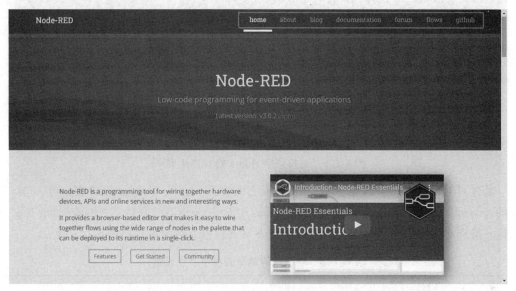

图 6-123　Node-RED 官网界面

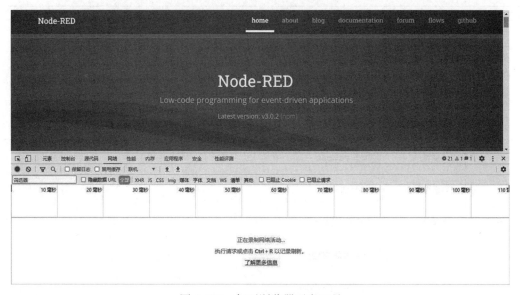

图 6-124　打开浏览器开发工具

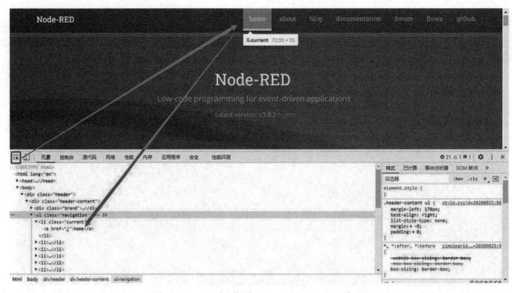

图 6-125   选择菜单 Home 的 HTML 代码

通过对上面 HTML 片段的分析，<UL> 标签可以用 class = "navigation" 来定位，<li> 下面的 <a> 标签是具体的菜单文字，因此，可以用 CSS 选择器的表达式 ".navigation li a" 来表达。得到 CSS 表达式后开始建立流程。以下是流程中节点设置，如表 6-148 所示。

表 6-148   获取官网菜单流程中节点设置

节点	http 请求		http request 节点
设置	▦ 请求方式	GET	
	◉ URL	https://nodered.org/	
	内容	Ignore	
节点	解析菜单元素		html 节点
设置	⋯ 属性	msg. payload	
	▼ 选取项	.navigation li a	
	➔ 输出	选定元素的html内容	
		一条消息[数组]	
		in msg. payload	

（续）

设置	配置选取项为 `.navigation li a`
执行结果	2022/12/17 下午6:09:00　node: debug 2 msg.payload : array[7] ▼*array[7]* 　0: "home" 　1: "about" 　2: "blog" 　3: "documentation" 　4: "forum" 　5: "flows" 　6: "github"

3. 通过元素的 selector 获取 HTML 内容

此示例是通过元素的 selector 选择官网上的版本号，并且输出。版本号位于官网首页中部，如图 6-126 所示。

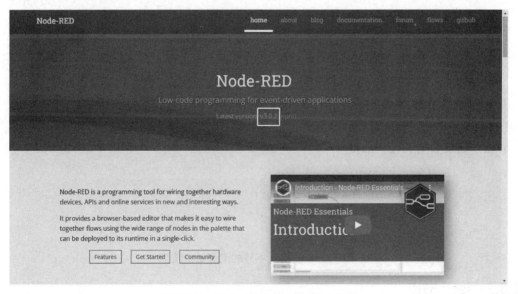

图 6-126　Node-RED 官网版本号位置

首先在浏览器中打开开发者工具（以 Google 浏览器为例，使用 F12 或者快捷键 Ctrl+Shift+I 或者单击鼠标右键后选择"检查"）。

打开开发者工具后，通过 ⌖ 在页面上选择 v3.0.2，获得 HTML 代码片段。在 HTML代码上单击鼠标右键后选择"复制"→"复制 selector"：

```
body>div.title>div>div>div>p>a>span
```

在开发者工具中寻找 Node-RED 官网的版本号内容如图 6-127 所示。

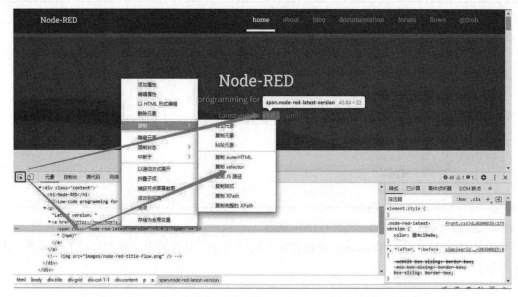

图 6-127　在开发者工具中寻找 Node-RED 官网的版本号内容

现在建立流程：

● 增加 inject 触发节点。

● 增加 http request 节点，配置 url 为 https://nodered.org/。

● 增加 html 节点，配置"选取项"为 body > div.title > div > div > div > p > a > span。

● 增加 debug 节点。

输出结果如图 6-128 所示。

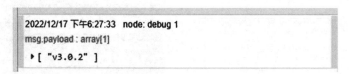

图 6-128　获取版本号的流程输出结果

6.5.3　json 节点

json 节点用来转换 JSON 字符串及其 JavaScript 对象表示形式。它默认的转换目标是 msg.payload，但是也可以转换消息的其他属性。你可以将其设置为仅执行特定的转换，而不是自动选择双向转换。例如，即使对 http in 节点的请求未正确设置 content-type，也可以使用它来确保 json 节点的转换结果是 JavaScript 对象。

如果指定了转换为 JSON 字符串，json 节点则不会对收到的字符串进行进一步的检查。也就是说，即使指定了格式化选项，它也不会检查字符串是否为正确的 JSON 格式。

1. 输入和输出

json 节点的输入和输出属性如表 6-149 所示。

表 6-149　json 节点的输入和输出属性

属性名称		含义	数据类型
输入	payload	JavaScript 对象或 JSON 字符串	String、Object
	schema	可选的 JSON Schema 对象用于验证有效负载。在将 msg 发送到下一个节点之前，删除该属性	Object
输出	payload	如果输入是 JSON 字符串，它将尝试将其解析为 JavaScript 对象。如果输入是 JavaScript 对象，它将创建一个 JSON 字符串，并可以选择对此 JSON 字符串进行整型	String、Object
	schemaError	如果 JSON 模式验证失败，catch 节点将捕获包含错误数组的 schemaError 属性	Array

2. 将 JSON 字符串转换为 JavaScript 对象

此示例展示了将 JSON 字符串转换为 JavaScript 对象，流程示意图如图 6-129 所示。

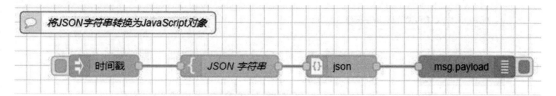

图 6-129　将 JSON 字符串转换为 JavaScript 对象流程示意图

此流程中节点设置如表 6-150 所示。

表 6-150　将 JSON 字符串转换为 JavaScript 对象流程中节点设置

节点	JSON 字符串　template 节点

设置	`{`
	　　`"品类":"苹果",`
	　　`"价格":100,`
	　　`"产地":"四川"`
	`}`
	输出类型为：纯文本

说明	准备 JSON 字符串数据
节点	json　json 节点
设置	⊙ 操作　　JSON字符串与对象互转

（续）

设置	••• 属性	msg. payload
执行结果	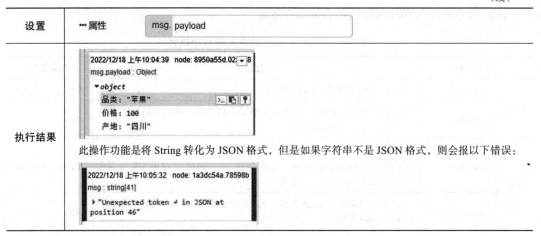	

此操作功能是将 String 转化为 JSON 格式，但是如果字符串不是 JSON 格式，则会报以下错误：

3. 将 JavaScript 对象转换为 JSON 字符串

此示例展示了将 JavaScript 对象转换为 JSON 字符串，流程示意图如图 6-130 所示。

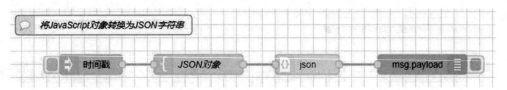

图 6-130　将 JavaScript 对象转换为 JSON 字符串流程示意图

此示例流程中节点设置如表 6-151 所示。

表 6-151　将 JavaScript 对象转换为 JSON 字符串的流程中节点设置

节点	JSON对象 —— template 节点

设置	{
	　　" 品类 " : " 苹果 " ,
	　　" 价格 " : 100 ,
	　　" 产地 " : " 四川 "
	}
	输出类型为：JSON

节点	json —— json 节点
设置	操作：JSON 字符串和对象互转
执行结果	2023/2/4 16:35:52　node: 5b6b130b.72a14c msg.payload : string[30] "{"品类":"苹果","价格":100,"产地":"四川"}" 将 JSON 对象转换为字符串并输出

4. 验证输入 JSON 字符串

此示例展示了利用 JSON 对象对输入的数据进行格式验证，流程示意图如图 6-131 所示。

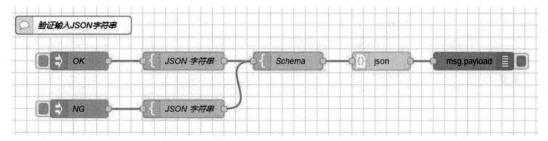

图 6-131　验证输入 JSON 字符串流程示意图

此流程中节点设置如表 6-152 所示。

表 6-152　验证输入 JSON 字符串流程中节点设置

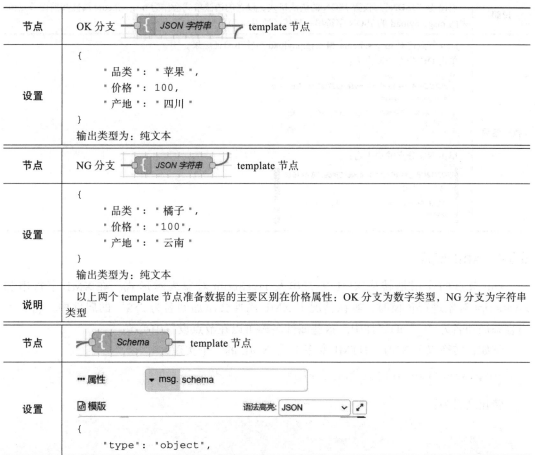

节点	OK 分支 —[JSON 字符串]— template 节点

设置	`{`
	　　`"品类"："苹果"，`
	　　`"价格"：100，`
	　　`"产地"："四川"`
	`}`
	输出类型为：纯文本

节点	NG 分支 —[JSON 字符串]— template 节点

设置	`{`
	　　`"品类"："橘子"，`
	　　`"价格"："100"，`
	　　`"产地"："云南"`
	`}`
	输出类型为：纯文本

说明	以上两个 template 节点准备数据的主要区别在价格属性：OK 分支为数字类型，NG 分支为字符串类型
节点	[Schema]— template 节点

设置	属性　▼ msg. schema
	模版　　　　　　　　　　语法高亮：JSON
	`{`
	　　`"type": "object",`

（续）

| 设置 | ```
    "properties": {
        "品类": {
            "type": "string"
        },
        "价格": {
            "type": "number"
        },
        "产地": {
            "type": "string"
        }
    }
}
```<br><br>〈/〉 格式　　纯文本<br><br>→ 输出为　　JSON |
| 说明 | 输出为"JSON"，设置 JSON 的语法格式，设置的语法格式会作为 msg.schema 属性和前面节点传来的 msg.payload 的 JSON 字符串一起传送给 json 节点 |
| 执行结果 | json 节点比对 msg.schema 和 msg.payload 后输出验证结果。
单击 OK 分支的输出为：

2022/12/18 上午10:51:58　node: ca27c92c.ad7cb8
msg.payload : Object
▸{ 品类:"苹果"，价格: 100，产地:"四川" }

单击 NG 分支的输出为：

2022/12/18 上午10:52:13　node: 2fad9978.ea1916
msg : string[41]
"JSON Schema error: data/价格 must be number" |

6.5.4　xml 节点

xml 节点的作用是转换 XML 字符串及 JavaScript 对象表示形式。在 XML 字符串和 JavaScript 对象进行转换时，默认情况下 XML 属性会添加到名为"$"的属性中，将文本内容添加到名为"_"的属性中。这些属性名称可以在节点设置中更改。

例如，转换以下 XML（HTML 标签也是 XML 的一个实现）：

```
<p class="tag">Hello World</p>
```

转化结果为：

```
{
    "p": {
```
```

```
  "$": {
    "class": "tag"
  },
  "_": "Hello World"
  }
}
```

1. 输入和输出

xml 节点的输入和输出属性如表 6-153 所示。

表 6-153　xml 节点的输入和输出属性

属性名称		含义	数据类型
输入	payload	JavaScript 对象或 XML 字符串	String、Object
	options	可以将选项传递给内部使用的 XML 转换库，请访问 https://github.com/Leonidas-from-XIV/node-xml2js/blob/master/README.md#options 来获取更多信息	Object
输出	payload	如果输入是字符串，它将尝试将其解析为 XML 并创建一个 JavaScript 对象 如果输入是 JavaScript 对象，它将尝试构建 XML 字符串	String、Object

2. 将 JavaScript 对象转换为 XML

将 JavaScript 对象转换为 XML 是 xml 节点应用场景之一，此示例流程示意图如图 6-132 所示。

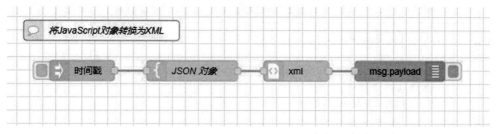

图 6-132　将 JavaScript 对象转换为 XML 流程示意图

此流程中节点设置如表 6-154 所示。

表 6-154　将 JavaScript 对象转换为 XML 流程中节点设置

节点	JS 对象　template 节点
设置	{ 　"品类"："苹果"， 　"价格"：100，

（续）

设置	″产地″:″四川″ } 输出类型为：JSON
执行结果	经过 xml 节点进行转化，最后输出结果为： 2022/12/18 上午11:31:46 node: 1cd4ad02.9a5423 msg.payload : string[102] "<?xml version="1.0" encoding="UTF-8" standalone="yes"?><root><品类>苹果</ 品类><价格>100</价格><产地>四川</产地 ></root>"

3. 将 XML 格式的数据转换为 JavaScript 对象

很多时候，从信息系统中获得 XML 格式的数据，然后需要转换为 JavaScript 对象，以便在后续流程中使用。这种场景流程示意图如图 6-133 所示。

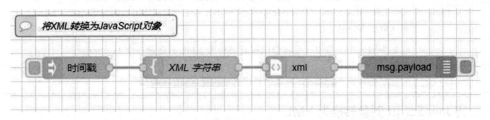

图 6-133　将 XML 格式的数据转换为 JavaScript 对象流程示意图

此流程中节点设置如表 6-155 所示。

表 6-155　将 XML 格式的数据转换为 JavaScript 对象流程中节点设置

节点	XML 字符串 —— template 节点
设置	<?xml version="1.0" encoding="UTF-8" standalone="yes"?> < 水果 id="100"> 　　< 品类 > 苹果 </ 品类 > 　　< 价格 >100</ 价格 > 　　< 产地 > 四川 </ 产地 > </ 水果 > 输出类型为：纯文本
执行结果	经过 xml 节点转化，最后输出结果为： 2022/12/18 上午11:34:31 node: 2d0dde7e.a5▼2 msg.payload : Object ▼object 　▼水果: object 　　▶$: object 　　▼品类: array[1] 　　　0: "苹果"

（续）

执行结果	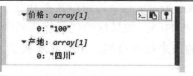

4. 使用 options 属性控制转换

xml 节点采用 xml2js 库来实现。因此除去正常互转 XML 格式以外，xml 节点还可以配置 xml2js 的 options 参数来实现更多的转换要求，具体内容如下。

- attrkey：默认值为 $，用于访问属性的前缀。Node-RED0.1 版默认为 @。
- charkey：默认值为 _，用于访问字符内容的前缀。0.1 版默认为 #。
- explicitCharkey：默认值为 false。
- trim：默认值为 false，用于修剪文本节点开头和结尾的空白。
- normalizeTags：默认值为 false，用于将所有标签名称规范化为小写。
- normalize：默认值为 false，用于修剪文本节点内的空格。
- explicitRoot：默认值为 true，如果要获取结果对象中的根节点，请设置此项。
- emptyTag：默认值为 null，空标签的值。
- explicitArray：默认值为 true，如果为真，始终将子节点放入数组中；否则，仅当存在多个标签时才创建一个数组。
- ignoreAttrs：默认值为 false，忽略所有 XML 属性，只创建文本节点。
- mergeAttrs：默认值为 false，将属性和子元素合并为父元素的属性，而不是将属性从子属性对象中移除。ignoreAttrs 如果是 true，则忽略此选项。
- validator：默认值为 null。你可以指定一个可调用对象，以某种方式验证生成的结构。有关示例，请参见单元测试。
- xmlns：默认值为 false，xmlns 是 xml namespace 的缩写，也就是 XML 命名空间。xmlns 属性可以在文档中定义一个或多个可供选择的命名空间。该属性可以放置在文档内任何元素的开始标签中。该属性的值类似于 URL，定义了一个命名空间。浏览器会将此命名空间用于该属性所在元素的所有内容。
- explicitChildren：默认值为 false，将子元素放在单独的属性中，不适用于 mergeAttrs = true。如果元素没有子元素，则不会创建子元素。
- childkey：默认值为 "，如果设置为 $$，可用于访问子元素的前缀 。
- preserveChildrenOrder：默认值为 false，修改 explicitChildren 的行为，使 children 属性的值成为有序数组。当它是 true 时，每个节点还将获得一个 #name 字段，其值将对应于 XML nodeName，以便迭代 children 数组并仍然能够确定节点名称。命名（并且可能无序）属性也保留在此配置中，与有序的子数组处于同一级别。
- charsAsChildren：默认值为 false，确定是否应将字符视为子项（如果 explicitChildren

打开）。

- includeWhiteChars：默认值为 false，确定是否应包含纯空白文本节点。
- async：默认值为 false，回调应该是异步的吗？如果你的代码依赖回调的同步执行，这可能是一个不兼容的更改。xml2js 的未来版本可能会更改此默认值，因此建议无论如何不要依赖同步执行。
- strict：默认值为 true，将 sax-js 设置为严格或非严格的解析模式。强烈建议使用默认值 true，因为解析不是良好格式的 XML 的 HTML 可能会产生任何结果。
- attrNameProcessors：默认值为 null，允许添加属性名称处理功能。
- attrValueProcessors：默认值为 null，允许添加属性值处理函数。
- tagNameProcessors：默认值为 null，允许添加标签名称处理功能。
- valueProcessors：默认值为 null，允许添加元素值处理函数。

更多信息请参阅 https://www.npmjs.com/package/xml2js。

掌握了 xml 属性后，我们可以通过以下流程来设置这些属性，示意图如图 6-134 所示。

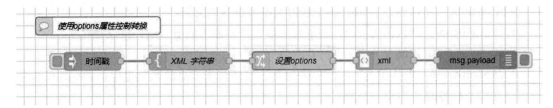

图 6-134　设置 xml 属性流程示意图

在之前的示例基础上增加一个"设置 options"节点，设置 msg.options 的值为 {"explicitArray": false}，然后输出结果。按照上面配置说明，输出的内容不再放入一个数组中，实现了属性的修改。修改 xml 属性后的输出结果如图 6-135 所示。

图 6-135　修改 xml 属性后的输出结果

6.5.5　yaml 节点

yaml 节点的作用是转换 YAML 字符串及其 JavaScript 对象。YAML 是一种专门用来写配置文件的语言，类似于 XML、JSON 等，但是 YAML 非常简洁和强大，比 JSON 更加方便。

当第三方系统采用了 YAML 格式数据时，yaml 节点将能非常方便地进行数据格式转化。

1. 输入和输出

yaml 节点的输入和输出属性如表 6-156 所示。

表 6-156　yaml 节点的输入和输出属性

属性名称		含义	数据类型
输入	payload	JavaScript 对象或 YAML 字符串	String、Object
输出	payload	如果输入是 YAML 字符串，它将尝试将其解析为 JavaScript 对象。如果输入是 JavaScript 对象，它将创建一个 YAML 字符串	String、Object

2. 将 JavaScript 对象转换为 YAML 字符串

将 JavaScript 对象转换为 YAML 字符串流程示意图如图 6-136 所示。

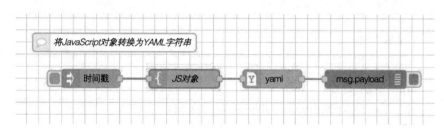

图 6-136　将 JavaScript 对象转换为 YAML 字符串流程示意图

此流程中节点设置如表 6-157 所示。

表 6-157　将 JavaScript 对象转换为 YAML 字符串流程中节点设置

节点	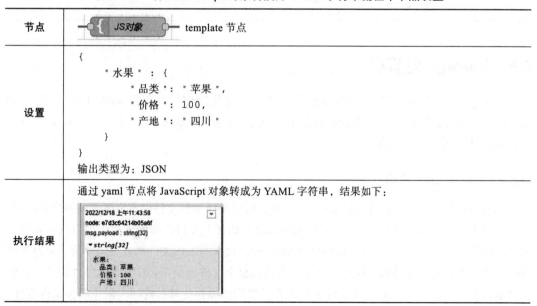　template 节点

设置	```{
	    "水果" : {
	        "品类": "苹果",
	        "价格": 100,
	        "产地": "四川"
	    }
	}```
	输出类型为：JSON

执行结果	通过 yaml 节点将 JavaScript 对象转成为 YAML 字符串，结果如下： 2022/12/18 上午11:43:58 node: e7d3c64214b05a6f msg.payload : string[32] ▾ string[32] 水果: 　品类: 苹果 　价格: 100 　产地: 四川

3. 将 YAML 字符串转换为 JavaScript 对象

其将 YAML 字符串转换为 JavaScript 对象流程示意图如图 6-137 所示。

此流程中节点设置如表 6-158 所示。

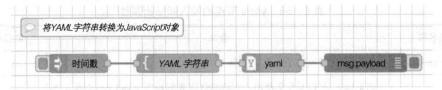

图 6-137　将 YAML 字符串转换为 JavaScript 对象流程示意图

表 6-158　将 YAML 字符串转换为 JavaScript 对象流程中节点设置

节点	YAML 字符串 —— template 节点
设置	水果： 　品类：苹果 　价格：100 　　产地：四川 输出类型为：纯文本
执行结果	通过 yaml 节点完成对 YAML 字符串的转化，结果如下： 2022/12/18 上午11:46:14 node: ded1fe143b4694e3 msg.payload : Object ▼object ▼水果：object 　品类："苹果" 　价格：100 　产地："四川"

6.6　Storage 类节点

Storage 类节点用于处理文件的读写和对文件变化的监视，包括 write file 节点、read file 节点和 watch 节点。无论 Node-RED 在 Windows 还是 Linux 上运行，Storage 类节点都能方便快速地进行文件操作。

6.6.1　write file 节点

write file 节点的作用是将 payload 写入文件，可以是添加到文件内容末尾或替换现有内容。该节点也可以删除指定文件。每个消息的 payload 将添加到文件内容的末尾，可以选择在每个消息之间添加一个换行符（\n）。如果使用 filename，每次写入后文件都会关闭。为了获得最佳体验，请使用固定的文件名，同时可以配置为覆盖整个文件，而不是在文件后添加段落。在将二进制数据写入文件时，对图像文件还应设置"禁用添加换行符"选项，阻止图像文件损坏。

你可以从编码列表中指定写入文件的数据的编码，可以将此节点配置为删除文件。

1. 输入和输出
write file 节点的输入属性如表 6-159 所示。

表 6-159　write file 节点的输入属性

输入		
属性名称	含义	数据类型
filename	如果未在节点中配置，则此可选属性可以设置文件名	String

write file 节点无特定输出属性。

2. 将字符串写入文件

将字符串写入文件其实是最基本的文件节点使用场景。你也可以通过以下示例流程扩展到将不同格式的内容写入文件进行持久化。此示例流程示意图如图 6-138 所示。

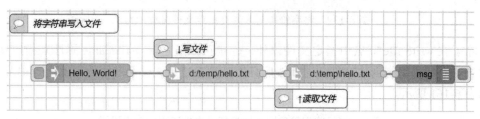

图 6-138　将字符串写入文件流程示意图

此流程中节点设置如表 6-160 所示。

表 6-160　将字符串写入文件流程中节点设置

节点	d:/temp/hello.txt　write file 节点		
设置	📁 文件名　▾ path d:/temp/hello.txt 🔀 行为　追加至文件 ▾ ☑ 向每个有效负载添加换行符（\n）? ☑ 创建目录（如果不存在）? 🚩 编码　默认 ▾		
执行结果	执行流程后，inject 节点设置的 payload："hello, world!" 将写入 d:/temp/hello.txt 文件。如果该文件不存在，系统会自动使用 Node-RED 的用户权限进行创建；如果创建的位置需要更高的用户权限，系统会报错 hello.txt - Notepad File　Edit　View Hello, world! Ln 1, Col 1　100%　Windows (CRLF)　UTF-8		

3. 将字符串写入属性指定文件

此示例展示了写入动态文件的流程，这样可以将内容写入多个文件，防止单文件过大或者并发操作出现不同步的情况发生。流程示意图如图 6-139 所示。

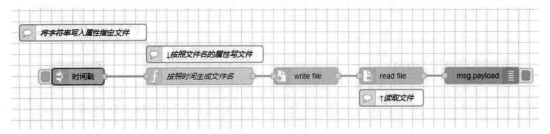

图 6-139　将字符串写入属性指定文件流程示意图

除了在 write file 节点中指定文件以外，你也可以通过 msg.filename 属性来指定文件。这种方式有利于动态创建文件，比如按照日期来动态生成文件名和内容。此流程中节点设置如表 6-161 所示。

表 6-161　将字符串写入属性指定文件流程中节点设置

节点	按照时间生成文件名　function 节点

设置	`var filename = moment(new Date()).format("YYYY-MM-DD hhmm");`
	`msg.filename = "d:\\"+filename+".txt";`
	`msg.payload = "Hello World! in "+filename;`
	`return msg;`

节点	filename　write file 节点
设置	📁 文件名　　▾ path filename ⤭ 行为　　复写文件 　　☑ 向每个有效负载添加换行符（\n）？ 　　☐ 创建目录（如果不存在）？ 🏳 编码　　默认
节点	filename　read file 节点
设置	📁 文件名　　▾ path filename ↪ 输出　　一个utf8字符串 🏳 编码　　默认

（续）

说明	write file 节点和 read file 节点都将文件名设置为 msg.filename
执行结果	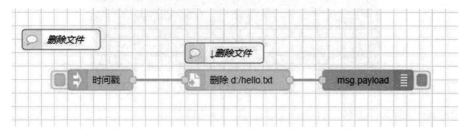

4. 删除文件

删除文件流程很简单，但是需要确定是删除 Node-RED 创建的文件，还是用户有权限删除的文件。示例流程示意图如图 6-140 所示。

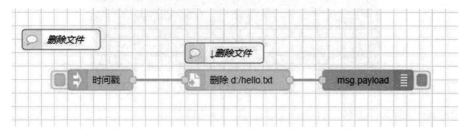

图 6-140　删除文件流程示意图

write file 节点除用于写入消息以外，也可以用于直接删除指定文件。它可完成对文件的新增、修改和删除。对于删除文件，你只需要在"删除 d:/hello.txt"节点中配置"行为"为"删除文件"即可。

5. 指定写入数据的编码

文件操作最多的问题是编码问题。不同类型数据有自己的编码标准，写入文件的时候必须一致，否则会出现乱码。此示例展示了指定写入数据的编码流程，示意图如图 6-141 所示。

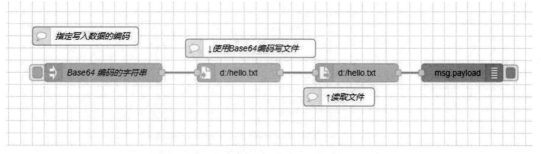

图 6-141　指定写入数据的编码流程示意图

在"Base64 编码的字符串"节点（inject 节点）中向 payload 写入一段经过 Base64 编码的字符串：

```
8J+YgA==
```

然后在写入文件的时候，write file 节点选择编码为 Base64，最后输出文件的内容如图 6-142 所示。

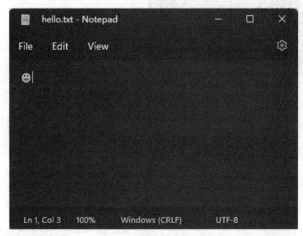

图 6-142　指定写入数据的编码流程输出结果

write file 节点支持多种文件编码方式，如图 6-143 所示。

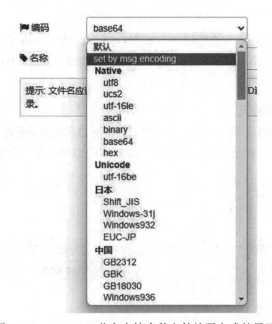

图 6-143　write file 节点支持多种文件编码方式的界面

你也可以通过 msg.encoding 来动态指定编码方式。

6.6.2　read file 节点

read file 节点是以字符串或二进制缓冲区的形式读取文件的内容。文件名应该是绝对路径，否则将采用相对于 Node-RED 进程的工作目录。在 Windows 上，你可能需要使用转义路径分隔符，例如 \\Users\\myUser；可以选择将文本文件拆分为几行，每行输出一条消息，或者将二进制文件拆分为较小的 Buffer 块。块的大小取决于操作系统，但通常为 64KB（对于 Linux、Mac 系统）或 41KB（对于 Windows 系统）。当拆分为多条消息时，每条消息将具有 parts 属性集，从而形成完整的消息序列。如果输出格式为字符串，你可以从编码列表中指定输入数据的编码。你也可以使用 catch 节点来捕获并处理常见的文件读取错误。

1. 输入和输出

read file 节点的输入和输出属性如表 6-162 所示。

表 6-162　read file 节点的输入和输出属性

属性名称		含义	数据类型
输入	filename	如果未在节点配置中设置，该属性可用于选择要读取的文件名	String
输出	payload	文件内容会放在 payload 中。文件的内容可以是字符串，也可以是二进制的 Buffer	String、Buffer
	filename	输出会携带文件路径和文件名称信息	String

2. 将数据按行分隔读入消息

此示例展示了读取数据后按行进行读入并放入 msg 中进行输出，以便后续流程使用。流程示意图如图 6-144 所示。

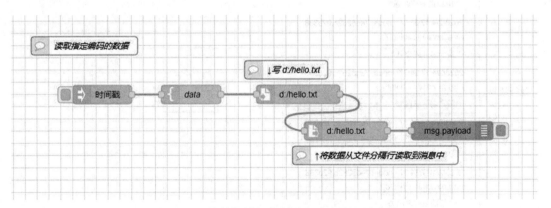

图 6-144　将数据按行分隔读入消息流程示意图

正如上一节 write file 节点的示例，read file 节点配置读取文件的位置，文件内容就可以被读取。其中，读取文件可以做以下配置。

- 输出项为一个 UTF8 字符串、每行一条消息、一个 Buffer 对象、一个 Buffer 流。
- 每条消息中包含所有现有的属性。
- 编码可选择匹配的编码规则。

此示例描述了可以把文件内容按照换行符分解为多条消息输出，流程中节点设置如表 6-163 所示。

表 6-163 将数据按行分隔读入消息流程中节点设置

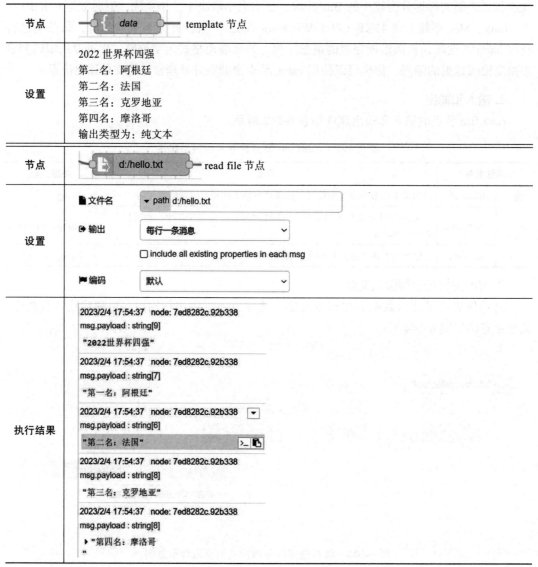

节点	template 节点
设置	2022 世界杯四强 第一名：阿根廷 第二名：法国 第三名：克罗地亚 第四名：摩洛哥 输出类型为：纯文本
节点	read file 节点
设置	文件名　path d:/hello.txt 输出　每行一条消息 □ include all existing properties in each msg 编码　默认
执行结果	2023/2/4 17:54:37　node: 7ed8282c.92b338 msg.payload : string[9] "2022世界杯四强" 2023/2/4 17:54:37　node: 7ed8282c.92b338 msg.payload : string[7] "第一名：阿根廷" 2023/2/4 17:54:37　node: 7ed8282c.92b338 msg.payload : string[6] "第二名：法国" 2023/2/4 17:54:37　node: 7ed8282c.92b338 msg.payload : string[8] "第三名：克罗地亚" 2023/2/4 17:54:37　node: 7ed8282c.92b338 msg.payload : string[8] ▶ "第四名：摩洛哥 "

3. 创建消息流

该示例展示了通过配合其他节点将文件读取的内容进行过滤和筛选，然后形成新的消息流。在实际场景中，我们可以根据需求做更多的筛选和预处理。创建消息流流程示意图如图 6-145 所示。

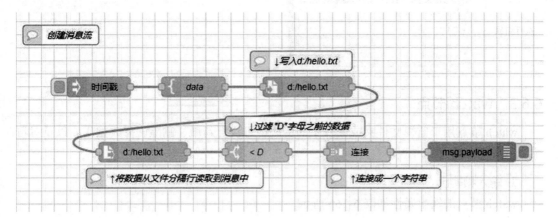

图 6-145　创建消息流流程示意图

此流程中节点设置如表 6-164 所示。

表 6-164　创建消息流流程中节点设置

节点	template 节点
设置	Apple Banana Grape Orange 输出类型为：纯文本
节点	read file 节点
设置	文件名　path d:/hello.txt 输出　每行一条消息 ☐ include all existing properties in each msg 编码　默认 read file 节点按每行一条消息的规则读取文件并将文件内容发送出来，有多少行就发送多少条消息
节点	switch 节点
设置	属性　msg. payload ≡　< ∨　ᵃ₂ D　→ 1 对每条消息进行筛选，首字母 <D 的消息走 1 号出口输出到后续节点

(续)

执行结果	2022/12/19 上午10:54:51　node: c48d8ae0.9ff msg.payload : string[13] ▼ *string[13]* Apple Banana

6.6.3　watch 节点

watch 节点用于监视文件夹或文件中的更改，可执行新增、删除、修改操作，以及对目录的递归监视。

1. 输入和输出

watch 节点的输出属性如表 6-165 所示。

表 6-165　watch 节点的输出属性

输入		
属性名称	**含义**	**数据类型**
payload	监视到变化的文件夹或者文件名称	String
topic	所监视的文件夹名称	String
file	已更改文件的文件名	String
filename	已更改文件的完整路径和文件名称	String
event	更改的类型，包括更新 (update)、新增（add）、删除（remove）	String
type	已更改的是文件还是文件夹，用类型区分：file、directory	String
size	文件的大小（以 Byte 为单位）	String

watch 节点无特定输入属性。

2. 监视文件更改

watch 节点监视文件更改流程示意图如图 6-146 所示。

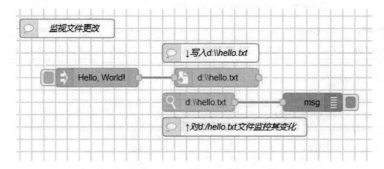

图 6-146　watch 节点监视文件更改流程示意图

此流程中节点设置如表 6-166 所示。

表 6-166　watch 节点监视文件更改流程中节点设置

节点	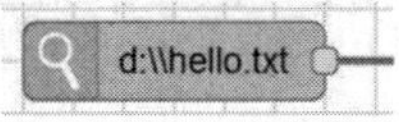 watch 节点		
设置	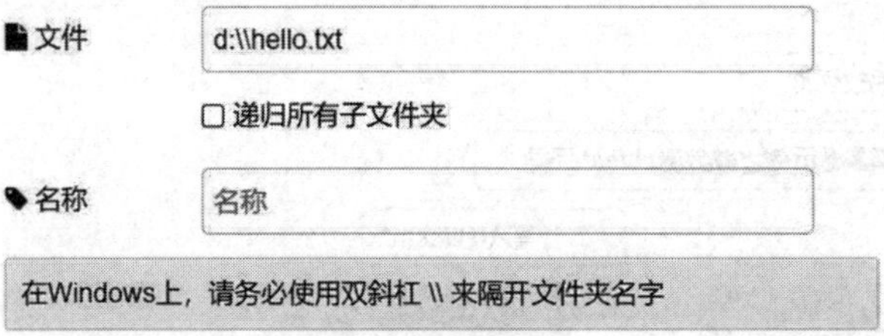 **文件**　　　`d:\\hello.txt` 　　　☐ 递归所有子文件夹 **名称**　　　`名称` **在Windows上，请务必使用双斜杠 \\ 来隔开文件夹名字** 指定具体需要监控的文件名称和路径。 注意：在 Windows 上，必须在所有目录名称中都使用双反斜杠 \\。当然，在 Linux 上，everything 也是一个文件，因此也可以监控 everything。另外，文件或目录必须存在才能被监控。如果文件或目录被删除，即使重新创建它也可能不再被监控。如果希望同时监控多个文件，可以用 ","分割来配置多个文件名称和路径，并且需要在所有带有空格的地方加上引号 "…"		
执行结果	当修改该文件时： 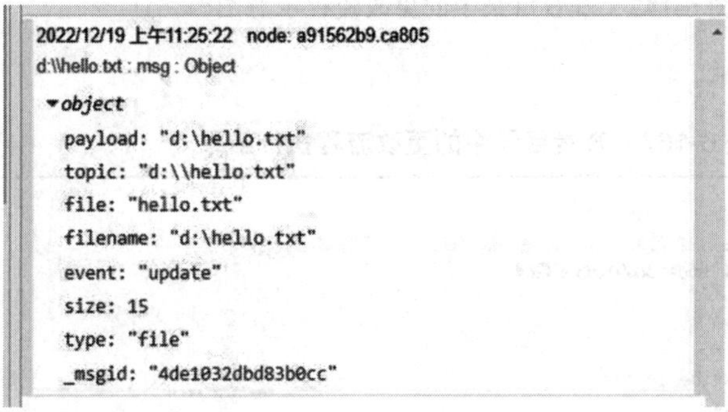 当删除该文件时： 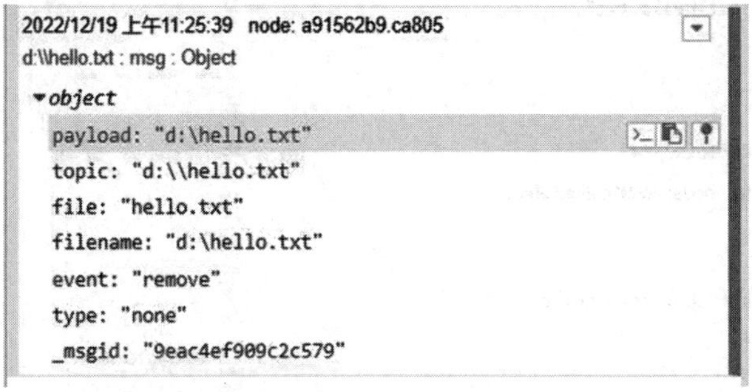 		

同时，我们也可以通过 msg 输入和输出来动态监控文件。实际更改的文件的完整文件名将放入 msg.payload 和 msg.filename，而监视列表的字符串化版本将在 msg.topic 中返回。

3. 查看目录中的更改

和监视文件一样，在"d:\\test"节点配置监控的目录"d:\test"，并且选择"递归所有子文件夹"选项。这样就可以对整个目录以及目录内的子目录进行监控。流程示意图如图6-147 所示。

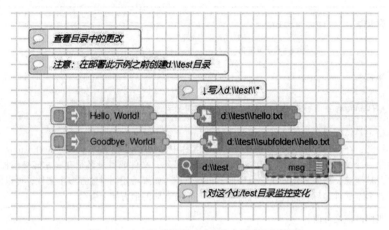

图 6-147　查看目录中的更改流程示意图

执行结果如表 6-167 所示。

表 6-167　查看目录中的更改流程执行结果

（续）

	当删除该目录时： 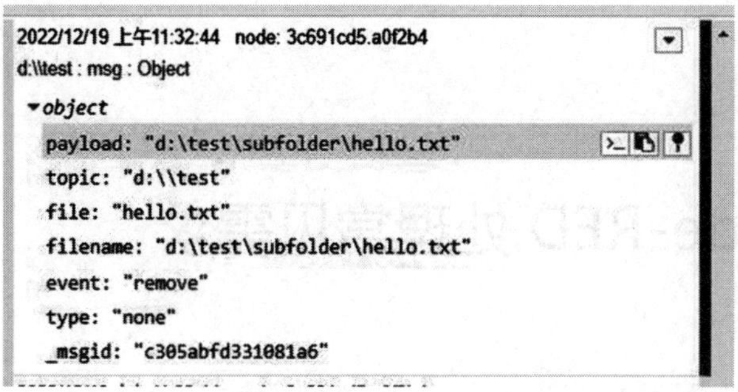

执行结果	2022/12/19 上午11:32:44 node: 3c691cd5.a0f2b4
	d:\\test : msg : Object
	▾*object*
	  payload: "d:\test\subfolder\hello.txt"
	  topic: "d:\\test"
	  file: "hello.txt"
	  filename: "d:\test\subfolder\hello.txt"
	  event: "remove"
	  type: "none"
	  _msgid: "c305abfd331081a6"

用 Node-RED 处理常见需求

通过前面的讲解，读者已经对 Node-RED 有了较全面的认识。本章将以问题和解决方案的方式对 Node-RED 应用中的常见问题展开探讨，让读者在学习问题解决的过程中进一步熟悉 Node-RED，比如如何处理消息、如何控制流程的触发、如何控制流程的方向、如何处理各种不同格式的数据、如何处理错误，以及如何处理 HTTP、MQTT 网络数据传输问题等。

7.1 处理消息

7.1.1 设置 Message 对象中的属性值

问题	你想要将 Message 对象中的属性值设置为固定值。
解决方案	使用 change 节点设置消息的属性。
示例	⟨ 时间戳 ⟩ → ⟨ 设定 msg.payload ⟩ → ⟨ msg.payload ⟩
节点设置	设定 ▾ ▾ msg. payload to the value ᵃ𝗓 Hello World!
节点说明	该节点支持设置各种 JavaScript 类型以及一些 Node-RED 特定类型，具体如下。 字符串："Hello World!"。 数字：42。 布尔值：true/false。 时间戳：当前时间，以 ms 为单位，从公元 1970 年 1 月 1 日开始。 JSON：键值对对象。

（续）

节点说明	缓冲区：一个 Node.js 缓冲区对象。 该节点还支持根据上下文属性、其他消息属性或 JSONata 表达式将属性设置为一个值。
结论	change 节点可用于设置消息的属性。

7.1.2　删除 Message 对象中的某个属性

问题	你想要删除 Message 对象中的某个属性。
解决方案	使用 change 节点删除属性。
示例	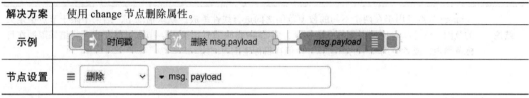
节点设置	≡　删除　　▼ msg. payload
结论	change 节点可用于删除消息的属性。

7.1.3　移动 Message 对象中的值

问题	你想要将 Message 对象中的某个属性值移动到不同的属性中。
解决方案	使用 change 节点移动属性。
示例	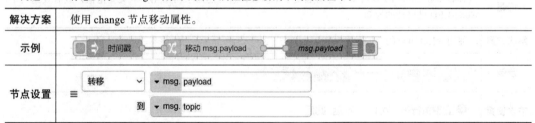
节点设置	≡　转移　　▼ msg. payload 　　到　▼ msg. topic
结论	change 节点可用于移动消息的属性。 移动属性实际上由两个独立操作来完成：首先使用 Set 操作将属性复制到新位置，然后使用 Delete 操作删除原始位置。移动之后，原属性不再存在。 该示例打印的调试信息为： 1676360470787 : msg.payload : undefined *undefined*

7.1.4　对数值范围进行映射

问题	你想要将数字从一个数值范围缩放到另一个数值范围，例如，要把 0~1023 范围内的传感器读数映射到 0~5 的电压范围。
解决方案	使用 range 节点在定义的范围之间进行映射。
示例	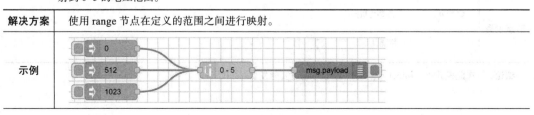

（续）

节点设置	⊙ 操作　[按比例并设定界限至目标范围　▼]　　⬥映射输入数据：　　　　从: [0]　　到: [1023]　　⬥至目标范围：　　　　从: [0]　　到: [5]
结论	range 节点可用于在两个不同的数值范围之间进行线性缩放。默认情况下，结果不限于节点中定义的范围。这意味着使用上面的电压示例，值 2046 将映射到结果 10。节点可以配置为将结果限制在目标范围内，或者应用简单的模运算，使值在目标范围内回绕。

7.2 控制流

7.2.1 Node-RED 启动时自动触发一个流程

问题	你希望在 Node-RED 启动时自动触发一个流程，这可能用于初始化上下文变量值，或者发送一个 Node-RED 已启动的通知。
解决方案	使用 inject 节点的立即触发模式。
示例	
节点设置	☑ 立刻执行于　[0.1]　秒后, 此后
结论	在此模式下，inject 节点将在部署后的几百毫秒内自动触发。此延迟是用于确保其余流程被创建和启动。

7.2.2 以固定间隔触发一个流程

问题	你希望以固定间隔触发一个流程，比如，定期调用一个 API 以检索它的当前状态。
解决方案	使用 inject 节点的周期性执行模式。
示例	
节点设置	↻重复　[周期性执行　▼]　　　　每隔 [5] ⬍　[秒　▼]
结论	在此模式下，inject 节点将以固定间隔重复触发。

7.2.3　指定时间触发一个流程

问题	你希望在指定时间触发流程，例如每个工作日下午 4 点。
解决方案	使用 inject 节点的指定时间触发模式。

结论	inject 节点可以设置为一周当中的指定日期和指定时间触发。如果需要多个不同的时间，可使用多个 inject 节点。

7.2.4　基于一个属性路由消息

问题	你希望按照 msg.topic 的值将消息路由到不同的流程。比如，你有一个 MQTT 节点订阅了多个传感器，而你想把这些消息传到不同的仪表盘上。
解决方案	使用 switch 节点检查消息的属性值，针对不同的值路由到不同的输出端。

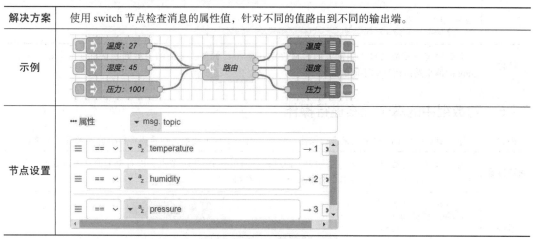

switch 节点会按照设置的规则将消息匹配到相应的输出端口。
它还可以设置为匹配所有的规则后发送或仅仅匹配第一条规则即发送。

结论	全选所有规则 ⌄
	全选所有规则
	接收第一条匹配消息后停止

7.2.5　基于上下文变量路由消息

问题	你希望根据另一个变量的当前值路由一个消息到不同的流程，或完全停止它。

解决方案	将切换变量保存到流程上下文变量中，然后使用 switch 节点检查上下文变量值，针对不同的值路由到不同的输出端。
示例	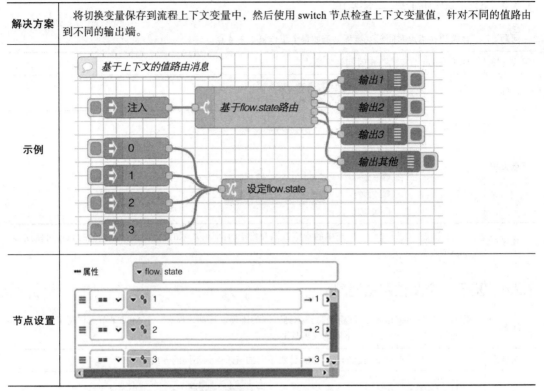
节点设置	
结论	下面的流程模拟来自不同输入的数据改变 flow.state 的值，上面的流程则是 switch 节点根据 flow.state 的值来路由消息到不同的路径。

7.2.6 对数组中的每个元素进行操作

问题	你希望对数组中的每个元素进行操作。比如，有一个数字数组，你希望将每个值四舍五入取整。
解决方案	用 split 节点将数组拆分为一系列单个消息；后面跟一个 range 节点，以对单个消息进行处理；后面再跟一个 join 节点，把这些单个消息组合回一个数组。
示例	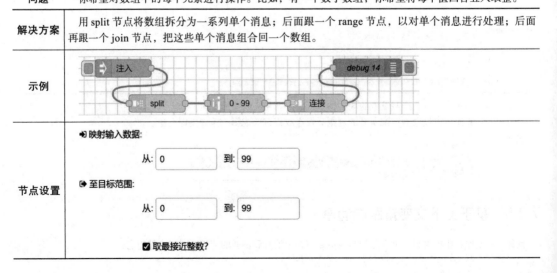
节点设置	

在其他编程环境中，要完成这样的任务需要建一个循环遍历数组中的所有元素。在 Node-RED 中，完成同样任务的方法是，把数组拆分为一串消息流（序列），消息流中的每个消息可以单个处理，然后再把这些处理后的消息组合回一个数组。split 节点、join 节点通常结合使用，以实现这样的需求。split 节点会加一个 msg.parts 属性到序列中的每个消息，join 节点就可以用该属性正确地重新组装回原消息。

结论

本示例甚至用 range 节点实现了元素的取整，完全不用写代码。

7.2.7　"看门狗"功能的实现

问题

如果在定义的时间内没有收到消息，你希望触发流程。例如，你希望每 5s 接收一次传感器读数，如果它未能到达，需要触发后续操作。

解决方案	用 trigger 节点来侦察。

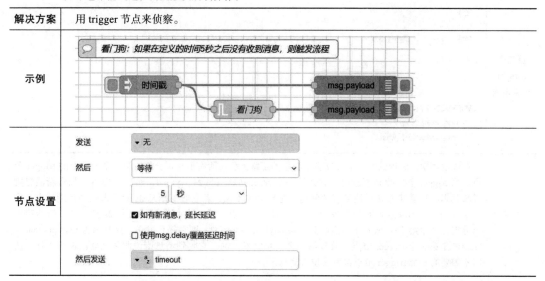

结论

该示例中，流程的第一个分支表示消息的正常流程，所有消息也会传给第二个分支上的 trigger 节点。trigger 节点初始什么消息也不发，被设置为等待 5s，且如有新消息，延长延迟。这意味着如果消息持续到达，它什么也不做，若它收到消息 5s 后还未收到预期消息，则发送 timeout 消息。

7.2.8　当流程停止发送消息时发送占位符消息

问题

你有一个来自传感器定时发送的消息流，如果传感器停止发送消息，你希望以同样的速率发送占位符。比如，传感器数据是传给 dashboard 图表的，如果传感器停了，dashboard 图表也就停止更新了，这时就需要同速率的占位符消息来将 0 值传给 dashboard 图表，以便突出显示传感器已经不工作了。

解决方案	用两个 trigger 节点：第一个 trigger 节点侦测数据在预期的时间间隔之后有没有来，第二个 trigger 节点定期发送占位符消息。

(续)

第一个 trigger 节点设置	发送	▼ ^a_z reset
	然后	等待 ⌄
		2 秒 ⌄
		☑ 如有新消息，延长延迟
		☐ 使用msg.delay覆盖延迟时间
	然后发送	▼ ⊙ true ▼
第二个 trigger 节点设置	发送	▼ $^0_9$ 0
	然后	周期性重发 ⌄
		2 秒 ⌄
		☐ 使用msg.delay覆盖延迟时间
	重置触发节点条件 如果: • msg.reset已设置 • msg.payload等于 reset	

结论	在该示例中，流程的第一个分支表示消息的正常流程，所有消息也会传给第二个分支上的 trigger 节点。当 trigger 节点收到消息时，它先发一个 reset 初始消息到 payload，然后等待 2s，如有新消息则延长延迟。这意味着如果消息持续到达，它什么也不做，若它收到消息 2s 后还未收到预期消息，则发送超时消息 true。超时消息发给第二个 trigger 节点。第二个 trigger 节点每 2s 发一个 0 值给第一个分支，如果第二个 trigger 节点收到 msg.payload ="reset"，则它停止发送。这是因为 msg.payload = "reset" 是第一个 trigger 节点在收到第一个消息时发出的，它收到消息则说明传感器已恢复工作，所以不需要第二个 trigger 节点再发占位符消息了。

7.2.9 让消息传送速率减慢

问题	你希望让消息在流中的传送速率减慢。比如，有一个数组，你用 split 节点把它拆分成多个单独的数据，而你希望每秒处理一个数据。
解决方案	用 delay 节点来限制消息穿过它的速率。
示例	
节点设置	▤ 行为设置 限制消息速率 ⌄ 所有消息 ⌄ ⏱ 速度 1 ▲▼ 消息 每 1 ▲▼ 秒 ⌄
结论	delay 节点可以限制消息穿过它的速率。设置了消息传送的时间间隔，它将在整个时间段内均匀地传递消息。

7.2.10　以固定速率处理消息

问题	你希望在固定速率下处理消息，而不是受制于消息传来的速率。比如，一个传感器每秒发来一个数据，而你希望每 5s 处理一个数据即可，因此你处理的数据必须是最近的。
解决方案	用 delay 节点限制消息速率，并且启用"不传输中间消息"选项。
示例	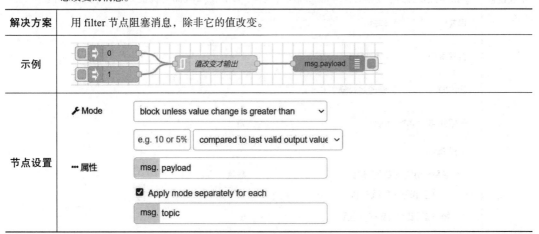
节点设置	inject 节点设置为每秒注入一个随机数，模拟传感器发来数据。 delay 节点设置为每 5s 发送一个数据，并忽略中间消息。 ▤ 行为设置　　限制消息速率 　　　　　　　所有消息 ⊙ 速度　　　 1 ↕ 消息 每 　 5 ↕ 秒 　　　　　☐ allow msg.rate (in ms) to override rate 　　　　　　不传输中间消息
结论	"不传输中间消息"选项意味着 delay 节点会抛弃速率时间间隔中间发来的任何数据。

7.2.11　忽略未更新值的消息

问题	你希望忽略未更新值的消息。比如，有一个传感器以固定时间间隔传来状态消息，而你只想知道状态改变的消息。
解决方案	用 filter 节点阻塞消息，除非它的值改变。
示例	0　　　　　⎸ 值改变才输出 　　　　 msg.payload 　1
节点设置	🔧 Mode　　 block unless value change is greater than 　　　　　　 e.g. 10 or 5% 　 compared to last valid output value ⋯ 属性　　　 msg. payload 　　　　　 ☑ Apply mode separately for each 　　　　　　 msg. topic
结论	本示例中，filter 节点被设置为阻塞消息，除非消息值改变（与它最近的有效输出值相比较，也可以设置为与最近的输入值比较）。所以，如果输入值没有任何变化，filter 节点什么也不输出，直到输入值改变，才输出新值。 　　filter 节点在侦测数据变化时是非常有用的。如果消息是数值，我们还可以设置消息数量必须改变了多少才可以通过它。

7.2.12 将来自不同数据源的消息合并为一条消息

问题	你有来自不同数据源的消息，需要将其合并为一条消息。例如，你有 3 个传感器传来的数据，而你想把它们作为一条值插入数据库中。
解决方案	给每个流一个唯一的 msg.topic 值，用 join 节点将它们组合为一条消息。
示例	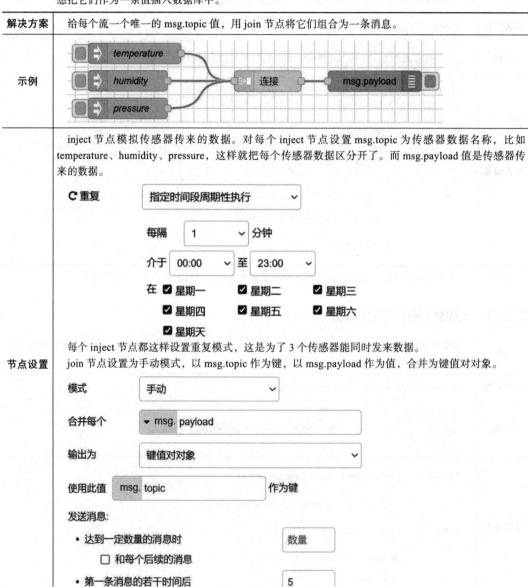

inject 节点模拟传感器传来的数据。对每个 inject 节点设置 msg.topic 为传感器数据名称，比如 temperature、humidity、pressure，这样就把每个传感器数据区分开了。而 msg.payload 值是传感器传来的数据。

节点设置

每个 inject 节点都这样设置重复模式，这是为了 3 个传感器能同时发来数据。

join 节点设置为手动模式，以 msg.topic 作为键，以 msg.payload 作为值，合并为键值对对象。

结论　如果你确切知道传感器的数量，那么你可以设置 join 节点发送消息的条件为"达到一定数量的消息时"。也许，设置时间为发送消息的条件更实用，因为你不知道哪个传感器什么时候会坏掉，如果设定了数量，那么当一个传感器坏掉的时候就会影响整个输出。

7.3　处理错误

7.3.1　当节点抛出错误时触发一个流程

问题	你希望在节点抛出错误时触发一个流程。
解决方案	使用 catch 节点捕获错误并触发一个流程。
示例	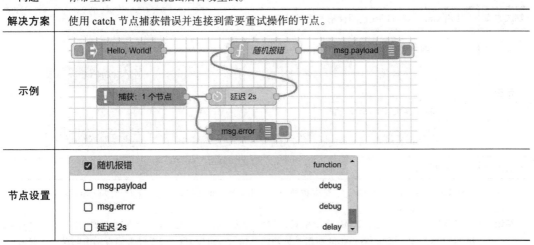
节点设置	

结论　catch 节点可以设置为捕获指定节点或所有节点抛出的错误，这使你可以为不同的节点建立不同的错误处理流程。

catch 节点发送记录了错误的消息，它把错误的详细信息和触发错误的节点信息写入 msg.error。

7.3.2　出错后自动重试

问题	你希望在一个错误被抛出后自动重试。
解决方案	使用 catch 节点捕获错误并连接到需要重试操作的节点。

结论　有些错误是暂时的，只需重试即可。或者，重试之前做一些补救措施。

本示例中，function 节点模拟了一个随机错误：它有 50% 的概率抛出错误，而不是传递消息。catch 节点收到错误，并将消息传回 function 节点以进行重试操作。流程中包括一个 delay 节点，因为在有些情况下，适合在重试前等待一个短的间隙时间。

7.4 使用数据格式

7.4.1 转换 JSON

问题	你希望在 JSON 字符串和它表达的 JavaScript 对象之间转换消息属性。
解决方案	使用 json 节点可以在这两种格式之间转换。
示例	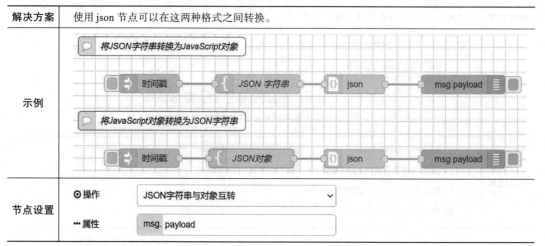

节点设置	⊙操作	JSON字符串与对象互转 ∨
	⋯属性	msg. payload

结论	json 节点可以把一个 JSON 字符串转换为一个 JavaScript 对象，也可以把一个 JavaScript 对象转换为一个 JSON 字符串。

7.4.2 转换 XML

问题	你希望在 XML 字符串和它表达的 JavaScript 对象之间转换消息属性。
解决方案	使用 xml 节点可以在这两种格式之间转换。
示例	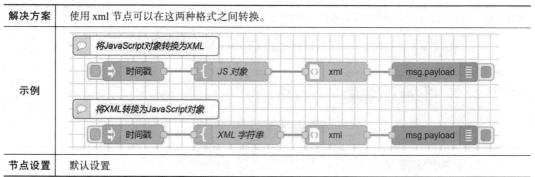
节点设置	默认设置

结论	xml 节点可以把一个 XML 字符串转换为一个 JavaScript 对象，也可以把一个 JavaScript 对象转换为一个 XML 字符串。 如果想要得到指定的 XML 输出格式，你可以通过将其注入 xml 节点来查看生成该格式所需的 JavaScript 对象（这些 JavaScript 对象是从其他途径反馈获得的）。这意味着你可以由此设计其他途径传来的 JavaScript 对象的格式，这样的倒推式工作会更容易些。

7.4.3 转换 YAML

问题	你希望在 YAML 字符串和它表达的 JavaScript 对象之间转换消息属性。
解决方案	使用 yaml 节点可以在这两种格式之间转换。
示例	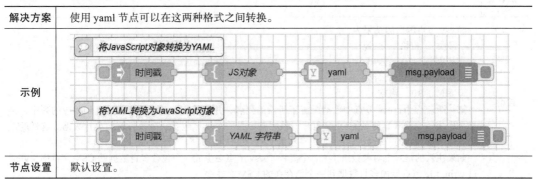
节点设置	默认设置。
结论	yaml 节点可以把一个 YAML 字符串转换为一个 JavaScript 对象，也可以把一个 JavaScript 对象转换为一个 YAML 字符串。

7.4.4 生成 CSV 输出数据

问题	你希望由一个包含键值对数据的消息生成有效的 CSV 输出。
解决方案	使用 csv 节点生成格式良好的 CSV 字符串。
示例	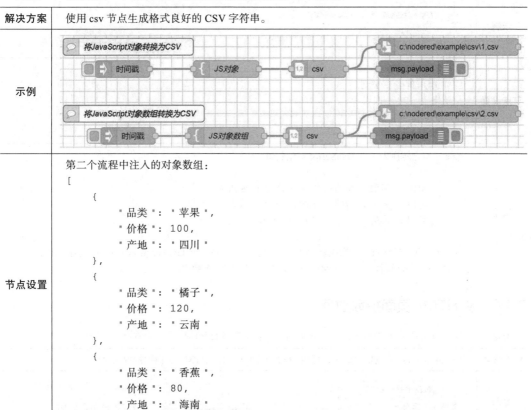

节点设置	第二个流程中注入的对象数组：
	`[`
	　　`{`
	　　　　`"品类"："苹果"，`
	　　　　`"价格"：100,`
	　　　　`"产地"："四川"`
	　　`},`
	　　`{`
	　　　　`"品类"："橘子"，`
	　　　　`"价格"：120,`
	　　　　`"产地"："云南"`
	　　`},`
	　　`{`
	　　　　`"品类"："香蕉"，`
	　　　　`"价格"：80,`
	　　　　`"产地"："海南"`

（续）

| 节点设置 | ```
    }
]
``` |
|---|---|
| 结论 | 经 csv 节点输出的结果为：
品类 ， 价格 ， 产地
苹果 ， 100， 四川
橘子 ， 120， 云南
香蕉 ，80， 海南
　　第一个流程中，csv 节点中已经配置了所需的列名，并把相应的对象属性值填充到相应的列中，结果是生成一个格式良好的 CSV 字符串。该字符串是一个结尾包含一个换行符的单行数据。这样的做法适用于追加新的一行数据到一个已存在的 CSV 文件中。
　　如果注入的是一个对象数组（第二个流程），csv 节点会生成一个包含多行数据的 CSV 字符串，并通过 write file 节点追加多行数据到一个已存在的 CSV 文件中。 |

7.4.5 解析 CSV 输入数据

问题	你希望解析 CSV 输入数据，以便使用它包含的值。
解决方案	使用 csv 节点可以解析 CSV 输入数据，并生成 JavaScript 对象。
示例	 将输入消息的第一行作为列来解析CSV 时间戳 ── CSV 数据 ── 1,2 CSV ── msg.payload
节点设置	注入的 CSV 数据： 类别 ， 价格 ， 产地 苹果 ， 100， 四川 橘子 ， 120， 云南 香蕉 ， 80， 海南
结论	经 csv 节点转换为一个 JavaScript 对象数组： [　　{类别：苹果，价格：100，产地：四川 }， 　　{类别：橘子，价格：120，产地：云南 }， 　　{类别：香蕉，价格：80，产地：海南 }，] 　　csv 节点也可以把每一行数据转换为一条消息（也就是一个 JavaScript 对象）。在这种情况下，消息会包含 msg.parts 属性，以便传给 join 节点重新组装回一个数组。

7.4.6 从 HTML 页面提取数据

问题	你希望发一个 GET 请求到一个 Web 站点并且从返回的 HTML 页面提取有用的信息。
解决方案	用 http request 节点发起请求，再用 html 节点从获取的 HTML 页面中提取信息。
示例	 通过元素的seletor获取HTML内容 时间戳 ── HTTP请求 ── 解析Node-RED版本号 ── debug 1
```

对于在 Web 页面找内容，Chrome 浏览器的"检查"工具很有用。在 Web 页面元素上单击右键并选择"检查"，就可以查看应用在该元素上的 tags、ids 和 classes。

结论	本示例展示了从 https://nodered.org 获取 Node-RED 最新版本号。通过"检查"工具，我们可以看到版本号定位在使用 node-red-latest-version 类的 <span> 标签中。 html 节点可以配置为用 CSS Selector 为每个匹配的元素返回一条消息，具体操作方法详见 6.5.2 节。

7.4.7　将文本拆分为多条消息进行处理

问题	你希望在整个文档里的每一行上执行一个操作。比如，你想在每一行的开头处增加一个行号。
解决方案	使用 split 节点将原始文档拆分为每行一条消息。split 节点后面可以是需要对单个文本行进行操作的节点，再后面可以是 join 节点，以便将它们重新组合回整个文档。
示例	
节点设置	注入的多行文本数据： 　苹果 　橘子 　香蕉 　猕猴桃

结论	split 节点的默认行为是把传入的字符串拆分为每行一个消息。 change 节点用 JSONata 表达式 (parts.index+1) & ": " & payload 来修改每个消息的 payload 值。这里用 msg.parts.index 获取行号，并将行号预置在 payload 前面。 最后，join 节点把这些消息再重新组装回整个文档，结果如下： 　1：苹果 　2：橘子 　3：香蕉 　4：猕猴桃

7.5　HTTP 响应

　　HTTP 响应指 http response 节点返回给前端请求者（浏览器或前端页面代码）的内容。http response 返回的内容通常有 JSON 数据、图片、文字等，或者是由 JSON 数据、图片、文字等组合而成的带有格式的网页。返回的数据通常来自数据库的检索、网络数据提供或传感器采集。返回的数据需要告知浏览器数据格式，以便浏览器知道如何处理，比如文本、表单、JSON 等。返回的图片也需要告知浏览器图片格式，以便浏览器知道是显示还是下载……本节针对这些问题逐一进行讲解。

7.5.1　响应内容中的数据来自其他流程

问题	你希望用来自其他流程的数据响应 HTTP 请求。

解决方案	保存数据到 flow context 变量，以便它能被 HTTP 流程中的节点检索到。
示例	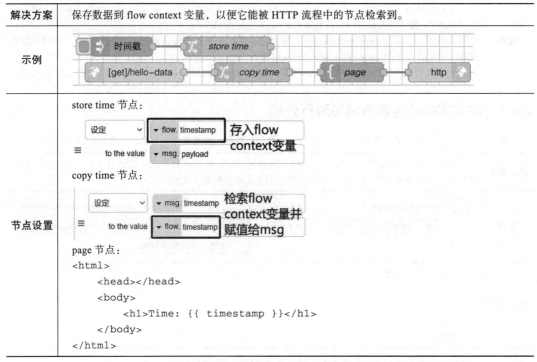

节点设置	store time 节点:
	
	设定 ▼ flow. timestamp　**存入flow context变量**
	≡ to the value ▼ msg. payload
	
	copy time 节点:
	
	设定 ▼ msg. timestamp　**检索flow context变量并赋值给msg**
	≡ to the value ▼ flow. timestamp
	
	page 节点:
	`<html>`
	`    <head></head>`
	`    <body>`
	`        <h1>Time: {{ timestamp }}</h1>`
	`    </body>`
	`</html>`

结论	可以通过一个或多个流程完成对数据的检索或采集。把检索或采集到的数据放进 flow context 变量，它可以被同一流程面板的 HTTP 流中的节点访问和使用。 在该示例中，change 节点保存一个时间戳数据到 flow context 变量中，这个时间戳数据是由 inject 节点生成的。下面处理 HTTP 请求的流程则用另一个 change 节点检索 flow context 变量值，把它赋给 msg 并传给 template 节点，由 template 节点生成 HTTP 响应的内容（带数据的网页）。

7.5.2　响应的内容是 JSON 数据

问题	你想用 JSON 数据响应 HTTP 请求。
解决方案	用 msg.headers 对象将响应的内容类型 content-type 设置为 application/json。
示例	[get] /hello-json　{ page　Set Headers　http
节点设置	page 节点设置: ⚙ 属性　⚙ 📄 🖼 🏷 名称　名称　📓▼ ⋯ 属性　▼ msg. payload

（续）

节点设置	Set Headers 节点设置：
结论	服务端通常需要告知浏览器（请求者）响应的内容格式，以便浏览器能够正确处理。如何告知呢？写进 http response 节点的 msg.headers 的 Content-Type 属性里。如何写？在 http response 节点前增加 function 或 change 节点，为 msg.headers 赋值，msg 随流程传入 http response，回应给浏览器。写什么？就看响应的内容是什么，如果是 JPG 图片，content-type 的值就是 image/jpg；如果是 JSON 数据，content-type 的值就是 application/json。content-type 还可以表达很多数据内容格式。 在实际项目开发中，这样的需求比比皆是。比如，传感器获得数据后，通过 JSON 格式返回给浏览器的 Ajax 请求进行界面展示，此时如果不指定数据格式，则需要请求端自己进行格式转化，如果指定了 JSON 类型，则请求端不需要转化而直接使用，减少了因为格式产生的各种问题。 在本例中，将 header 的 content-type 设置为 application/json，以便浏览器（请求者）知道按 JSON 数据来处理它。

💡 知识扩展：HTTP content-type

HTTP content-type 是 HTTP 报文头部（Header）字段之一，用于指示请求或响应消息体的媒体类型（Media Type）。

以下是一些常见的 HTTP content-type 类型及其对应的 MIME 类型。

文本类型

text/plain：纯文本格式。

text/html：HTML 格式的文档。

text/css：css 样式表。

text/javascript：JavaScript 脚本。

图片类型

image/jpeg：JPEG 图片格式。

image/png：PNG 图片格式。

image/gif：GIF 图片格式。

image/svg+xml：SVG 矢量图形格式。

音频类型

audio/mpeg：MP3 音频格式。

audio/wav：WAV 音频格式。

audio/midi：MIDI 音频格式。

视频类型

video/mp4：MP4 视频格式。

video/mpeg：MPEG 视频格式。

video/quicktime：QuickTime 视频格式。

应用程序类型

application/json：JSON 数据格式。

application/xml：XML 数据格式。

application/pdf：PDF 文档格式。

application/octet-stream：二进制数据流。

这只是一小部分常见的 content-type，实际上还有很多其他类型。content-type 通过 MIME 类型来指定，确保客户端和服务器能够正确地解析并处理请求或响应的内容。

需要注意的是，具体的 content-type 和对应的 MIME 类型可能会因应用程序和服务器配置而有所变化，因此在开发或配置过程中，最好参考相关的规范或文档来确定正确的 content-type。

7.5.3 响应的内容是图片文件

问题	你想用本地文件的内容回应 HTTP GET 请求，比如一个 png 图片。
解决方案	用 read file 节点加载所需的文件内容，并设置 content-type 为该文件类型的值。
示例	[get] /hello-file → /tmp/node-red.png → Set Headers → http
节点设置	read file 节点设置： 📄 文件名　　　▾ path /tmp/node-red.png ↪ 输出　　　　一个Buffer对象　　　▾

（续）

节点设置	 set headers 节点设置：
结论	在实际开发场景中，图片输出给浏览器通常有两种格式：一种是数据流格式，一种是图片格式。浏览器针对数据流格式会进行不同的下载操作，针对图片格式会直接显示在网页中，因此根据不同的应用场景需要指定不同的 content-type 值 [image/png、image/jpg（图片显示）或者 application/octet-stream（图片下载），详见 7.5.2 节中的 content-type 知识扩展]。

7.5.4　用 POST 请求将原始文本数据提交到一个流程

问题	你想用 POST 请求将原始文本数据提交到一个流程。
解决方案	用 http in 节点监听 content-type 为 text/plain 的 POST 请求，并以 msg.payload 访问请求来的数据。
示例	[post] /hello-raw ── { page } ── http
节点设置	page 节点： ``` <html> <head></head> <body> <h1>Hello {{ payload }}!</h1> </body> </html> ```
运行和结论	``` [~]$ curl -X POST -d 'Nick' -H "Content-type: text/plain" http:// localhost:1880/hello-raw <html> <head></head> <body> <h1>Hello Nick!</h1> </body> </html> ``` 这是用命令行的方式触发流程。当 http in 节点收到一个头部（-H）的 content-type 为 text/plain 的 POST 请求（-X）时，它会把正文 (-d) 设置为 msg.payload 的值。

7.5.5 用 POST 请求将表单数据提交到一个流程

问题	你想用 POST 请求将表单数据提交到一个流程。
解决方案	用 http in 节点侦听 content-type 为 application/x-www-form-urlencoded 的 POST 请求，并且以 msg. payload 属性访问表单数据。
示例	

节点设置	page 节点：
	
	``html
	<html>
	    <head></head>
	    <body>
	        <h1>Hello {{ payload.name }}!</h1>
	    </body>
	</html>
	``

运行和结论	```[~]$ curl -X POST -d "name=Nick" http://localhost:1880/hello-form
	<html>
	    <head></head>
	    <body>
	        <h1>Hello Nick!</h1>
	    </body>
	</html>
	``
	这是用命令行的方式触发流程。HTML 表单可用于将数据从浏览器发送回服务器。浏览器将使用 application/x-www-form-urlencoded 编码类型对 <form> 中保存的数据进行编码。如果提交的表单是这样的：
	``
	<form action="http://localhost:1880/hello-form" method="post">
	  <input name="name" value="Nick">
	  <button>Say hello</button>
	</form>
	``
	那么，它的 HTTP 请求是这样的：
	``
	POST / HTTP/1.1
	Host: localhost:1880
	Content-Type: application/x-www-form-urlencoded
	Content-Length: 9
	name=Nick
	``
	当 http in 节点收到这样的请求时，它会解析请求的正文并使表单数据在 msg.payload 下可用。

7.5.6 用 POST 请求将 JSON 数据提交到一个流程

问题	你希望用 POST 请求将 JSON 数据提交到一个流程。
解决方案	用 http in 节点侦听 content-type 为 application/json 的 POST 请求，并以 msg.payload 属性访问解析后的 JSON 数据。

（续）

示例	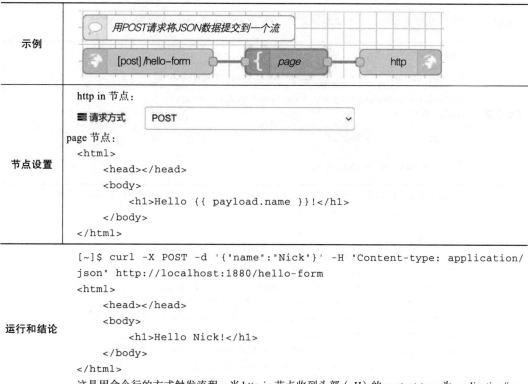

节点设置	**http in 节点：**
	
	▤ 请求方式　[POST　　　　　　　　　　　　▼]
	
	page 节点：
	`<html>`
	　　`<head></head>`
	　　`<body>`
	　　　　`<h1>Hello {{ payload.name }}!</h1>`
	　　`</body>`
	`</html>`

运行和结论	```[~]$ curl -X POST -d '{"name":"Nick"}' -H "Content-type: application/json" http://localhost:1880/hello-form```
	`<html>`
	　　`<head></head>`
	　　`<body>`
	　　　　`<h1>Hello Nick!</h1>`
	　　`</body>`
	`</html>`
	
	这是用命令行的方式触发流程。当 http in 节点收到头部（-H）的 content-type 为 application/json 的 POST（-X）请求时，它解析请求的正文（-d）并使数据在 msg.payload 下可用。

7.6　HTTP 请求

7.6.1　发出简单的 GET 请求

问题	你想对一个 Web 网站发出一个简单的 GET 请求，以获取有用的信息。
解决方案	使用 http request 节点发出 HTTP 请求，并使用 html 节点从检索到的 HTML 文档中提取元素。
示例	 💬 通过元素的 seletor 获取 HTML 内容 ⏱ 时间戳 ── HTTP请求 ── ◇ 解析Node-RED版本号 ── debug 1
结论	此问题与"从 HTML 页面提取数据"的问题相同，请参阅 7.4.6 节。

7.6.2　动态设置请求 URL

问题	你想动态设置 http request 节点的 URL。
解决方案	设置 http request 节点的 URL 属性。

（续）

示例	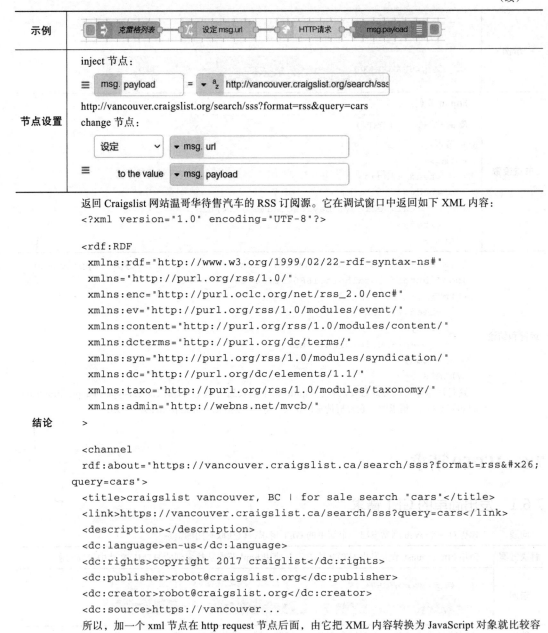

节点设置

inject 节点：

≡	msg. payload	=	ᵃz	http://vancouver.craigslist.org/search/sss

http://vancouver.craigslist.org/search/sss?format=rss&query=cars

change 节点：

设定 ∨	▾ msg. url
≡ to the value	▾ msg. payload

结论

返回 Craigslist 网站温哥华待售汽车的 RSS 订阅源。它在调试窗口中返回如下 XML 内容：

```
<?xml version="1.0" encoding="UTF-8"?>

<rdf:RDF
  xmlns:rdf="http://www.w3.org/1999/02/22-rdf-syntax-ns#"
  xmlns="http://purl.org/rss/1.0/"
  xmlns:enc="http://purl.oclc.org/net/rss_2.0/enc#"
  xmlns:ev="http://purl.org/rss/1.0/modules/event/"
  xmlns:content="http://purl.org/rss/1.0/modules/content/"
  xmlns:dcterms="http://purl.org/dc/terms/"
  xmlns:syn="http://purl.org/rss/1.0/modules/syndication/"
  xmlns:dc="http://purl.org/dc/elements/1.1/"
  xmlns:taxo="http://purl.org/rss/1.0/modules/taxonomy/"
  xmlns:admin="http://webns.net/mvcb/"
>

<channel
  rdf:about="https://vancouver.craigslist.ca/search/sss?format=rss&#x26;
query=cars">
  <title>craigslist vancouver, BC | for sale search "cars"</title>
  <link>https://vancouver.craigslist.ca/search/sss?query=cars</link>
  <description></description>
  <dc:language>en-us</dc:language>
  <dc:rights>copyright 2017 craiglist</dc:rights>
  <dc:publisher>robot@craigslist.org</dc:publisher>
  <dc:creator>robot@craigslist.org</dc:creator>
  <dc:source>https://vancouver...
```

所以，加一个 xml 节点在 http request 节点后面，由它把 XML 内容转换为 JavaScript 对象就比较容易访问了。

7.6.3 用模板设置请求 URL

问题	你想动态设置 http request 节点的 URL，其中只有部分 URL 在请求之间发生更改。
解决方案	用 Mustache URL 模板动态生成 http request 节点的 URL。

（续）

示例	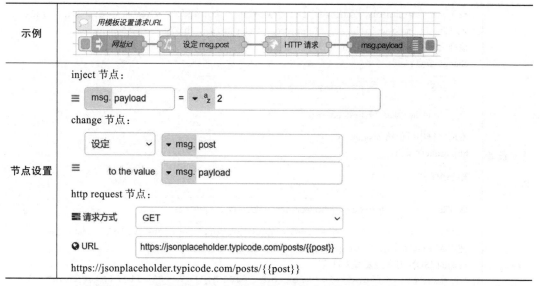
节点设置	inject 节点： ☰ msg. payload = ▾ ᵃ_z 2 change 节点： 设定 ▾　▾ msg. post ☰　to the value　▾ msg. payload http request 节点： ☰ 请求方式　GET　▾ 🌐 URL　https://jsonplaceholder.typicode.com/posts/{{post}} https://jsonplaceholder.typicode.com/posts/{{post}}

在本例中，inject 节点发送一个我们想要从 API 请求的帖子的 ID，change 节点把这个 ID 值赋给 msg.post，http request 节点通过替换 URL 属性的 msg.post 生成 URL（https://jsonplaceholder.typicode.com/posts/2）。

调试面板中该 API 的 JSON 数据输出如下所示：

结论

```
{
  "userId": 1,
  "id": 2,
  "title": "qui est esse",
  "body": "est rerum tempore vitae\nsequi sint nihil reprehenderit
  dolor beatae ea dolores neque\nfugiat blanditiis voluptate porro vel
  nihil molestiae ut reiciendis\nqui aperiam non debitis possimus qui
  neque nisi nulla"
}
```

默认情况下，Mustache 将在替换的值中对任何 HTML 实体进行转义。若要确保 URL 中不使用 HTML 转义，请使用 {{{ }}} 三重大括号。

7.6.4　在 URL 中设置查询字符串参数

问题	你想在 URL 中设置查询字符串参数。
解决方案	用 http request 节点实现直接替换 URL 中的查询字符串参数。
示例	🗨 在URL中设置查询字符串参数 ▶ 查询语句 —— ✂ 设定 msg.query —— ↔ HTTP 请求 —— msg.payload
节点设置	inject 节点： ☰ msg. payload = ▾ ᵃ_z select astronomy.sunset from weather.fo

（续）

节点设置	```select astronomy.sunset from weather.forecast where woeid in (select woeid from geo.places(1) where text="maui, hi")```
	
	该查询字符串会被送到 URL 中。
	change 节点：
	
	设定 ∨　▼ msg. query
	☰　to the value　▼ msg. payload
	
	查询字符串赋值给 msg.query。
	http request 节点：
	
	☰ 请求方式　GET ∨
	
	🌐 URL　https://query.yahooapis.com/v1/public/yql?q={{{quer
	
	```https://query.yahooapis.com/v1/public/yql?q={{{query}}}&format=json```
	使用 Mustache 语法将 msg.query 放进 URL 中。
	返回的 JSON 内容是夏威夷日落：
	```"{"query":{"count":1,"created":"2017-01-22T01:31:07Z","lang":"en-US","results":{"channel":{"astronomy":{"sunset":"6:9 pm"}}}}}"```

结论	默认情况下，Mustache 将在替换的值中对任何 HTML 实体进行转义。若要确保 URL 中不使用 HTML 转义，请使用 {{{ }}} 三重大括号。

7.6.5　获得一个解析后的 JSON 回应

问题	你想获得一个 http request 节点解析后的 JSON 回应。
解决方案	http request 节点能以一个字符串返回 JSON 回应的主体，change 节点可以设置为解析后返回 JSON 对象，这样下游节点就容易访问该 JSON 对象了。
示例	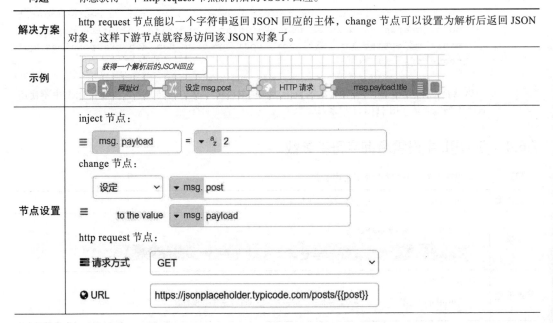
节点设置	inject 节点： ☰　msg. payload　=　▼ ªz 2 change 节点： 设定 ∨　▼ msg. post ☰　to the value　▼ msg. payload http request 节点： ☰ 请求方式　GET ∨ 🌐 URL　https://jsonplaceholder.typicode.com/posts/{{post}}

（续）

节点设置	**← 返回**　　JSON对象　　　　　　　　　　　　　▼ 用 Mustache 语法把 msg.post 放进 URL 中。 debug 节点： **☰ 输出**　　　▼ msg. payload.title
结论	该示例使用了 "用模板设置请求 URL" 的流程，只是略改动了 http request 节点的设置，将 "返回" 设置改为 "JSON 对象"，而不是默认的 "UTF-8 字符串"。debug 节点的输出也被改为只输出解析后的 JSON 对象的 title 属性，输出结果如下： `    "qui est esse"` 如果 HTTP 请求返回的是 XML 文档，需要一个 xml 节点把 XML 文档解析为 JavaScript 对象。

7.6.6　获得一个二进制回应

问题	你想从一个 HTTP 请求获得二进制回应。
解决方案	默认情况下，http request 节点将以一个字符串（UTF-8 字符串）返回回应的主体，修改它的 "返回" 为 "二进制数据"，则将返回的二进制缓冲区回应到 msg.payload。
示例	
节点设置	该示例使用了 "用模板设置请求 URL" 的流程，只是略改动了 http request 节点的设置，将 "返回" 设置改为 "二进制数据"，而不是默认的 "UTF-8 字符串"。 **← 返回**　　二进制数据　　　　　　　　　　　　　▼
结论	debug 节点会将 msg.payload 显示为二进制缓冲区，如下： `    [123,10,32,32,34,117,115,101,114,73...]`

7.6.7　设置请求标头

问题	你需要传送一个带有指定的请求标头的 HTTP 请求。
解决方案	把你想要的请求标头设置到 msg.headers 字段中，并包含进发送给 http request 节点的消息中。
示例	

结论	在该示例中，我们设置 X-Auth-User 和 X-Auth-Key 这两个请求头来调用公共的 HttpBin 的 POST 测试服务。
	function 节点通过增加一个 msg.headers 对象来增加这些附加的消息字段，并设置这些字段的值：
	`msg.payload = "data to post";`
	`msg.headers = {};`

```
msg.headers['X-Auth-User'] = 'mike';
msg.headers['X-Auth-Key'] = 'fred-key';
return msg;
```

这些内容可以通过 debug 节点看到，因为测试服务回显请求：

结论

```
msg.payload : Object
 ▼ object
  ▶ args: object
    data: "data to post"
  ▶ files: object
  ▶ form: object
  ▼ headers: object
     Content-Length: "12"
     Host: "httpbin.org"
     User-Agent: "got
     (https://github.com/sindresorhus/
     got)"
     X-Amzn-Trace-Id: "Root=1-
     63f6de98-
     754e54cf420934664797ccab"
     X-Auth-Key: "fred-key"
     X-Auth-User: "mike"
```

7.7 MQTT 请求

7.7.1 连接到一个 MQTT 代理

问题　你想连接到一个本地运行的 MQTT 代理。

解决方案	使用 mqtt in、mqtt out 和关联的 mqtt config 节点连接到一个 MQTT 代理。
示例	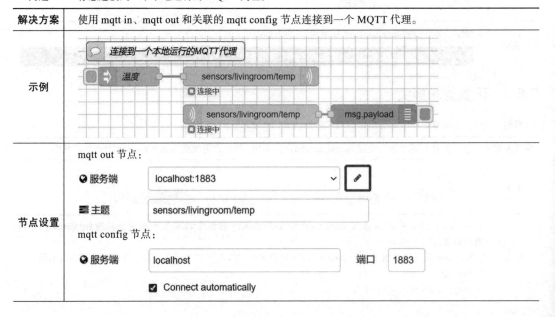

（续）

节点设置	mqtt in 节点： 🌐 服务端　localhost:1883 ✎ Action　Subscribe to single topic ☰ 主题　sensors/livingroom/temp

很多用户会在 Node-RED 服务器上运行一个 MQTT 代理服务器，如 mosquitto（https://mosquitto.org/）。如果流中使用了 mqtt in 或 mqtt out 节点，你就可以在设置界面的"服务端"处选择"添加新的 mqtt-broker 节点"选项：

结论	🌐 服务端　添加新的 mqtt-broker 节点 ✎

单击后面的铅笔按钮创建一个 mqtt config 节点，假设你的代理服务器是打开的，将服务器主机设置为 localhost，并将端口设置为 1883。

要连接到非本地的安全代理，需要根据代理的连接要求设置其他 MQTT 配置节点选项（参见 6.3.2 节）。

7.7.2　发布消息到一个主题

问题	你想发布消息到代理服务器上的一个 MQTT 主题。
解决方案	用 mqtt out 节点发布消息。
示例	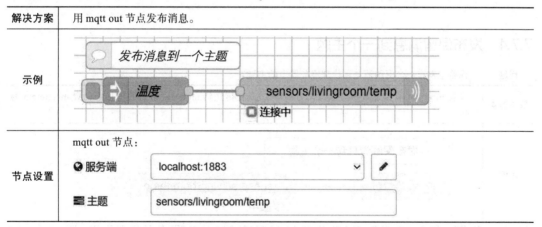
节点设置	mqtt out 节点： 🌐 服务端　localhost:1883 ✎ ☰ 主题　sensors/livingroom/temp
结论	mqtt out 节点有一个关联的 mqtt config 节点。mqtt config 节点负责连接 MQTT 代理服务器，而 mqtt out 节点负责发布消息到预设的主题上。

7.7.3　设置发布消息的主题

问题	你想动态设置发布 MQTT 消息的主题。
解决方案	在消息传送到 mqtt out 节点之前设置 topic 属性。

（续）

示例	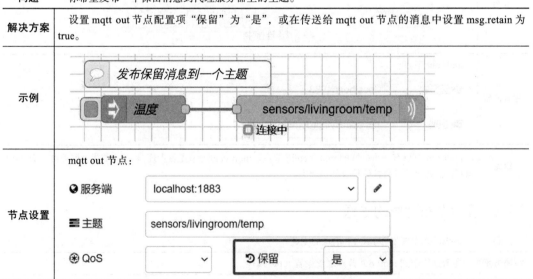
节点设置	inject 节点： ≡ msg. payload = ▾ ⁰₉ 22 ≡ msg. topic = ▾ ᵃ_z sensors/kitchen/temperature
结论	该示例用 inject 节点模拟来自传感器的消息，设置 msg.topic 的值为主题。实际应用中，可能是用 change 节点来设置 msg.topic 的值。 注意：确保 mqtt out 节点设置界面的"主题"处为空，以便使用 msg.topic 值。 🌐服务端 localhost:1883 ▾ ✏ ☰主题 主题 ⊛ QoS ▾ ⟳保留 ▾ 🏷名称 名称

7.7.4 发布保留消息到一个主题

问题	你希望发布一个保留消息到代理服务器上的主题。
解决方案	设置 mqtt out 节点配置项"保留"为"是"，或在传送给 mqtt out 节点的消息中设置 msg.retain 为 true。
示例	💬 发布保留消息到一个主题 ⇒ 温度 ━━ sensors/livingroom/temp)) ☐连接中
节点设置	mqtt out 节点： 🌐服务端 localhost:1883 ▾ ✏ ☰主题 sensors/livingroom/temp ⊛ QoS ▾ ⟳保留 是 ▾
结论	一旦向主题发送保留消息，所有订阅者在订阅时都会收到该消息。

结论	要从代理中清除先前保留的主题，请向该主题发送一条设置了保留标志的空白消息。

7.7.5 订阅一个主题

问题	你想在一个 MQTT 主题上订阅消息。
解决方案	用 mqtt in 节点订阅代理服务器并接收发布在匹配主题上的消息。
示例	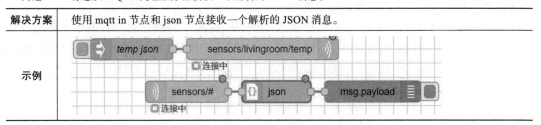

节点设置	服务端　localhost:1883 Action　Subscribe to single topic 主题　sensors/#

结论	mqtt in 节点设置中的"主题"处只能写入固定内容，不能通过变量动态设置。如果非要动态设置，一种变通的解决方法是将主题设置为环境变量，例如 $（MY_topic）。当 Node-RED 运行环境启动时，它会将环境变量值替换为节点的属性。这种方法确实允许更改主题，尽管这样做需要重启 Node-RED 以获取对环境变量的更改。 你也可以使用 MQTT 的通配符："+"是一个主题层级，"#"是多个主题层级。这样，你可以用一个节点接收多个主题消息。消息将从节点发送，msg.topic 值将被设置为实际接收的主题。

7.7.6 接收一个解析的 JSON 消息

问题	你想从 MQTT 代理服务器接收一个解析的 JSON 消息。
解决方案	使用 mqtt in 节点和 json 节点接收一个解析的 JSON 消息。
示例	temp json　sensors/livingroom/temp　连接中 sensors/#　json　msg.payload　连接中

结论	mqtt in 节点的 payload 是一个字符串，除非它被检测为二进制缓冲区。 json 节点可解析 JSON 字符串并将它转换为 JavaScript 对象。 在 Node-RED v0.19 以后的版本中，mqtt in 节点设置中有了输出格式的选项，所以可能就不再需要 json 节点了。

Chapter 8 第 8 章

数据可视化实战：气象台应用

本章的目的是通过实现一个气象台实例，让读者熟悉官方节点和第三方节点的使用，以及 Node-RED dashboard 的相关节点的使用。Node-RED dashboard 是 Node-RED 的一个官方扩展模块，用于创建交互式仪表板。它提供了一系列 UI 组件，可以用来创建可视化的控制面板，以监视和控制连接到 Node-RED 的设备、传感器和数据流。使用 Node-RED dashboard，你可以轻松创建自定义的仪表板，将数据以图表、表格、指示灯等形式展示出来，同时可以通过按钮、滑块、选择器等控件与设备进行交互。你可以根据需要添加、配置和排列不同的 UI 组件，以满足特定的需求。

掌握 Node-RED dashboard，你可以在不写代码的情况下完成物联网数据采集和数据展示的全流程应用。这也是 Node-RED 吸引广大非界面开发工程师青睐的原因。Node-RED dashboard 也可以被用在和客户交流需求的原型产品中，快速搭建和修改物联网数据呈现结果。

8.1 背景和目标

作为初学者，气象台是一个不错的实例，可完全在 Node-RED 内实现，不需要任何硬件或其他软件工具。这样有助于大家集中精力熟悉 Node-RED 系统的使用。

本项目是开发一个极简单的局部气象台，目的是展示当前地点（楼栋）的当前气象状况和未来两小时气象预估。

气象台实例最终呈现界面如图 8-1 所示。

图 8-1 气象台实例最终呈现界面

8.2 应用需求

平板上展示如下数据。

1）当前室外温度、湿度、气象、空气质量。

2）当日的日出时间、日落时间。

3）当前气压、两小时降雨概率。

4）近 24 小时湿度变化和气压变化。

5）语音播报气象状况，包括温度、湿度、气压、风力、空气质量。

8.3 技术架构

拓扑图是描述网络设备之间的架构图，是将它们之间的关系通过框线表达出来，让系统使用者和开发者有一个清晰的认识。在物联网系统中，你可以按照设备层、IoT 网关层、IoT 平台层和业务层进行划分，然后通过连线来表达相互之间的关系，如图 8-2 所示。

本例的拓扑结构十分简单，只涉及 IoT 平台层和业务层。设备层和 IoT 网关层被半透明掩盖，表明本例中并未涉及设备层和 IoT 网关层的任何内容。只单纯在 IoT 平台服务器上的 Node-RED 进行操作之后，由 Node-RED 获取卫星定位数据和气象服务器数据，再将数据展现在业务层的平板电脑和用户电脑上。

尽管未用到设备层和网关层，但是在物联网系统中仍需具有这样的四层结构思想，因为系统不是一成不变的，比如在本例实现环境中，我们可以在后期增加一个光照传感器，接入网关，再连入平台服务器。增加光照传感器后，我们就可以根据室外光线的亮度适时控制室内的照明。

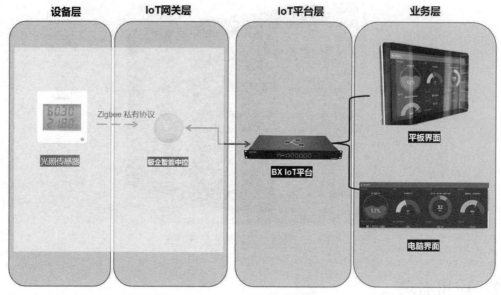

图 8-2　气象台实例拓扑图

8.4　技术准备

8.4.1　dashboard 节点安装

Node-RED 的所有节点（当然包括 dashboard 节点）都可以以两种方式安装：一种是编辑器安装，一种是命令行安装。用户可以选择自己熟悉的方式。

1. 编辑器安装

单击编辑器右侧边栏的"菜单"→"节点管理"选项，如图 8-3 所示。

在"安装"选项卡中的"搜索模块"处输入 node-red-dashboard，如图 8-4 所示。

系统会自动列出 node-red-dashboard 相关的所有节点，如图 8-5 所示。

单击 node-red-dashboard 后面的"安装"按钮，如果你已经安装了该模块，系统会显示"已安装"。

2. 命令行安装

在 Node-RED 用户目录（默认为 ~/.node-red）中运行以下命令安装：

图 8-3　节点管理界面示例

```
npm install node-red-dashboard
```

图 8-4　搜索 node-red-dashboard 模块的界面示例

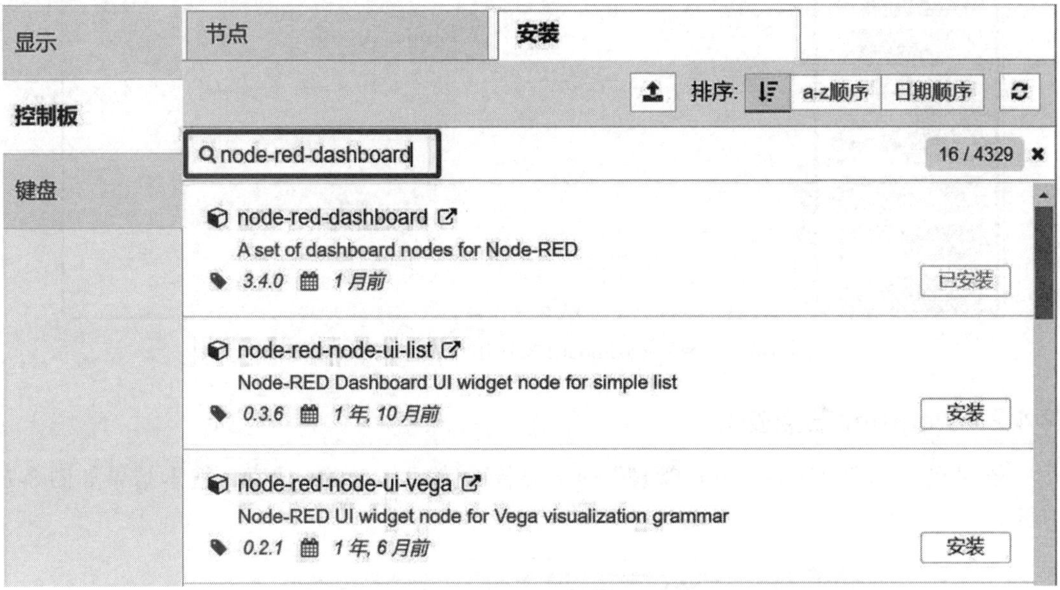

图 8-5　搜索出 node-red-dashboard 模块的界面

如果你想安装其他模块，把 npm install node-red-dashboard 中的 node-red-dashboard 换成想要的节点名称即可。

如果你想尝试来自 GitHub 的最新版本（这意味着它也许不一定稳定），你可以这样安装：

```
npm install node-red/node-red-dashboard
```

安装后重新启动 Node-RED 实例，此时在 Node-RED 左侧节点面板中应该出现 dashboard 模块，如图 8-6 所示。

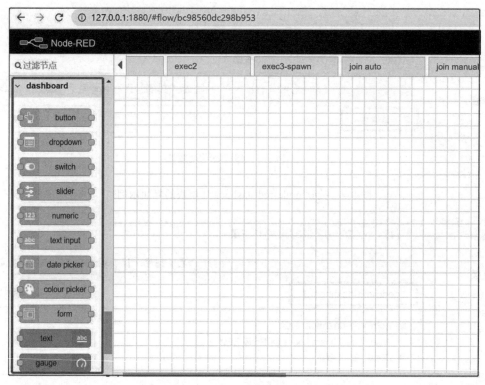

图 8-6 安装后 dashboard 模块出现在左侧节点面板中

8.4.2 weather 节点安装

依次点击"菜单"→"节点管理"→"安装",输入 weather 搜索,搜索结果如图 8-7 所示。

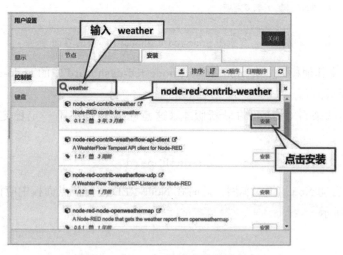

图 8-7 weather 节点安装搜索结果

可以看到，搜索列表中有 node-red-contrib-weather，单击"安装"按钮。安装成功后，在节点区应该出现该节点，如图 8-8 所示。

图 8-8　weather 节点

8.4.3　经纬度查询

现在把 weather 节点拖入编辑区，双击看一看它需要什么参数。如图 8-9 所示，在 weather 节点中填写经纬度。

这里以成都天府广场为例，确定成都天府广场正中心的经度是 104.0658267378235，纬度是 30.65744964620522，如图 8-10 所示。

图 8-9　在 weather 节点中填写经纬度

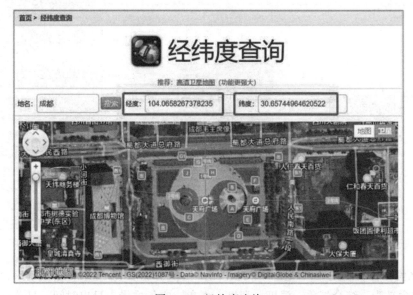

图 8-10　经纬度查询

此时，把经纬度设置到 weather 节点属性中，如图 8-11 所示。

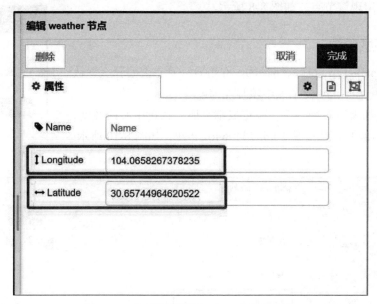

图 8-11　经纬度设置到 weather 节点属性

8.4.4　节点输出测试

weather 节点有 7 个输出，我们可以用 7 个 debug 节点来分别看输出，如图 8-12 所示。

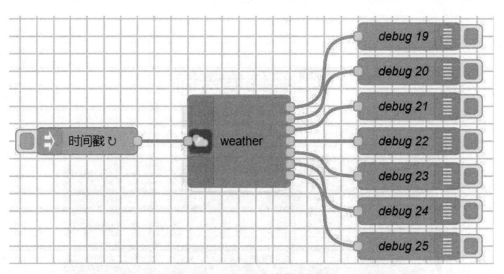

图 8-12　weather 节点输出测试

执行该流程，右侧边栏调试窗口中打印出 weather 的输出。仔细看输出结果，我们知道 7 个输出的含义为：综合气象、温度、湿度、气象、空气质量、日出时间、日落时间。然后把 7 个 debug 节点的名称改为相应的输出，如图 8-13 所示。

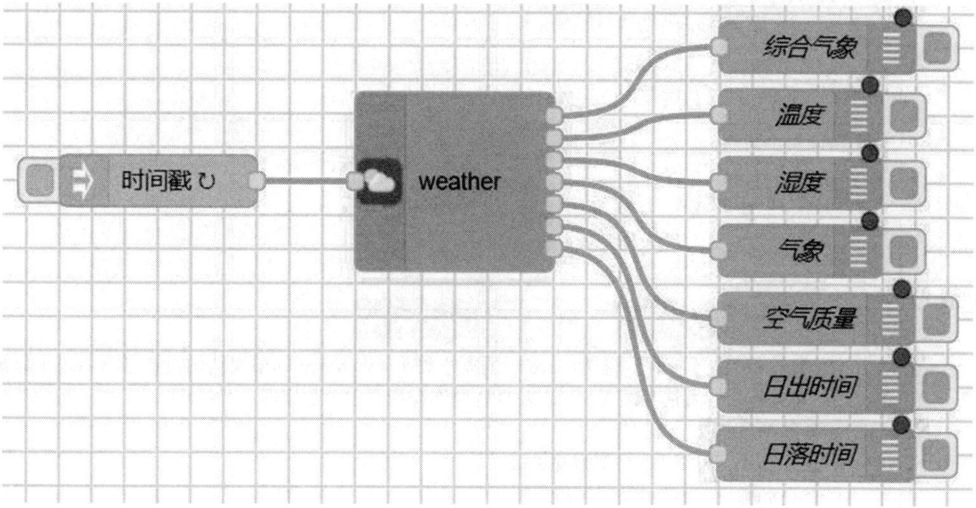

图 8-13　修改 debug 节点名称

8.5　实现

现在，本实例的工具准备工作基本到位，开始进入实现环节。

8.5.1　展现当前温度、湿度、气象、空气质量、今日日期

在图 8-13 流程的基础上，拖入 dashboard 3 个 gauge 节点，分别与温度、湿度、空气质量 debug 节点并列放置；再拖入 dashboard 一个 text 节点，与气象 debug 节点并列放置，并连线接入 weather 节点的相应输出口，再拖入 function 节点与 dashboard 中的 text 节点，连线接入 weather 节点的第一个输出口，如图 8-14 所示。

为了流程清晰，所有的 dashboard 展现节点与相应的 debug 节点放置在一起，并命名为相同的名称。

接下来是配置各个节点，如表 8-1 所示。

表 8-1　节点配置

节点	 温度 gauge 节点	
设置	Group	[今日天气] 温度
	Size	auto

（续）

设置	**Type** Gauge **Label** 18<舒适<25 **Value format** {{value}} **Units** 摄氏度 **Range** min 0　max 50 **Colour gradient** 其中，group 的设置见表后说明。group 的概念关乎 dashboard 的层次结构设计，本书限于篇幅无法详述，有兴趣的读者请参阅《Node-RED 物联网应用开发工程实践》。 Type 包含 4 个选项。 　❖ Gauge：图表显示类型为测量仪 　❖ Donut：图表显示类型为甜甜圈 　❖ Compass：图表显示类型为罗盘 　❖ level：图表显示类型为水平仪 Value format: 前一节点传来的 payload 值在本节点显示，写为 {{msg.payload}} 或 {{value}} 均可
节点	湿度　gauge 节点
设置	**Group** [今日天气] 湿度 **Size** auto **Type** Level **Label** 45<适宜<65 **Value format** {{value}} **Units** % **Range** min 0　max 100 **Class** Optional CSS class name(s) for widget
节点	空气质量　gauge 节点
设置	**Group** [今日天气] 空气质量 **Size** auto **Type** Compass

（续）

设置		
	I Label	优<50，良<100，轻污<150
	I Value format	{{value}}
	I Units	units
	Range	min 0　　max 400
	</> Class	Optional CSS class name(s) for widget

节点	气象 abc — text 节点

设置		
	⊞ Group	[今日天气] 气象　　✎
	▣ Size	auto
	I Label	
	I Value format	{{msg.payload}}
	▦ Layout	label **value**　　label **value**　　label **value** label　　**value**　　label **value** ◉

节点	f take date — function 节点

设置	"函数" 标签中写入以下代码：
	`var pubtime = msg.payload.aqi.pubTime.substring(0,10);`
	`msg.payload = pubtime.substring(0,4)+" 年 "+pubtime.substring(5,7)+" 月 "+ pubtime.substring(8,11)+" 日 ";`
	`return msg;`
	注：这是从 weather 节点的综合输出中取空气质量的发布日期（即当前日期）

节点	今日日期 abc — text 节点

设置		
	⊞ Group	[今日天气] 今日日期　　✎
	▣ Size	auto
	I Label	

（续）

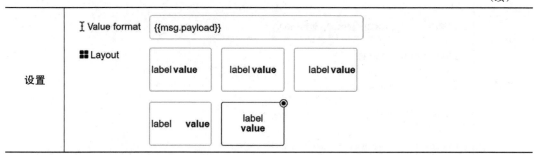

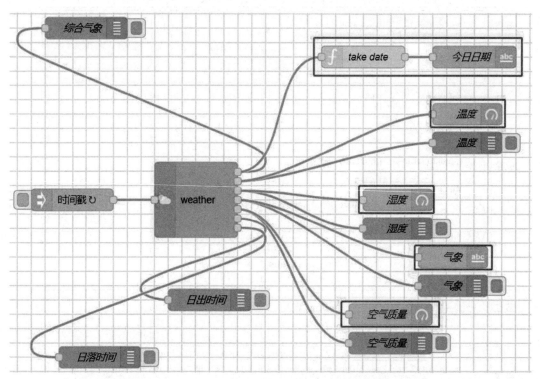

图 8-14 添加温度、湿度、气象、空气质量等 dashboard 组件

dashboard 的展现设计是标签页（Tab）里面放置一个组（Group），组里面放置一个或多个小部件（Widget，也就是 dashboard 节点），所以要定义一个 dashboard 节点，就必须先定义它所在的标签页（Tab）和所在的组（Group），所以有页面（Tab）、组（Group）、节点（Widget）三层定义。

我们希望这个气象台是一个单独的页面（Tab）展现，而每个气象数据，诸如温度、湿度有自己的独立展示区（Group），展示区（Group）标题处会显示数据名称。

那么，我们定义这个 Tab 页面的名称为：今日天气。所有的气象数据都放入这个 Tab 页面。

以温度 gauge 节点为例，具体设置如表 8-2 所示。

表 8-2　dashboard group 节点的设置

节点	
节点	─○ 温度 ⟳　双击至　**编辑 gauge 节点**
设置	▦ Group　[添加新的 dashboard group 节点 ▽]　[✎] 下拉菜单选择"添加新的 dashboard group 节点"，再单击"铅笔"按钮
节点	**编辑 gauge 节点 > 添加新的 dashboard group 配置** 单击"铅笔"按钮后弹出的新的 dashboard group 配置界面
设置	🏷 Name　[Default] ▦ Tab　[添加新的 dashboard tab 节点 ▽]　[✎] 下拉菜单选择"添加新的 dashboard tab 节点"，然后单击"铅笔"按钮
节点	**编辑 gauge 节点 > 添加新的 dashboard group 配置 > 添加新的 dashboard tab 配置** 单击"铅笔"按钮后弹出的新的 dashboard tab 配置界面
设置	🏷 Name　[今日天气] 这里设置 Tab 名称为"今日天气"。设置好后，本例中其他的 dashboard 节点可以直接选用，因为它们都放在"今日天气"标签页中 设置后点击"添加"按钮，系统自动返回上一层，也就是"dashboard group 配置"界面
节点	**编辑 gauge 节点 > 添加新的 dashboard group 配置**
设置	🏷 Name　[温度] ▦ Tab　[今日天气 ▽]　[✎] 可以看到，这里的 Tab 选项已经由系统自动设置为"今日天气"。同时，在这里设置 group 名称为"温度" 设置后单击"添加"按钮，系统自动返回至上一层，也就是"编辑 gauge 节点"界面
节点	**编辑 gauge 节点**
设置	▦ Group　[[今日天气] 温度 ▽]　[✎] 从这里可以看出，系统已经自动设置了当前节点的 Tab 和 Group 为 [今日天气] 温度。此时，单击"完成"按钮，即可退出该 gauge 节点的设置界面
说明	本例其他 dashboard 节点的 Group 设置与此类似，只是在 Tab 设置界面直接选用"今日天气"即可，而在 Group 设置界面需设置各自的组名，如湿度、气压、空气质量等

该流程中全部节点设置完成后，单击"部署"按钮，然后单击 inject 节点头部按钮运行流程，接着在浏览器访问 http://127.0.0.1:1880/ui/，查看显示效果。

单击页面左上角的 Home 列表图标，出现当前所有的 Tab 供用户选择，点击"今日天气"，界面呈现如图 8-15 所示。

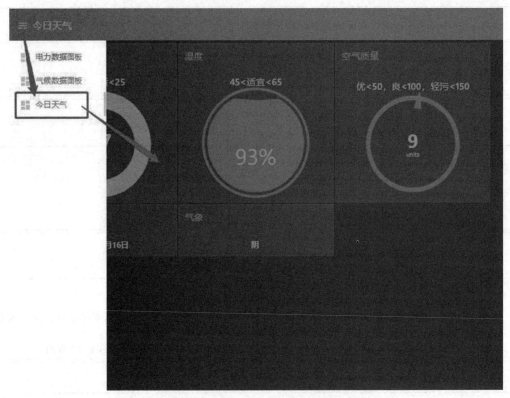

图 8-15 "今日天气"dashboard 界面呈现

页面已经展现当前的温度、湿度、气象、空气质量和今日日期。页面的布局暂时不调，因为内容还没有放完。

8.5.2 展现当日的日出时间、日落时间

从 debug 节点的输出我们知道，weather 节点输出的日出时间和日落时间是字符串："2022-12-07T07:47:00+08:00"。我们展现时只需要中间的"07:47"，所以需要对数据进行简单的截取。

日出、日落时间节点设置如表 8-3 所示。

表 8-3 日出、日落时间节点设置

节点	日出时间 abc text 节点		
设置	⊞ Group	[今日天气] 日出时间 ✔	✎

（续）

设置	Size	auto
	Label	
	Value format	{{msg.payload.substring(11, 16)}}
	Layout	label **value**　　label **value**　　label **value** label　**value**　　label **value**
节点	日落时间 abc	text 节点
设置	与"日出时间"节点设置相同	

单击"部署"按钮，单击 inject 头部按钮执行流程，再在浏览器访问 http://127.0.0.1:
1880/ui/，查看显示效果，如图 8-16 所示。

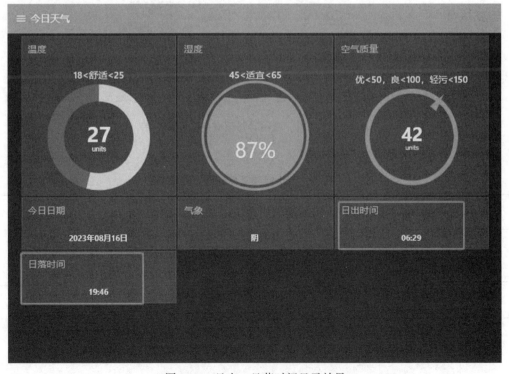

图 8-16　日出、日落时间显示效果

8.5.3 展现当前气压、两小时降雨概率

气压和两小时降雨概率没有单独输出，它们是在综合气象中一起输出的，所以需要从综合气象中把它们分离出来。观察综合气象的输出值，知道这两个值分别位于以下位置。

- 气压：msg.payload.current.pressure.value。
- 两小时降雨概率：msg.payload.minutely.probability.maxProbability。

气压用 gauge 节点展现，两小时降雨概率用 text 节点展现。由于后面还有 24 小时气压展现，所以这里在气压 gauge 节点之前再加一个 function 节点，把气压数据单独拿出来，方便后续复用。流程示意图如图 8-17 所示。

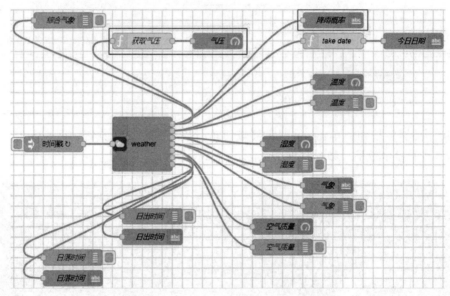

图 8-17 气压、两小时降雨概率流程示意图

此流程中节点设置如表 8-4 所示。

表 8-4 气压、两小时降雨概率流程中节点设置

节点	获取气压 function 节点

设置	"函数"标签中写入以下代码：
	`msg.payload = msg.payload.current.pressure.value`
	`return msg;`

节点	气压 gauge 节点
设置	⊞ Group [今日天气] 气压 ◲ Size auto

（续）

设置	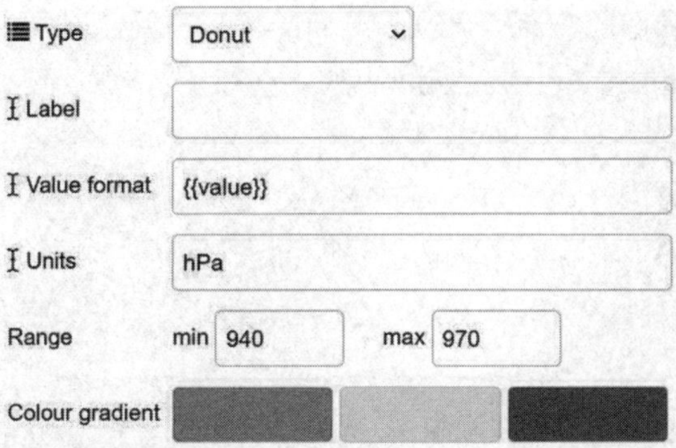 Type	Donut ∨
	Label	
	Value format	{{value}}
	Units	hPa
	Range	min 940　　max 970
	Colour gradient	▢ ▢ ▢
节点	降雨概率 abc	 text 节点
设置	Group	[今日天气] 两小时降雨概率 ∨ ✎
	Size	auto
	Label	
	Value format	{{msg.payload.minutely.probability.maxProbabili
	Layout	label **value**　　label **value**　　label **value**
		label　**value**　　**label** **value** ◉
	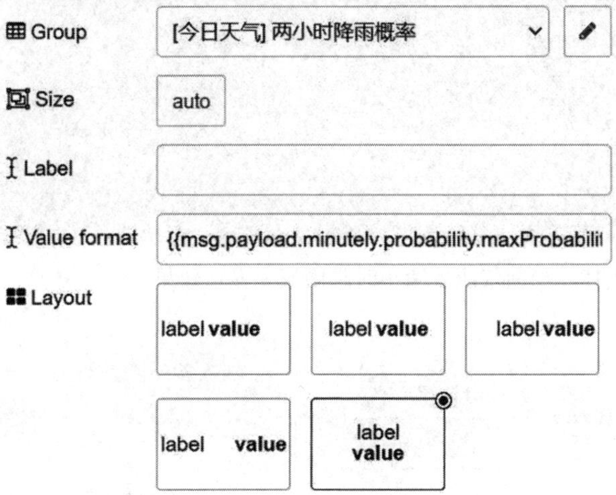 其中，Value format 中写入：{{msg.payload.minutely.probability.maxProbability}}	

单击"部署"按钮，单击 inject 头部按钮，再在浏览器访问 http://127.0.0.1:1880/ui/，查看显示效果，如图 8-18 所示。

8.5.4　展现近 24 小时湿度变化和气压变化

这里用 chart 节点展现 24 小时湿度变化和气压变化。chart 节点会把每次收到的数据都标注在坐标图里，达到一定的时长或数据量后就会看到数据折线图、柱状图或饼图。

把 chart 节点两次拖入流程，一个与气压 gauge 节点并行放置，另一个与湿度 gauge 节点并行放置，并连线，流程示意图如图 8-19 所示。

此流程中节点设置如表 8-5 所示。

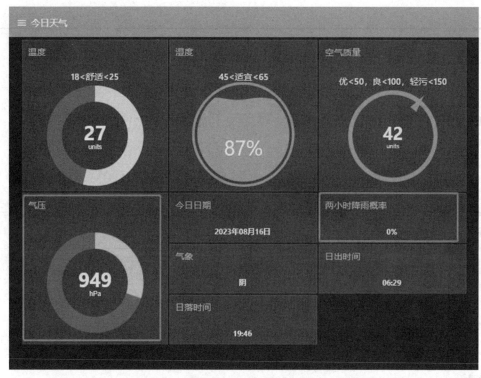

图 8-18 当前气压、两小时降雨概率显示效果

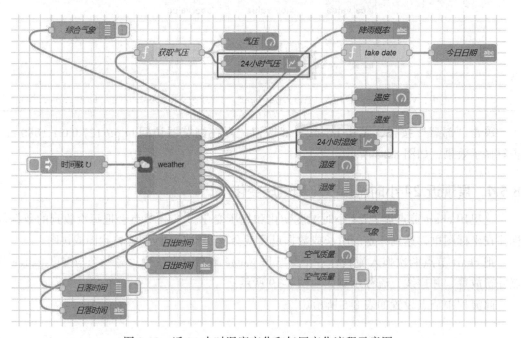

图 8-19 近 24 小时湿度变化和气压变化流程示意图

表 8-5　节点设置

节点	 24小时湿度　chart 节点		
设置	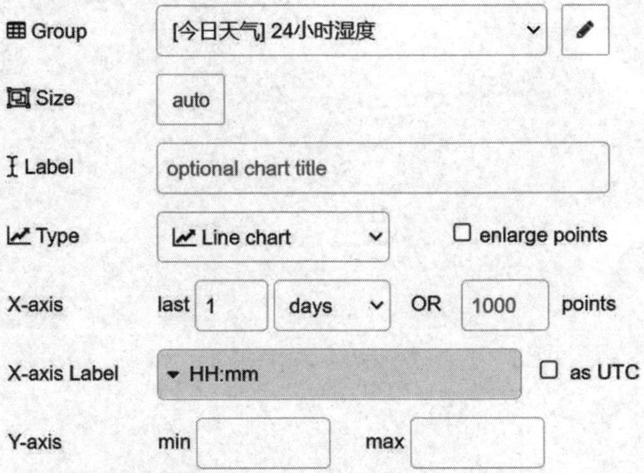 ⊞ Group	[今日天气] 24小时湿度	✎
	▣ Size	auto	
	Ⅰ Label	optional chart title	
	⊿ Type	⊿ Line chart　　☐ enlarge points	
	X-axis	last 1　days　OR　1000　points	
	X-axis Label	▾ HH:mm　　☐ as UTC	
	Y-axis	min　　max	
节点	 24小时气压　chart 节点		
设置	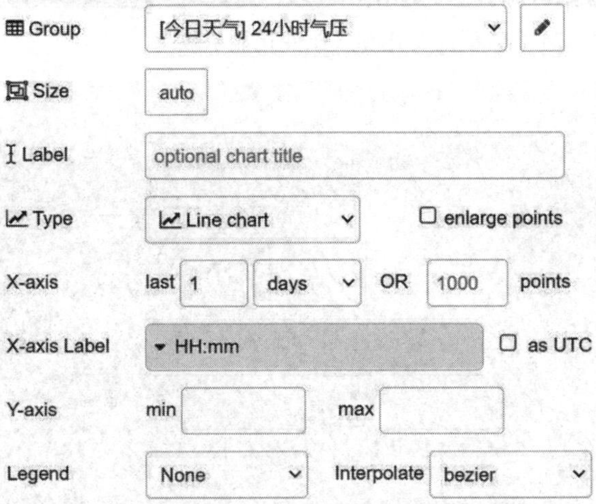 ⊞ Group	[今日天气] 24小时气压	✎
	▣ Size	auto	
	Ⅰ Label	optional chart title	
	⊿ Type	⊿ Line chart　　☐ enlarge points	
	X-axis	last 1　days　OR　1000　points	
	X-axis Label	▾ HH:mm　　☐ as UTC	
	Y-axis	min　　max	
	Legend	None　　Interpolate　bezier	

　　设置好后，单击"部署"按钮，单击 inject 头部按钮，再在浏览器访问 http://127.0.0.1: 1880/ui/，查看显示效果，如图 8-20 所示。

　　经过一段时间（比如 1 小时），手动多触发几次流程，可以获得变化的数据，如图 8-21 所示。

　　至此，应用需求中的数据展现部分实现完成。接下来还有一些完善工作需要做，比如界面排列优化。另外，实时气象数据应该是自动送入图表，而不是每次手动触发。自动触发很简单，只需修改 inject 节点设置，如图 8-22 所示。

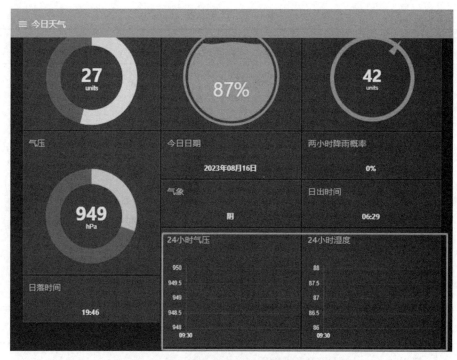

图 8-20 24 小时湿度变化和气压变化显示效果

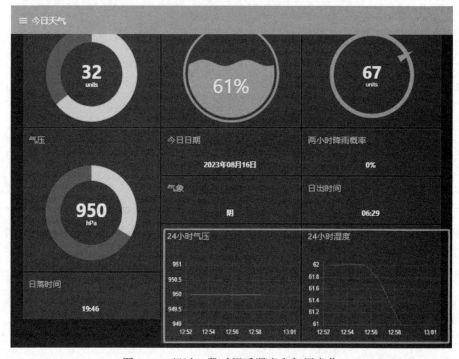

图 8-21 经过一段时间后湿度和气压变化

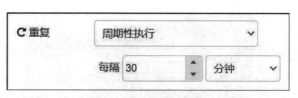

图 8-22　自动触发节点设置

这样，流程就会每隔 30 分钟自动触发一次，获取最新的气象数据并展现出来。

在界面排列优化中需要做以下几点：一是调整小部件表现形式；二是斟酌需要增加或删除的小部件；三是调整小部件的摆放顺序。在本例中，我们删除了今日日期小部件，并把它摆在后续实现的时钟标签页。现在，我们来看看如何调整小部件的摆放顺序。

第一步：在 Node-RED 编辑器右侧边栏单击 ⌄ 按钮，并选择 Dashboard，如图 8-23 所示。

第二步：鼠标上下拖曳列表中的小部件以调整它们的顺序，这里的排列顺序决定了它们在界面的显示顺序，如图 8-24 所示。

图 8-23　Dashboard 窗口开启位置　　　　　图 8-24　小部件排序

在实际项目中，平板上的最终显示效果如图 8-25 所示。

图 8-25　最终显示效果

8.5.5　语音播报综合气象

使用 dashboard 的 audio out 节点实现 TTS 语音播报综合气象。把 dashboard 中的 audio out 节点拖入 Node-RED 编辑区，再拖入一个 function 节点，流程示意图如图 8-26 所示。

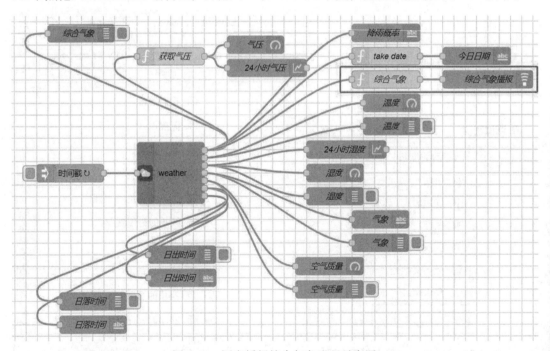

图 8-26　语音播报综合气象流程示意图

此流程中节点设置如表 8-6 所示。

表 8-6　语音播报综合气象流程中节点设置

节点	function 节点

设置	"函数"标签中写入以下代码：
	``
	var temperature = msg.payload.current.temperature.value;
	var humi = msg.payload.current.humidity.value;
	var pressure = msg.payload.current.pressure.value;
	var wind = msg.payload.current.wind.direction.value;
	var aqi = msg.payload.aqi.aqi;
	var aqidesc = msg.payload.aqi.suggest;
	msg.payload =
	    "气温" + temperature +
	    "湿度" + humi +
	    "气压" + pressure +
	    "风力" + wind +
	    "空气质量" + aqi + aqidesc;
	return msg;
	``

节点	audio out 节点
设置	**⊞ Group**　[今日天气] 气象　✎ **TTS Voice**　0 : Microsoft Huihui - Chinese (Simplified, PRC) (zh-CN) -- ☑ Play audio when window not in focus. **🏷 Name**　综合气象播报

设置好后单击"部署"按钮，再单击 inject 头部按钮触发流程，如果网络没有问题，应该可以听到语音播报气象情况。

在实际应用场景中，这样设计流程是有问题的，每半小时播报一次气象情况是不合适的。实际的设计是，把显示和语音播报分两个流程来实现，显示流程每 30 分钟触发一次，这样便于用户实时掌握气象情况，而语音播报要看实际需求。